国家"十三五"重点图书出版规划项目

"江苏省新型建筑工业化协同创新中心"经费资助

新型建筑工业化丛书·吴刚　王景全　主编

国家出版基金资助项目

装配式混凝土建筑技术基础理论丛书·吴刚　主编

新型装配式混凝土结构

吴　刚　冯德成　王春林　著

东南大学出版社
SOUTHEAST UNIVERSITY PRESS
·南京·

内 容 提 要

本书基于现有"等同现浇"型装配式混凝土结构的发展背景,从"非等同现浇"结构的角度深入研究,系统阐述了七种新型装配式混凝土结构体系,包括延性连接框架体系、竹节杆耗能框架体系、摩擦耗能框架体系、现浇主框架-装配式次框架结构体系、摇摆墙结构体系、盒式结构体系、模块化悬挂结构体系,侧重讲述了各新型装配式混凝土结构体系的构造特点、受力模式、性能优势、设计方法,并就新结构体系与建筑工业化技术的结合以及相较于传统"等同现浇"型结构体系的优势进行了分析,供广大研究及设计人员参考借鉴。

本书成果可推动"非等同现浇"型装配式混凝土结构体系的基础理论研究与技术发展应用,与现有的"等同现浇"型互为补充,构建完整的装配式混凝土结构体系,可作为我国装配式混凝土结构研发、设计、施工等行业人员的参考用书。

图书在版编目(CIP)数据

新型装配式混凝土结构/吴刚,冯德成,王春林著.
南京:东南大学出版社,2020.6
(新型建筑工业化丛书/吴刚,王景全主编.装配
式混凝土建筑技术基础理论丛书/吴刚主编)
ISBN 978-7-5641-8846-7

Ⅰ.①新… Ⅱ.①吴…②冯…③王… Ⅲ.①装配式
混凝土结构 Ⅳ.①TU37

中国版本图书馆 CIP 数据核字(2020)第 031358 号

新型装配式混凝土结构
Xinxing Zhuangpeishi Hunningtu Jiegou

著　者	吴　刚　　冯德成　　王春林	
出版发行	东南大学出版社	
社　址	南京市四牌楼 2 号　邮编:210096	
出 版 人	江建中	
责任编辑	丁　丁	
编辑邮箱	d.d.00@163.com	
网　址	http://www.seupress.com	
电子邮箱	press@seupress.com	
经　销	全国各地新华书店	
印　刷	江阴金马印刷有限公司	
版　次	2020 年 6 月第 1 版	
印　次	2020 年 6 月第 1 次印刷	
开　本	787 mm×1 092 mm　1/16	
印　张	14.5	
字　数	317 千	
书　号	ISBN 978-7-5641-8846-7	
定　价	98.00 元	

序

改革开放近四十年来,随着我国城市化进程的发展和新型城镇化的推进,我国建筑业在技术进步和建设规模方面取得了举世瞩目的成就,已成为我国国民经济的支柱产业之一,总产值占 GDP 的 20% 以上。然而,传统建筑业模式存在资源与能源消耗大、环境污染严重、产业技术落后、人力密集等诸多问题,无法适应绿色、低碳的可持续发展需求。与之相比,建筑工业化是采用标准化设计、工厂化生产、装配化施工、一体化装修和信息化管理为主要特征的生产方式,并在设计、生产、施工、管理等环节形成完整有机的产业链,实现房屋建造全过程的工业化、集约化和社会化,从而提高建筑工程质量和效益,实现节能减排与资源节约,是目前实现建筑业转型升级的重要途径。

"十二五"以来,建筑工业化得到了党中央、国务院的高度重视。2011 年国务院颁发《建筑业发展"十二五"规划》,明确提出"积极推进建筑工业化";2014 年 3 月,中共中央、国务院印发《国家新型城镇化规划(2014—2020 年)》,明确提出"绿色建筑比例大幅提高""强力推进建筑工业化"的要求;2015 年 11 月,中国工程建设项目管理发展大会上提出的《建筑产业现代化发展纲要》中提出,"到 2020 年,装配式建筑占新建建筑的比例 20% 以上,到 2025 年,装配式建筑占新建建筑的比例 50% 以上";2016 年 8 月,国务院印发《"十三五"国家科技创新规划》,明确提出了加强绿色建筑及装配式建筑等规划设计的研究;2016 年 9 月召开的国务院常务会议决定大力发展装配式建筑,推动产业结构调整升级。"十三五"期间,我国正处在生态文明建设、新型城镇化和"一带一路"倡议实施的关键时期,大力发展建筑工业化,对于转变城镇建设模式,推进建筑领域节能减排,提升城镇人居环境品质,加快建筑业产业升级,具有十分重要的意义和作用。

在此背景下,国内以东南大学为代表的一批高校、科研机构和业内骨干企业积极响应,成立了一系列组织机构,以推动我国建筑工业化的发展,如:依托东南大学组建的新型建筑工业化协同创新中心、依托中国电子工程设计院组建的中国建筑学会工业化建筑学术委员会、依托中国建筑科学研究院组建的建筑工业化产业技术创新战略联盟等。与此同时,"十二五"国家科技支撑计划、"十三五"国家重点研发计划、国家自然科学基金等,对建筑工业化基础理论、关键技术、示范应用等相关研究都给予了有力资助。在各方面的支持下,我国建筑工业化的研究聚焦于绿色建筑设计理念、新型建材、结构体系、施工与信息化管理等方面,取得了系列创新成果,并在国家重点工程建设中发挥了重要作用。将这些成果进行总结,并出版"新型建筑工业化丛书",将有力推动建筑工业化基础理论与技术的发展,促进建筑工业化的推广应用,同时为更深层次的建筑工业化技术标准体系的研究奠定坚实的基础。

　　"新型建筑工业化丛书"应该是国内第一套系统阐述我国建筑工业化的历史、现状、理论、技术、应用、维护等内容的系列专著,涉及的内容非常广泛。该套丛书的出版,将有助于我国建筑工业化科技创新能力的加速提升,进而推动建筑工业化新技术、新材料、新产品的应用,实现绿色建筑及建筑工业化的理念、技术和产业升级。

　　是以为序。

清华大学教授
中国工程院院士　聂建国

2017 年 5 月 22 日于清华园

丛书前言

建筑工业化源于欧洲,为解决战后重建劳动力匮乏的问题,通过推行建筑设计和构配件生产标准化、现场施工装配化的新型建造生产方式来提高劳动生产率,保障了战后住房的供应。从 20 世纪 50 年代起,我国就开始推广标准化、工业化、机械化的预制构件和装配式建筑。70 年代末从东欧引入装配式大板住宅体系后全国发展了数万家预制构件厂,大量预制构件被标准化、图集化。但是受到当时设计水平、产品工艺与施工条件等的限定,导致装配式建筑遭遇到较严重的抗震安全问题,而低成本劳动力的耦合作用使得装配式建筑应用减少,80 年代后期开始进入停滞期。近几年来,我国建筑业发展全面进行结构调整和转型升级,在国家和地方政府大力提倡节能减排政策引领下,建筑业开始向绿色、工业化、信息化等方向发展,以发展装配式建筑为重点的建筑工业化又得到重视和兴起。

新一轮的建筑工业化与传统的建筑工业化相比又有了更多的内涵,在建筑结构设计、生产方式、施工技术和管理等方面有了巨大的进步,尤其是运用信息技术和可持续发展理念来实现建筑全生命周期的工业化,可称为新型建筑工业化。新型建筑工业化的基本特征主要有设计标准化、生产工厂化、施工装配化、装修一体化、管理信息化五个方面。新型建筑工业化最大限度节约建筑建造和使用过程的资源、能源,提高建筑工程质量和效益,并实现建筑与环境的和谐发展。在可持续发展和发展绿色建筑的背景下,新型建筑工业化已经成为我国建筑业的发展方向的必然选择。

自党的十八大提出要发展"新型工业化、信息化、城镇化、农业现代化"以来,国家多次密集出台推进建筑工业化的政策要求。特别是 2016 年 2 月 6 日,中共中央国务院印发《关于进一步加强城市规划建设管理工作的若干意见》,强调要"发展新型建造方式,大力推广装配式建筑,加大政策支持力度,力争用 10 年左右时间,使装配式建筑占新建建筑的比例达到 30%";2016 年 3 月 17 日正式发布的《国家"十三五"规划纲要》,也将"提高建筑技术水平、安全标准和工程质量,推广装配式建筑和钢结构建筑"列为发展方向。在中央明确要发展装配式建筑、推动新型建筑工业化的号召下,新型建筑工业化受到社会各界的高度关注,全国 20 多个省市陆续出台了支持政策,推进示范基地和试点工程建设。科技部设立了"绿色建筑与建筑工业化"重点专项,全国范围内也由高校、科研院所、设计院、房地产开发和部构件生产企业等合作成立了建筑工业化相关的创新战略联盟、学术委员会,召开各类学术研讨会、培训会等。住建部等部门发布了《装配式混凝土建筑技术标准》《装配式钢结构建筑技术标准》《装配式木结构建筑技术标准》等一批规范标准,积极推动了我国建筑工业化的进一步发展。

东南大学是国内最早从事新型建筑工业化科学研究的高校之一,研究工作大致经历了三个阶段,第一个阶段是海外引进、消化吸收再创新阶段:早在20世纪末,吕志涛院士敏锐地捕捉到建筑工业化是建筑产业发展的必然趋势,与冯健教授、郭正兴教授、孟少平教授等共同努力,与南京大地集团等合作,引入法国的世构体系;与台湾润泰集团等合作,引入润泰预制结构体系;历经十余年的持续研究和创新应用,完成了我国首部技术规程和行业标准,成果支撑了全国多座标志性工程的建设,应用面积超过500万 m^2。第二个阶段是构建平台、协同创新:2012年11月,东南大学联合同济大学、清华大学、浙江大学、湖南大学等高校以及中建总公司、中国建筑科学研究院等行业领军企业组建了国内首个新型建筑工业化协同创新中心,2014年入选江苏省协同创新中心,2015年获批江苏省建筑产业现代化示范基地,2016年获批江苏省工业化建筑与桥梁工程实验室。在这些平台上,东南大学一大批教授与行业同仁共同努力,取得了一系列创新性的成果,支撑了我国新型建筑工业化的快速发展。第三个阶段是自2017年开始,以东南大学与南京市江宁区政府共同建设的新型建筑工业化创新示范特区载体(第一期面积5000 m^2)的全面建成为标志和支撑,将快速推动东南大学校内多个学科深度交叉,加快与其他单位高效合作和联合攻关,助力科技成果的良好示范和规模化推广,为我国新型建筑工业化发展做出更大的贡献。

然而,我国大规模推进新型建筑工业化,技术和人才储备都严重不足,管理和工程经验也相对匮乏,亟须一套专著来系统介绍最新技术,推进新型建筑工业化的普及和推广。东南大学出版社出版的"新型建筑工业化丛书"正是顺应这一迫切需求而出版,是国内第一套专门针对新型建筑工业化的丛书,丛书由十多本专著组成,涉及建筑工业化相关的政策、设计、施工、运维等各个方面。丛书编著者主要是来自东南大学的教授,以及国内部分高校科研单位一线的专家和技术骨干,就新型建筑工业化的具体领域提出新思路、新理论和新方法来尝试解决我国建筑工业化发展中的实际问题,著者资历和学术背景的多样性直接体现为丛书具有较高的应用价值和学术水准。由于时间仓促,编著者学识水平有限,丛书疏漏和错误之处在所难免,欢迎广大读者提出宝贵意见。

丛书主编 吴 刚 王景全

前　言

我国基础设施建设规模巨大,每年建设总量超过世界其他各国之和。然而,目前传统的建造方式存在劳动强度大、环境污染严重、能耗较高、建造模式落后等缺点。为促进我国建筑业的结构调整和转型升级,国务院自 2011 年以来明确提出了"积极推进建筑工业化"等一系列的发展战略,以"绿色化、工业化、信息化"为发展方向的新型建筑工业化得到重视和兴起。

装配式建筑是实现建筑工业化的基本途径,其采用工业化生产、装配化施工,符合国家建筑行业由粗放到精细的转型。目前,我国装配式混凝土结构的研究基本集中于"等同现浇"型结构,所谓"等同现浇",是指装配式结构的设计与建造均以达到现浇结构的性能为目标。2010 年以来,国家自然科学基金资助项目中,关于"等同现浇"装配式混凝土结构的立项达 13 项;"十三五"国家重点研发计划中,对"等同现浇"装配式混凝土结构项目的投入高达数亿元。随着相关规范及规程明确提出"等同现浇"的装配式结构设计和施工方法,目前已经形成较为完整的"等同现浇"结构设计理论。

对于装配式混凝土结构体系的另一分支——"非等同现浇"型结构,关于其基本性能的研究与实际工程中的应用仍然处于起步阶段。与"等同现浇"型相比,"非等同现浇"型装配式混凝土结构通过螺栓、焊接或者预应力将各部分连接在一起,不存在现场湿作业,施工效率大大提高,具有安装便捷、施工迅速、性能优越等优势。同时,通过附加耗能件,可以实现节点的自复位及震后快速修复。显然"非等同现浇"型结构更契合"装配式"技术的本质。然而,由于"非等同现浇"结构种类繁多,受力机理复杂,缺乏统一可靠的设计理论,并未形成完整的设计—生产—建造体系,这一现状大大限制了"非等同现浇"连接结构的推广及实际工程应用。

面对"等同现浇"型结构的发展背景与"非等同现浇"型结构的技术现状,在国家重点研发计划(2016YFC0701400)与国家自然科学基金重点基金(51838004)的资助下,以东南大学为主的一批高校展开了深入研究。本书则对上述的研究成果进行了梳理和汇总,系统阐述了七种新型装配式混凝土结构体系,侧重讲述了各新型装配式混凝土结构体系的构造特点、受力模式、性能优势、设计方法,并就新结构体系与建筑工业化技术的结合以及相较于传统"等同现浇"型结构体系的优势进行了分析。相关成果可推动"非等同现浇"型装配式混凝土结构体系的基础理论研究与技术发展应用,与现有的"等同现浇"型互为补充,构建完整的装配式混凝土结构体系,为我国装配式混凝土结构大规模应用提供理论与技术支持。本书重点突出,内容丰富,可作为我国装配式混凝土结构研发、设计、施工等行业人员的参考用书。

本书共分8章,主要内容包括:第1章绪论,系统梳理了我国装配式混凝土结构的特点与优势,结合典型体系分类与应用现状,分析其发展局限与未来趋势;第2章装配式混凝土延性连接框架体系,基于延性连接装置的组件特点,重点叙述了其对装配式混凝土框架抗震性能的影响,以及体系剪力传递机制与构件能力设计方法;第3章外置耗能预应力装配式混凝土框架体系,基于全钢、铝合金、部分约束三类竹形耗能杆,从外置可更换和预应力装配两个层次,重点叙述了其对装配式混凝土框架的损伤控制及性能影响;第4章装配式混凝土摩擦耗能框架体系,从装配式结构构造机理、节点耗能器试验、结构数值建模、结构抗震性能和结构易损性分析五个方面,重点叙述了摩擦耗能器的构件性能与整体结构体系的地震响应;第5章现浇主框架-装配式次框架结构体系,结合高烈度区装配式钢筋混凝土结构的设计施工难题与消能减震技术,重点叙述了主次框架连接耗能铰节点的连接性能与主次结构间的抗震需求;第6章装配式摇摆墙结构体系,结合理论分析、试验研究、数值模拟等方法,重点叙述了新型摇摆墙的地震损伤控制机理与残余位移控制能力;第7章装配式混凝土盒式结构体系,分别从空腹夹层板与网格式框架墙两类子结构角度,重点叙述了体系的静力与动力性能,并结合实际工程对比分析其经济性;第8章装配式模块化悬挂结构体系,基于悬挂结构次结构模块化的理念与振动台试验,重点叙述了体系的减振机理、传力特点与优化方法。

本书的撰写由东南大学吴刚教授、吴京教授、周臻教授、王春林副教授、冯德成副教授,哈尔滨工业大学王建教授共同完成(吴刚、冯德成:第1、6、7、8章;吴京:第2章;王春林:第3、8章;周臻:第4章;王建:第5章),全书由吴刚、冯德成统稿。撰写过程中,博士研究生王谆、曹徐阳、叶智航、陈志鹏、崔浩然、刘烨等做出了巨大贡献,在此表示衷心的感谢。

本书力争将装配式结构体系的最新研究及实践成果呈现给广大读者,由于时间仓促,加之目前装配式建筑(特别是"非等同现浇"型结构)的发展正处于起步阶段,理论基础、工程实践和技术积累较少,本书难免有疏漏和不足之处,敬请读者批评指正。

目　　录

第**1**章
绪论

1.1 引言

随着国民经济的持续快速发展,我国国民经济产业支柱之一的建筑业在近 20 年取得了蓬勃发展,但其分散的、低水平的、低效率的传统粗放手工业生产方式仍占据主导地位,与目前大规模的经济建设很不匹配,又与新型城镇化、工业化、信息化的发展要求相差甚远,已不适应整个建筑行业和社会进步的要求。

随着节能环保要求的提高和我国人口红利的淡出,建筑业的"招工难""用工荒"现象已经出现,而且仍在不断地加剧,传统建设模式已难以为继。目前,建筑业已成为我国最大的单项能耗行业,据统计,1993 年我国建筑能耗仅占全社会能耗总量的 16%,2012 年这一数据已经上升至 28%,单位建筑面积的能耗为发达国家的 2~3 倍,如果不采取有力措施,到 2020 年中国建筑能耗将是现在的 3 倍以上。另一方面,我国建筑施工主要采用现场施工为主的传统生产方式,工业化程度低、工作环境差、劳动强度大、环境污染严重、建造方式落后,水泥、钢材、木材等建筑材料损耗及建筑垃圾量大,这些既是 PM2.5 及城市噪声的主要来源之一,又是节能减排的最大障碍之一。建筑业的环保、节能、低碳、减排问题已成为影响我国国民经济增长方式转变和国民经济可持续发展的主要矛盾。因此要改变我国建筑业现状,必须要摆脱对传统模式路径的依赖和束缚,努力寻求新型建筑工业化的发展方向。

新型建筑工业化是一种整合设计、生产、施工等整个建筑产业链的可持续发展的新型生产方式,是建筑业的发展方向。当前我国正处于经济转型发展的关键时期,我国建筑业更承担着发展理念更新、生产方式变革、生产成果转化的重要任务,在这重要的历史时期,推进新型建筑工业化具有重要意义:一是实现建筑施工从"建造"到"制造"的跨越,实现一种高效、低碳和环保要求的建筑业生产方式的变革;二是有效地提高建筑业的科技含量,降低资源消耗和环境污染,促进建筑业产业结构的优化和升级,推动建筑业发展方式由粗放型向集约型、效益型和科技型的转变;三是通过模块化设计、工厂化制造、集成化施工,形成建筑工厂化生产和施工能力,显著提高建筑业的劳动生产效率,同时更有力地保证安全和质量。

公认的"建筑工业化"的全面定义是联合国发布的《政府逐步实现建筑工业化的政策

和措施指引》(1974 年出版)中提出的,即按照大工业生产方式来建设建筑业,其核心是设计标准化、加工生产工厂化、现场安装装配化和组织管理科学化。主要目的是通过采用新的技术成果来变革传统建筑业生产方式,提高建造生产效率,加快建设速度,同时达到提高工程质量、降低建设成本,优化生产安全环境的效果。近 10 年来我国从中央政府层面先后发布了多项鼓励建筑工业化的政策,使得建筑工业化的前景一片光明。浙江、江苏、山东等诸多省份也分别出台了建筑工业化相关文件,大力推行建筑工业化。

2006 年 6 月,《国家住宅产业化基地试行办法》(建住房〔2006〕150 号)发布,确定了依靠技术创新促进粗放式的住宅建造方式的转变,提高住宅产业标准化、工业化水平的产业发展目标;强调要大力发展省地节能型的新型住宅体系,增强住宅产业的可持续发展能力;提出了推动住宅产业化的发展路线:通过建立住宅产业化示范基地,培育一批、发展一批与住宅产业现代化关联度大、带动能力强的企业,并通过这些企业发挥示范作用,进一步引导和带动住宅产业化的全面、健康发展;指明了住宅产业化的发展方向,提出住宅产业化成套技术与建筑体系的发展要符合环保和节能、节地、节水、节材等要求,以满足广大城乡居民对提高住宅的质量、性能和品质的需求。

2016 年 3 月 5 日,李克强总理在政府工作报告中提出:在深入推进新型城镇化过程中,要"积极推广绿色建筑和建材,大力发展装配式建筑"。国务院印发《关于深入推进新型城镇化建设的若干意见》(国发〔2016〕8 号)中提出:"新型城镇化是现代化的必由之路,是最大的内需潜力所在,是经济发展的重要动力,也是一项重要的民生工程。包括:推动基础设施和公共服务向农村延伸;带动农村一二三产业融合发展等。"

面对全国各地向建筑产业现代化发展转型升级的迫切需求,在国家政策的支持下,我国各地 30 多个省市陆续出台扶持相关建筑产业发展政策,推进产业化基地和试点示范建设,各地方省市包括研发单位、房地产开发企业、总承包企业、高校等都在积极研发与探索建筑工业化,国内科研院所、高校等与相关企业合作成立了多个建筑工业化创新战略联盟,共同研发、建立新的工业化建筑结构体系与相关技术,力争用 10 年左右时间,使装配式建筑占新建建筑的比例达到 30%。近年来,以黑龙江宇辉集团、长沙远大集团、南京大地集团、中南建设集团等企业为代表的装配式建筑体系不断发展完善,2016 年全国范围内装配式示范项目达到 118 个,其中混凝土项目达到 41 个,装配式建筑已呈星火燎原之势。

1.2　装配式结构的特点与优势

我国建筑工业化起步较晚。二十世纪五六十年代主要引进苏联的装配式大板建筑,70 年代末以全装配混凝土大板建筑为代表的装配式建筑繁荣发展,相关政策和标准开始配套和完善。之后装配式大板建筑暴露出的抗震性能较差、防水功能不足等缺点阻碍了装配式建筑的进一步发展。直到 2005 年之后,工业化建筑重新崛起并迅速发展,各种新型的装配式混凝土结构、钢结构、木结构、混合结构体系和相关技术才得以蓬勃发展和应用。中国工程院土木、水利与建筑工程学部院士周福霖在中建一局主办的"绿色建造与可持续发展论坛"上表示,目前中国建筑工业化程度仅为 3%～5%,而欧美建筑工业化达 75%,瑞典更是高达 80%,日本也能达到 70%。

装配式建筑是建筑工业化的重要阵地和最主要的实现途径。2016 年 2 月,《中共中央国务院关于进一步加强城市规划建设管理工作的若干意见》把发展新型建造方式作为今后城市规划建设管理工作的一个重要方向,提出要通过大力推广装配式建筑,尽快制定、完善装配式建筑的设计、施工和验收标准、规范;完善部品、构件标准,推动建筑部品、构件的工厂化生产,达到减少建筑垃圾排放,控制扬尘污染,同时缩短建造工期、提升工程质量的效果;并再次提出了要建设国家级装配式建筑生产基地,鼓励建筑企业实施工厂化生产,现场装配施工的措施纲领;此外,还绘制了发展新型建造方式的蓝图,即加大政策支持力度,争取 10 年后我国装配式建筑占新建建筑面积的比率大于 30%。由此可见装配式建筑是建筑工业化发展的必然趋势和实现途径。

与传统的粗放型手工建筑业相比,装配式建筑具有许多突出的特点和优势:

(1) 可以与城镇化形成良性互动。当前,我国已步入工业化后期,工业化与城镇化进程加快,正处于现代化建设的关键时期。在建筑工业化与城镇化互动发展的进程中,一方面城镇化快速发展、建设规模不断扩大为建筑工业化大发展提供了良好的物质基础和市场条件;另一方面建筑工业化为城镇化带来了新的产业支撑,通过工厂化生产可有效解决大量的农民工就业问题,并促进农民工向产业工人和技术工人转型。

(2) 可以提高建筑质量,减少建筑事故。装配式建筑采用工厂事先预制好的构件,在现场进行就地拼装,通过标准化的设计模数和制作工艺,减少了施工过程中由于人员专业素质低下以及施工过程中的不确定性因素对工程安全所造成的影响。也规范了建筑物结构设计以及布局的合理性和安全性。还简化了以前传统的建设模式,有利于政府的监督和安全责任的划分,从法律层面更好地确保建筑质量,保障人民群众的生命财产安全。

(3) 可以极大地缩短建造时间。工厂预制,就地拼装的生产方式,一般可缩短 20%左右的建造工期,方便装配式建筑的快速投入使用,同时也有利于相关基础设施的建设,以便结合城镇规划,建设环境优美、设施配套、功能完善的现代化新型住宅。

(4) 有利于提高建筑使用年限。部分装配式建筑的预制构件可以重复循环利用,拆除方便,便于保护和维修,同时随着人民物质生活水平的不断提高,可以更方便地对建筑和结构布局进行调整,来满足日益增加的建筑需求,比如加盖层数,改变建筑空间布局,等等。

(5) 满足人民群众的各种建筑需求。随着物质生活水平和文化需求的逐步提升,居民对居住环境的要求、审美也在逐步提高,对住宅建筑的要求越来越高。相较于以往的建造形式,具有精细化特点的工业化的建筑构件,既可以按需求定制,又能够模拟各种细节,比如仿石头外立面、柱子的雕花等,既减少了后期装修所花费的时间、费用以及不便,又减轻了对生态环境造成的污染和破坏,同时也可以建设具有文化特色的装配式建筑。

(6) 有利于实现绿色建筑。中国工程院院士、中国建筑股份有限公司技术中心顾问总工程师肖绪文指出,只有实现工业化才能实现绿色建造。"目前,房地产行业占我国经济总量 7%,带动相关产业占比超过三分之一,其能耗占比也超过 40%。因此,降低其能耗,是实现我国绿色、节能环保的重要渠道"。采用规格化的构件可以避免现场施工带来的建筑垃圾、噪声污染、环境污染等生态危害。其次装配式建筑可以因地制宜,根据当地的气候环境进行相应的设计和施工,减少能源消耗,实现节能,进而为当地居民提供舒适宜居的生活环境。

1.3　装配式混凝土结构体系分类

装配式建筑的施工方式、施工效率以及地区适用性等都依赖于建筑结构体系的不同。不同的建筑结构体系具有不同的预制构件拆分方式和连接方式,因而在讨论装配式建筑的时候,体系的概念是分不开的。在国内外长达几十年的装配式建筑发展历程中,学者和工程师们对不同建筑结构体系的工业化发展方式进行了有益的探索和工程实践。总结这些发展经验以及工程成果,对推动我国装配式建筑的未来发展无疑具有深刻的意义。

目前的装配式建筑拥有多种类型,包括框架结构体系、剪力墙结构体系、框架-剪力墙结构体系等,在我国应用最多的装配式建筑结构体系为框架结构体系和剪力墙结构体系。下面将分别针对框架、剪力墙等结构体系的结构特征、发展历史、应用现状等进行详细的阐述。

1.3.1　装配式框架结构体系

框架结构指梁、柱连接而成的结构体系形式。它具有空间分割灵活、自重轻以及可以较为灵活地配合建筑平面布置的优点,有利于安排需要较大空间的建筑结构。同时框架结构的梁、柱可以共同抵御使用过程中的竖向荷载以及地震来临时的水平荷载,具有良好的抗震性能,在我国以及世界各地得到广泛的应用。框架结构的梁、柱构件易于标准化以及定性化,因而非常适合进行装配式施工作业。装配式框架结构体系包括装配式混凝土框架结构体系、装配式钢框架结构体系以及装配式竹木框架结构体系等,采用装配式建造框架结构不仅可以提高施工效率,降低环境污染,亦可以保证建筑结构质量,因而在国内外,装配式框架结构都是应用最为广泛的结构体系形式之一。

装配式混凝土框架结构一般由预制柱(现浇柱)、预制梁、预制楼板、预制楼梯、外挂墙板等构件组成。结构传力路径明确,装配效率高,现浇湿作业少。主要用于需要开启大空间的厂房、仓库、商场、停车场、办公楼、教学楼、医务楼、商务楼等建筑,近年来也逐渐应用于居民住宅等民用建筑。

装配式混凝土框架按照承重构件的连接方法可划分为:(1) 湿连接框架;(2) 干连接框架。湿连接框架是指在框架结构的预制构件之间浇筑混凝土或者灌注水泥浆而形成的整体框架结构。这种连接方式是为了实现装配式框架结构与全现浇框架等效,具有相当的强度和延性,因此又被称为等同现浇连接。这种连接方式需现浇混凝土,其模板支撑和养护大大降低了装配式框架结构的施工速度,成本相对较高。干连接框架是指框架的预制构件之间采用干式连接,通过在连接的构件内植入钢板或者其他钢部件,通过螺栓连接或者焊接形成整体框架。干连接与湿连接的另一个明显不同在于:在湿连接框架中,设计允许的塑性变形往往设置在连接区以外的区域,连接区保持弹性;而干连接的框架则是预制构件保持在弹性范围,设计要求的塑性变形往往仅限于连接区本身,在梁柱结合面处会出现一条集中裂缝。因此与类似的现浇结构相比,可以预期装配式混凝土结构构件的破坏程度要小得多,容易实现震后修复。

装配式混凝土框架结构根据是否使用预应力技术又可分为两大类,一类是预应力装配式框架结构,主要包括装配式整体预应力板柱框架结构(IMS 体系)、世构体系(图 1-1)、预压装配式预应力框架结构等,其中世构体系在我国的应用最为广泛;另一类是非预应力装配式框架结构,在我国较为常用的是台湾润泰体系。

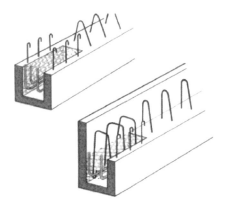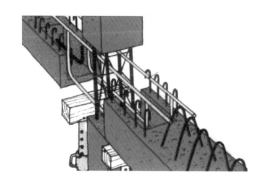

图 1-1　世构体系

装配式钢框架结构指的是装配式施工的型钢梁柱框架结构。与其他建筑结构形式相比,装配式钢框架结构体系最符合"绿色建筑"概念的结构形式(图 1-2)。因为钢结构框架的梁、柱构件最适合工业化生产,易于模块化和标准化。同时装配式钢框架还具有施工周期短、钢材可回收、综合技术经济指标好等特点。国外的装配式钢框架已经形成了具有相当规模的产业化住宅体系,在我国,装配式钢框架同样得到了广泛的研究与应用。

图 1-2　钢框架结构体系

钢框架的梁柱节点是整个框架结构的关键部位,起着传递结构构件内力以及协调结构变形的作用。目前关于钢框架梁柱节点的分类,不同国家采用不同的划分方法。美国钢结构协会(AISC)根据正常使用荷载下的割线刚度将节点分为铰支连接和抗弯连接[1];欧洲规范 EC3 则根据节点的转动刚度将节点划分为:刚性连接、部分强度连接和铰接[2];根据节点的抗弯承载力将节点划分为:全强连接、部分强度连接和铰接。而我国《钢结构设计规范》则将钢框架的梁柱节点划分为:刚性连接、半刚性连接和铰接。

需要指出的是,为了进一步提升钢框架的抗震性能,装配式支撑框架以及自复位消能框架等钢框架结构体系相继被提出和研究。中心支撑框架(Concentrically Braced Frame,CBF)是一种经济的、具有较大刚度的抗震结构形式,但在地震作用下的延性有限。采用抗屈曲支撑后,CBF 的延性可以得到一定的提高,但残余变形仍较大。而自复位消能框架则结合了预应力和消能减震器件的优点:预应力筋提供的预应力使框架整体受到地震力作用时能够恢复到原来位置(自定心特性),消能减震器件则提升了整个框架的抗震能力。然而由于上述框架施工难度较大,实际工程并不多见。

装配式竹木结构是一种新兴的装配式结构体系,采用天然竹木材料制成基本的胶合木材、木基复合材以及工程竹材等,并由这些工厂制竹木型材构建成的整体建筑结构。

装配式竹框架结构体系是把组合柱、组合梁和组合楼板作为基本受力构件,通过各种金属连接件拼装而成的结构体系。该体系采用薄壁型钢与竹胶板组合梁来直接承受钢-竹组合楼板传来的荷载,再由组合梁把荷载进一步传递给柱,最后由柱统一把荷载传至基础。钢竹组合墙体只起维护和分隔作用,墙体和楼板内同样可以填充各种保温、隔热、防水等材料(图 1-3)。梁柱式竹框架结构体系的关键技术在于梁柱节点的处理。一种常用的节点是采用钢材制成消能节点(图 1-4),将竹材制成的梁、柱连接成具有较大刚度和延性的装配式竹框架。正常使用状态下,节点将梁、柱连接成具有足够侧向刚度的框架;在地震作用下,节点钢板通过非线性变形消耗地震的能量输入,因此,采用这种节点连接的木框架具有较好的延性和耗能能力。

图 1-3　装配式竹框架结构

图 1-4　钢-竹/木组合节点构造

而装配式木框架结构按照建筑内部结构特点的不同,可以分为连续式木框架结构和平台式木框架结构。连续式木框架结构在 19 世纪 30 年代出现在美国的轻型木结构建筑中。该结构住宅由地板梁、墙骨、天花梁、屋顶椽子等部分组成,采用厚度均为 38 mm 的木材作为建筑材料,木骨架之间采用长钉相连接。这种住宅具有结构安全、舒适耐用、施工速度快、周期短等特性,成为当时建筑的主要形式。而平台式木框架结构是从 20 世纪40 年代后期在北美建筑市场开始占主导地位的木结构形式。该框架房屋与连续式框架房屋最显著的不同是,当一层墙板高度相同时,在建造好这一层的墙体并围合以后,搭建好楼板,直接在一层楼板上建造第二层墙体结构。因为平台式框架结构房屋墙骨不具有连续性,所以在施工中可根据需要提前预制,符合市场的发展和建筑的需求,比之连续式框架(房屋墙骨从一层楼板直达建筑顶部框架的结构)更适应施工和安装要求,故在北美地区平台式框架结构房屋已取代连续式框架结构房屋(图 1-5)。

图 1-5　加拿大英属哥伦比亚大学学生公寓

来源:https://bbs.feng.com/mobile-news-read-0-657331.html

1.3.2　装配式剪力墙结构体系

剪力墙结构广泛应用于我国多高层住宅建筑,预制装配式剪力墙结构是适合我国国情的工业化建筑结构体系。预制装配式剪力墙结构是以预制或半预制墙板为主要构件,经现场装配、部分现浇而成的混凝土结构。预制装配式剪力墙混凝土结构具有建造质量高、生产速度快、保护环境、节约资源、有利于社会可持续发展等优点。预制装配式剪力墙结构在发展历史上最早出现的是装配式大板结构,日本在其基础上发展了剪力墙式框架预制钢筋混凝土结构(WR-RC),20 世纪 90 年代美日联合开展的 PRESSS(Precast Seismic Structure Systems)项目提出了一种后张无粘结预应力装配式剪力墙结构,国内目前已建有装配式叠合剪力墙结构、装配整体式剪力墙结构等体系。

装配式剪力墙结构按连接形式主要包括装配式大板剪力墙结构、装配式叠合剪力墙结构、装配整体式剪力墙结构和预应力装配式剪力墙结构。

装配式大板结构是采用预制钢筋混凝土墙板和楼板拼装成的房屋结构,是一种工业化程度较高的建筑结构体系。其主要优点是可以进行商品化生产,现场施工效率高,但由于接缝处易发生应力集中而导致整体性能较差,变形不连续。

装配式叠合剪力墙结构由叠合剪力墙辅以必要的现浇混凝土剪力墙、边缘构件、梁、板等构件共同形成的装配整体式剪力墙结构(图 1-6)。叠合剪力墙结构可采用单面叠合、双面叠合剪力墙。双面叠合剪力墙是一种由内外叶预制墙板和中间后浇混凝土层组成的竖向墙体构件:其中,内外叶预制墙板钢筋根据剪力墙受力要求,以及中间后浇层混凝土对预制墙板侧压力的影响配置,通过桁架筋有效连接,现场安装完毕后浇筑中间空心层形成整体剪力墙结构,共同承受竖向荷载与水平力作用。叠合剪力墙的受力性能及设计方法与现浇结构差异较大,其适用高度较小。按照安徽省地方标准《叠合板混凝土剪力墙结构技术规程》(DB34/T 810—2008),其适用于抗震设防烈度为 7 度及以下地震区和非地震区,房屋高度不超过 60 m,层数在 18 层以内的多层、高层住宅。如果应用到更高的建筑中,须进行专门的研究及论证。

图 1-6　叠合板式剪力墙结构

装配式叠合剪力墙的出现主要源自两个方面的需求。第一,对建筑节能要求的不断增强,使得带保温隔热层的装配式夹层剪力墙出现并迅速推广应用。第二,建筑工业化的要求中,在施工阶段及装配式构件工厂生产过程中耗费工时较多的模板工程的改进,使得能够有效节省模板的装配式叠合剪力墙出现。国外早期的夹层墙没有连接的隔热夹层,由结构层和非结构层组成墙体。之后出现的夹层墙体加入了内外预制墙体的连接件,使得其受力性能更加合理。

装配式叠合剪力墙具有较高的工业化程度,并且由于后浇夹层的存在,装配式构件之间的整体效果更好,更加有利于装配式构件强连接的实现。该结构主要缺点在于:现场后浇混凝土湿作业量较大、构件之间的有效连接不足等。

装配式叠合剪力墙在我国的应用也较多。具有代表性的如万科集团的 PCF 技术,将装配式混凝土板作为建筑的外墙模板,该技术能够有效地节约模板和脚手架工程。但是该技术仍然主要局限在外墙部分,装配化程度不高,现场湿作业量较大。合肥西伟德公司和江苏宿迁元大建筑公司引进了德国"预制装配式混凝土叠合剪力墙"技术,该技术能够高自动化地快速生产包括装配式混凝土叠合墙、装配式混凝土叠合楼板和装配式楼梯等构件。

装配整体式剪力墙结构是由预制混凝土剪力墙墙板构件(以下简称预制墙板构件)和现浇混凝土剪力墙(以下简称现浇剪力墙)作为结构的竖向承重和水平抗侧力构件,通过整体式连接形成的一种钢筋混凝土剪力墙结构形式。该体系中,部分或者全部剪力墙采用预制构件,预制剪力墙之间的接缝采用湿式连接,水平接缝处钢筋可采用套筒灌浆连接、浆锚搭接连接和底部预留后浇区内钢筋搭接连接的形式。该结构体系主要用于高层建筑。装配整体式剪力墙结构拼装形式如图 1-7 所示。

图 1-7　装配整体式剪力墙结构拼装形式

预制剪力墙在水平方向上与相邻的竖向现浇段通过等强连接的方式形成剪力墙墙段,预制墙板底面通过压力灌浆或坐浆形成填充层,顶面通过水平现浇带和圈梁,将相邻楼层的预制墙板连接成为整体,其结构性能与现浇剪力墙基本相同。

按照使用的预制墙体部位,可分为全预制装配式剪力墙结构和部分预制剪力墙结构。全预制装配式剪力墙指全部剪力墙均采用预制构件,该结构体系的预制化率高,但拼缝较多、施工难度较大。部分预制剪力墙结构主要指内墙现浇、外墙预制的结构。由于内墙现浇,结构性能和现浇结构类似,适用高度较大、适用性好;采用预制外墙可以与保温、饰面、防水、门窗、阳台等一体化生产,充分发挥预制结构的优势。

按照水平拼缝的钢筋连接形式,装配整体式剪力墙结构可分为以下 3 个主要技术体系:竖向钢筋采用套筒灌浆连接;竖向钢筋采用浆锚搭接连接;竖向钢筋采用底部预留后浇区搭接连接。三种方式各有其优缺点及适用范围,目前在国内均有实际的工程应用。

传统的装配式剪力墙的接缝连接方式对构造细节要求较高,施工复杂且质量难以保证,不利于装配式剪力墙的便捷施工以及抗震保障,而预制混凝土剪力墙的接缝连接构造对结构整体性能起到关键作用。相比于传统接缝连接,利用预应力技术进行接缝连接则能避免上述构造问题。预应力筋提供的预紧力可以作为装配式剪力墙的有效拼接手段,同时又可以提供恢复力,减小剪力墙的残余变形。

20 世纪 90 年代开始至 21 世纪初由美国和日本联合发起的装配式混凝土结构抗震性能研究项目 PRESSS 对装配式剪力墙结构的发展起到了重要的推进作用[3-5]。PRESSS 中首次提出了一种新型的装配式混凝土抗震墙结构:无粘结后张预应力预制剪力墙结构。该类无粘结预应力自复位剪力墙由混凝土墙片通过水平节点叠合而成,墙片内置无粘结预应力钢绞线。墙片与墙片之间、墙片与基础之间均没有固定连接。在地震力下,通过墙片与墙片之间、墙片与基础之间缝隙张开闭合的效果,有效地减小了地震对结构的作用。结构的自重及预应力则提供自复位力将缝隙闭合。此类墙体通过非粘结预应力钢筋提供竖向恢复力,震后结构的开裂破坏较少且残余变形小,便于震后的维修,并且采用全干式连接,施工方便,符合工业化生产要求;但是该类墙体亦有较大的缺陷:墙体在地震力作用下非粘结预应力筋处在弹性状态,没有屈服钢筋来辅助耗能,因此该类墙体耗能能力很差。

所谓混合装配式预应力剪力墙,指的是仍然采用预应力作为连接和装配的手段,但是附加一些其他的耗能装置来改善预应力装配式剪力墙的抗震性能。比较常见的耗能装置有附加的耗能钢筋、粘滞阻尼器、设置在墙体之间的 U 型钢板耗能器件等。图 1-8 所示是一些研究者提出的典型混合装配式剪力墙结构体系。

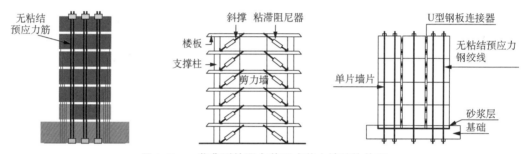

图 1-8　一些典型的混合装配式剪力墙结构体系

混合装配式剪力墙结构体系结合了后张无粘结预应力剪力墙的施工优点,即完全的干连接作业,施工方便快捷,同时便于工业化生产。由于附加了其他的耗能装置,因而在地震荷载的作用下,能量主要由其他耗能装置来承担,墙体本身所受的损伤可以被有效地削弱,因而该类墙体具有非常良好的抗震性能,且震后易修复。

短肢剪力墙结构体系是适应中国具体国情发展起来的一种结构体系。最早由容柏生提出短肢剪力墙体系的概念。目前短肢剪力墙仍无较为统一的规定,《高层建筑混凝土结构技术规程》(JGJ 3—2010)规定:短肢剪力墙为墙肢截面高度与厚度之比为 5~8 的剪力墙。

由于该种墙体适合我国国情,在我国应用广泛,因而亦有学者结合上述预应力连接的优势,提出了装配式预应力短肢剪力墙的概念。包括后张无粘结预应力装配式短肢剪力墙、连肢剪力墙以及多肢剪力墙等(图 1-9)。

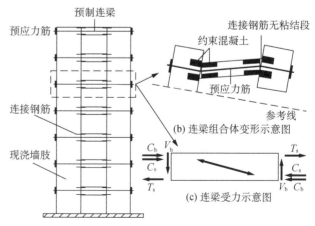

图 1-9　预应力装配式双肢剪力墙(PPHCW)

1.3.3　装配式框架–剪力墙（核心筒）结构体系

　　装配式框架–剪力墙结构,框架部分与装配式框架结构类似,剪力墙部分可采用现浇或者预制。若剪力墙布置为核心筒的形式,即形成装配式框架–核心筒结构。目前,装配式框架–现浇剪力墙结构在国内已有应用,日本装配式框架–剪力墙结构进行过类似研究并有大量工程实践,但体系稍有不同,国内的应用基本处于空白状态,正在开展研究工作。

1.4　我国装配式混凝土结构体系应用现状

1.4.1　装配式整体预应力板柱框架结构

　　装配式整体预应力板柱框架结构(IMS 体系)是采用普通钢筋混凝土材料,由构件厂预制钢筋混凝土楼板、柱等构件,在施工现场就位后通过预应力钢筋拼装,整体张拉形成整体预应力钢筋混凝土板柱结构。它是南斯拉夫最普遍采用的工业化建筑体系之一。这种体系分别在 1969 年和 1981 年经历了南斯拉夫两次大地震,表现出了卓越的抗震性能。装配式整体预应力板柱框架结构传统上多用于多层厂房,作为住宅建筑一般多为多层结构。

　　自唐山地震后,我国引进装配式整体预应力板柱结构,国家建筑研究院结构所、抗震所、设计所等单位进行了大量的构件、节点、拼板、机具等试验研究,并先后在北京、成都、唐山、重庆、沈阳、广州、石家庄等地建成科研楼、办公楼、住宅楼、车间、仓库等 2～12 层房屋十多幢,超过 4 万 m^2。装配式整体预应力板柱框架结构其预制楼板为方形或长方形。该体系施工时,现场先竖起预制的钢筋混凝土方柱(一般 2～3 层为一节),用临时支撑将其固定,再搭接支架搁置预制楼板(每跨为一整块楼板),待一层楼板全部就位后,铺设通长的预应力钢筋并通过张拉使楼板与柱之间相互挤紧,如图 1-10、图 1-11 所示。必要时

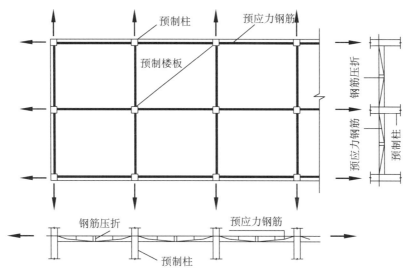

图 1-10　板柱框架体系平面布置及施加预应力示意图

沿纵横方向对预应力钢筋加竖向折力,使其产生弯曲折力,以补偿预应力损失,同时提供上抬力支托结构自重。楼板依靠预应力及其产生的静摩擦力支承并固定在柱子上,板柱之间形成预应力摩擦节点,最后在边柱中灌筑细石混凝土。预应力筋同时充当着结构受力钢筋以及拼装手段两种角色。

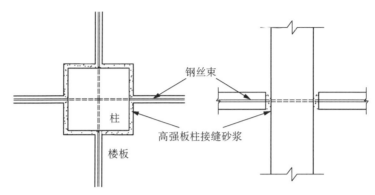

图 1-11　板柱节点平面示意图

这种结构原柱间的一整块大板可分为多块小板,拼板之间通过垫块传递挤压应力,形成了我国特有的垫块式拼板技术,如图 1-12 所示。这样既减小了板的尺寸,便于制作、运输和安装,又增大了结构跨度,使其应用更具灵活性。实际工程中根据纵横两个方向的柱距不同,板的划分形式也不同,柱间的一块整板也可以为两板、三板、四板或六板等多块拼板。

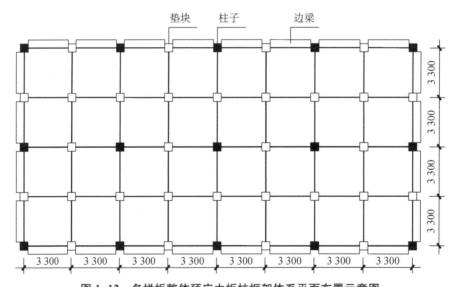

图 1-12　多拼板整体预应力板柱框架体系平面布置示意图

装配式整体预应力板柱框架结构与一般常规框架结构相比,主要具有以下特征:

(1)该结构无梁,无柱帽,板底平整,结构跨度大,住户可以根据需要对室内隔墙进行调整,不受梁的约束,用途变更方便,空间布置灵活。

(2)该结构区别于其他结构体系的基本理论,依靠板柱之间的摩擦力来支撑楼面荷载,通过双向预应力的施加构成全装配式的无梁无柱帽楼盖,双向预应力筋使每条轴线形成预应力"圈梁",这些圈梁像箍一样使整个楼层作为一个水平刚度很高的整体,以保证地震荷载等水平力传给竖向构件。

(3) 该结构的连接节点是具有自动调节和主动增长作用的柔性节点。在外力撤除后,可立即回复到原位。在楼顶顶推时,各层变形基本呈线性。这种结构的整体性好,具有较强的抗震能力。

1.4.2　世构体系

世构体系是基于套筒预灌浆连接技术的预制预应力混凝土装配整体式框架结构体系与预应力混凝土叠合板体系的框架结构。它是法国预制预应力混凝土建筑(PPB)技术的主要制品,其原理是采用独特的键槽式梁柱节点,将现浇或预制钢筋混凝土柱,预制预应力混凝土梁、板,通过后浇混凝土使梁、板、柱及节点连成整体。

在工程实际应用中,世构体系主要有 3 种装配形式:一是采用预制柱,预制预应力混凝土叠合梁、板的全装配;二是采用现浇柱、预制预应力混凝土叠合梁、板,进行部分装配;三是仅采用预制预应力混凝土叠合板,适用于各种类型结构的装配。此三类装配方式以第一种最为省时。由于房屋构成的主体部分或全部为工厂化生产,且桩、柱、梁、板均为专用机具制作,工装化水平高,标准化程度高,因此装配方便,只须将相关节点现场连接并用混凝土浇筑密实,房屋架构即可形成。

2000 年,南京大地集团公司引进世构体系,十多年来在南京建筑市场上完成了约100 万 m² 的工程,并制定了江苏省工程建设推荐性技术规程《预制预应力混凝土装配整体式框架(世构体系)技术规程》(JG/T 006—2005)。其中代表性的建筑有南京审计学院国际学术交流中心、南京金盛国际家居广场江北店、南京红太阳家居广场迈皋桥店等。南京审计学院国际学术交流中心采用了预制柱、预制预应力混凝土叠合梁、叠合板的全装配框架结构形式,主体工程造价比现浇框架结构降低了 10% 左右。南京金盛国际家居广场江北店和南京红太阳家居广场迈皋桥店均采用了现浇柱、预制预应力混凝土叠合梁、叠合板的半装配框架结构形式,与现浇结构相比,建设工期大大降低。

世构体系的预制构件包括预制钢筋混凝土柱、预制混凝土叠合梁、叠合板。其中叠合梁、叠合板预制部分受力筋采用高强预应力钢筋(钢绞线、消除应力钢丝),先张法工艺生产。

预制柱底与混凝土基础一般采用灌浆套筒连接,基础中预埋套筒的位置见图 1-13。其中,预留孔长度应大于柱主筋搭接长度,预留孔宜选用封底镀锌波纹管,封底应密实不漏浆,管的内径不应小于柱主筋外切圆直径。

预制梁与柱采用键槽式节点式连接(图 1-14),这也是世构体系最大的特色。通过在预制梁端预留凹槽,预制梁的纵筋与伸入节点的 U 型钢筋在其中搭接。U 型筋主要起到连接节点两端的作用,并将传统的梁纵向钢筋在节点区锚固的方式改变为预制梁端的预应力钢筋在键槽,即梁端塑性铰区搭接连接的方式,最后再浇筑高强微膨胀混凝土达到连接梁、柱节点的目的。

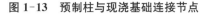

图 1-13 预制柱与现浇基础连接节点   图 1-14 预制梁(键槽)与预制柱连接节点

预制预应力叠合板和预制梁的连接节点见图 1-15。典型的预制柱做法如图 1-16 所示。其中预制柱层间连接节点处应增设交叉钢筋,并与纵筋焊接,在预制柱每侧应设置一道交叉钢筋,其直径应按运输施工阶段的承载力及变形要求计算确定,且不应小于 12 mm。此外,柱就位后用可调斜撑校正并固定。因受到构件运输和吊装的限制,预制柱有时不能一次到顶,必须采用接柱形式。接柱可采用型钢支撑连接,也可采用密封钢管连接,具体的连接方法视具体工程而定。图 1-17 为预制柱、叠合板现场施工照片。

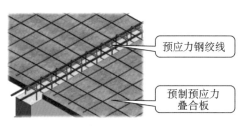

图 1-15 预应力叠合板与预制梁连接节点   图 1-16 预制柱层间节点

图 1-17 预制柱、叠合板现场施工

世构体系与一般常规框架结构相比,主要具有以下特征:

(1)预制梁板采用预应力高强钢筋及高强混凝土,梁、板截面减小,钢筋和混凝土用量减少,且楼板的抗裂性能提高。

(2)预制柱采用节段柱(2~3 层柱预制),梁、板现场施工均不需模板,减少主体结构施工工期。

（3）楼板底部平整度好，不需粉刷，减少湿作业量，有利于环境保护，减轻噪声污染，现场施工更加文明。

（4）叠合板预制部分不受模数的限制，可按设计要求随意分割，灵活性大，适用性强。

（5）由于预应力叠合板起拱高度无法准确控制，完工后可能出现明显的拼装裂缝。

（6）一般采用预应力叠合楼盖板的结构体系适用抗震设防烈度不大于 8 度的地区，虽然特殊的节点构造提高了世构体系的整体性能及抗震性能，但作为装配式框架结构，其适用范围限制在抗震设防烈度不大于 7 度的地区。

1.4.3　润泰体系

润泰预制框架结构体系是一种基于多螺旋箍筋配筋技术的预制装配整体式框架结构体系。该结构采用预制钢筋混凝土柱、叠合梁及叠合板，通过钢筋混凝土后浇部分将柱、梁、板及节点连成整体。润泰体系的核心技术在于预制多螺旋箍筋柱、套筒式钢筋连接器及超高早强无收缩水泥砂浆、预制隔震工法开发及预制外墙面饰效果技术开发。

1995 年开始，台湾润泰集团引进芬兰 Partex 全套预制生产技术及干混砂浆生产线，外加日本抗震设计技术及自创钢筋加工技术、先进信息科技技术的运用等，将台湾地区的预制混凝土装配式工艺充分发挥并不断地创新研发，已经成为台湾地区建筑产业复合化工法的先驱。应用润泰体系，台湾地区已建成 500 万 m² 以上的商业大厦和厂房，上海、江苏等地也完成多个工程项目的试点应用，近期技术转移并辅导上海城建集团在浦江实施第一个全预制装配整体性结构保障房项目。

润泰体系的预制构件包括预制钢筋混凝土柱、预制混凝土叠合梁及叠合板。它采用了传统装配整体式混凝土框架的节点连接方法，即柱与柱、柱与基础梁之间采用灌浆套筒连接，通过现浇钢筋混凝土节点将预制柱与叠合梁连接成整体，如图 1-18 所示。该连接节点的主要特点为预制梁端部伸出纵向钢筋并弯起，预制柱内纵向钢筋向柱四个角部靠拢，柱每边中间留出空隙，便于预制梁端部伸出的纵筋直接在柱节点区域内锚固，梁柱节点区域与叠合板一起现浇形成预制装配整体结构。润泰体系的施工过程为首先将预制柱吊装就位，利用无收缩灌浆料对预制柱进行灌浆以实现柱与基础或上层柱与下层柱的连接。随后依次进行大梁吊装、小梁吊装、梁柱接头封模及大小梁接头灌浆，最后进行叠合

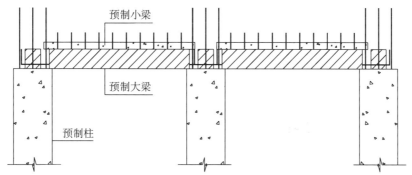

图 1-18　框架梁柱节点示意图

楼板的吊装、后浇，形成框架整体。图 1-19、图 1-20 为预制柱及预制大梁的施工图。

图 1-19 预制柱施工图　　　　　图 1-20 预制大梁施工图

图 1-21 为其预制多螺旋箍筋柱示意图。该柱的配置方式是以一个中心的大圆螺箍再搭配四个角落的小圆螺箍交织而成，这种配置突破了传统上螺箍箍筋仅适用于圆形断面柱的限制。圆螺箍在结构效能上及生产效率上与方型箍相比，都有大幅提升。

图 1-22 为润泰体系的半预制隔震工法示意图，该工法已实际运用在 2008 年台湾大学土木楼，采用预制观念改良了传统的隔震工法，将隔震与预制结合，完成了比日本更快的隔震层建设速度。

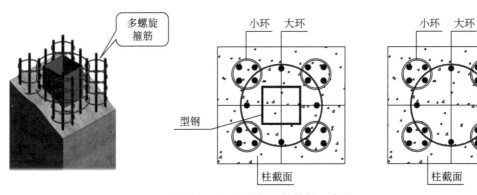

图 1-21 预制多螺旋箍筋柱示意图

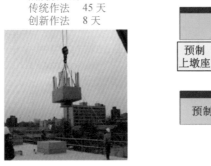

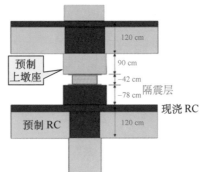

图 1-22 半预制隔震工法

润泰体系与一般常规框架结构相比,主要具有以下特征:

(1) 构件生产阶段采用螺旋箍筋,减少工厂箍筋绑扎量,相对提高工厂构件生产周期;

(2) 采用预制梁、板、柱减少现场模板用量及周转架料用量;

(3) 该体系成本较现浇框架高,工程质量更易控制,构件外观、耐久性好;

(4) 润泰体系装配框架结构最大适用抗震设防烈度不大于 7 度的地区。

1.4.4 万科、西伟德、中南及宇辉等集团预制装配技术

目前国内推进装配式技术研发和应用的企业主要有万科集团、合肥西伟德、中南集团和宇辉集团等企业,并形成了各自的预制装配技术体系。

万科集团 1999 年成立了建筑研究中心,2004 年成立了工厂化中心,开展预制装配技术的研究,是我国较早推进住宅产业化的企业之一。目前主要形成了 PCF 技术,即预制混凝土模板技术。该技术将装配式混凝土板作为建筑的外墙模板,能够有效地节约模板和脚手架工程。但是该体系主体结构剪力墙几乎为全现浇,楼板为叠合楼板,仍然采用支模现浇。装配式化程度不高,现场湿作业量较大[6]。

西伟德混凝土预制(合肥)有限公司和江苏宿迁元大建筑公司引进德国"预制装配式混凝土叠合剪力墙"技术,形成了叠合板式混凝土剪力墙结构体系,结构构件分为叠合式楼板、叠合式墙板以及预制楼梯等。叠合式楼板由底层预制板和格构钢筋组成,可作为后浇混凝土的模板;叠合式墙板由两层预制板与格构钢筋制作而成,现场安装就位后可在两层预制板中间浇筑混凝土。该公司作为国家住宅产业化重点项目,已形成了具有自身特色的工业化生产装配式住宅结构体系[7]。

中南集团经过多年的实践,对住宅产业化技术进行总结,形成了具有自身特色的NPC 技术体系。竖向构件剪力墙、填充墙等采用全预制,水平构件梁、板采用叠合形式。竖向通过下部构件预留插筋(连接钢筋)、上部构件预留金属波纹浆锚管实现钢筋浆锚连接,水平向通过适当部位设置现浇连接带、现浇混凝土连接;水平构件与竖向构件通过竖向构件预留插筋伸入梁、板叠合层及叠合层现浇混凝土实现连接;通过钢筋浆锚接头、现浇连接带、叠合现浇等形式将竖向构件和水平构件连接形成整体结构[8]。该技术是在引进国际尖端技术,并结合我国实际国情进行技术革新而形成的国内领先的全预制装配技术,具有结构新、工艺新、支撑新和安装新等特点[9]。

黑龙江宇辉集团从 2005 年开始,在借鉴众多企业 PC 结构部件的生产及施工工艺的基础上,依托哈尔滨工业大学的科研力量,开发了预制装配整体式混凝土剪力墙结构体系技术,以及相配套的构件设计、构件预制、构件装配和施工工艺,主编了《预制装配整体式房屋混凝土剪力墙结构技术规范》(DB23/T 1400—2010)省级地方标准。该体系核心技术为"插入式预留孔灌浆钢筋搭接连接",即结构竖向连接方式采用预留孔插入式浆锚连接方式,水平连接方式采用钢筋插销方式和叠合楼板、梁节点现浇方式。该结构体系构件形式简单、制作方便,但是由于施工需要将每根竖向钢筋都插入相应的孔洞内,同时存在构件较大且重,对施工精度和现场吊装作业提出了较高的要求。

1.5　现行装配式混凝土结构体系的发展局限

从上述的装配式建筑应用现状来看,目前使用最广泛的装配式建筑形式可以概括为预制构件—节点连接—核心区后浇,如图 1-23(a)所示。这种形式由于现场仍存在湿作业,因此又被称为"湿式"连接装配式结构体系。与之对应的,另一类直接利用预应力技术、螺栓、焊接等方式直接拼装预制构件,不存在后浇段的装配式建筑,如图 1-23(b)所示,可以称之为"干式"连接装配式结构体系[10]。

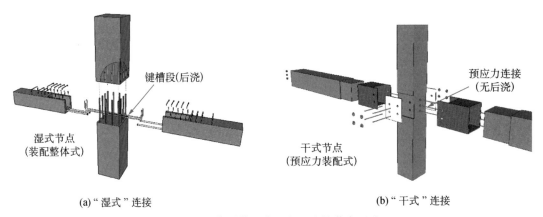

图 1-23　典型装配式混凝土连接节点形式

(a)"湿式"连接　　　　(b)"干式"连接

"湿式"连接体系在我国目前的相关规范及规程中,均要求其设计和施工性能以"等同现浇"为目标,即装配式结构的设计与建造达到现浇结构的性能,因此也可称为"等同现浇"型装配式混凝土结构体系。现行国内发展的最多的装配式混凝土结构体系主要是"等同现浇"型装配式混凝土结构体系,其具体的形式仍沿用传统的结构形式,如框架、框架-剪力墙、剪力墙等,主要的区别仅仅在于连接区域采用一系列构造或者措施以确保其满足"等同现浇"的要求。经过数十年来的研究,国内外已经形成了成熟的"等同现浇"结构设计理论。同时,国内外也已经有了较多"等同现浇"型装配式混凝土结构体系的实际工程案例,验证了其构造连接、结构体系的可行性,充分发挥预制结构体系快速连接、延性大等优点的同时也满足抗震设防要求。然而,"等同现浇"型装配式混凝土结构体系仍存在较多湿作业现场施工等,也不能完全发挥装配式结构相对于现浇结构的优势,大大限制了装配式建筑的发展与应用。

与之相比,采用"干式"连接的形式,不需要浇筑混凝土,而是通过在构件内预埋连接部件,通过螺栓、焊接或者预应力将各部分连接在一起,现场不存在湿作业,施工效率可以大大提高,更加符合装配式结构的特点。此外,"干式"连接装配式混凝土结构体系通过角钢和阻尼器等附加耗能件,可以实现节点的自复位,节点残余变形较小,并且可以通过调整预应力筋位置、种类、粘结长度,以及设计选用优良的耗能件或阻尼器,使其耗能能力达到设计要求。在震后可以直接更换梁柱之间损伤的局部构件,相比较"等同现浇"型装配式混凝土结构体系更容易实现可修复和可更换,使得结构具有较好的可恢复性能。因此,这一类结构体系也可称之为"非等同现浇"型装配式混凝土结构体系,其更契合"装配式"技术的本质,也更符合工程发展的趋势。然而,此类"非等同现浇"连接型的结构由于多种连接构造形式与局部构件的存在,导致其受力机理不清晰,计算方法不明确。与"等同现浇"结构相比,其构造特征、受力机制、计算方法都具有明显的差异性和特殊性。尽管国内外的学者在这方面进行了诸多深入的研究,目前仍然缺乏成熟的"非等同现浇"型装配式混凝土结构体系及相关理论。因此,有必要深入研究"非等同现浇"型装配式混凝土结构体系,建立合理的构造形式、计算理论、设计方法等。

1.6　本书主要内容

为了适应我国装配式建筑体系产业化发展的迫切需要,加快工业化建筑结构体系产业化步伐,并考虑到各类工业化建筑体系的结构性能以及建造过程中实际存在的复杂情况,既要开展自主创新研究,在工业化建筑结构新体系、节点构造、设计理论、施工技术、抗震性能等关键问题研究方面取得显著进展,研发结构性能优越,制作、运输、施工方便且工艺简单、适应性强的装配式结构体系,确保结构体系领先,经济和安全指标双优,为装配式结构工程设计、施工和标准规范修订提供科学依据,又要真正面向市场推进研究成果的实际工程应用,加快实现建筑工业化和建筑的生态文明。

针对现行"等同现浇"型装配式混凝土结构体系存在的问题、"非等同现浇"型装配式混凝土结构体系发展的桎梏,东南大学、哈尔滨工业大学等对此已经开展了深入的研究,提出了诸多新型装配式混凝土结构体系,如延性连接框架体系、装配式混凝土摇摆墙结构体系、装配式混凝土盒式结构体系、装配式模块化悬挂结构体系等。该方面的研究成果可以推动建筑工业化基础理论与技术的发展,加速提升我国建筑工业化科技创新能力,促进装配式建筑技术的推广应用,实现绿色建筑及建筑工业化的理念、技术和产业升级,为更深层次的装配式建筑技术标准体系的研究奠定坚实的基础,为我国装配式混凝土结构大规模应用提供理论和与技术支持。

本书对上述研究成果首次进行了系统的梳理和汇总以呈现给读者。全书共介绍了七种新型装配式混凝土结构,包括装配式混凝土延性连接框架(第 2 章)、外置耗能预应力装配式混凝土框架(第 3 章)、装配式混凝土摩擦耗能框架(第 4 章)、现浇主框架-装配式次框架结构(第 5 章)、装配式混凝土摇摆墙结构(第 6 章)、装配式混凝土盒式结构(第 7 章)、装配式模块化悬挂结构(第 8 章),侧重讲述了各新型结构体系的组成、受力模式、构造特点、性能优势、计算方法等,并就新结构体系与建筑工业化技术的结合和新结构体系相较于传统结构体系的优势进行了分析。

在第 2 章中,阐述了一种装配式混凝土延性连接框架体系,该体系将延性连接器预埋在柱中,通过螺栓和转换块与梁中钢筋相连,并使得地震时的塑性变形均集中在延性连杆上,从而保护了结构的其他部位不发生破坏。延性连接装置是利用金属在大震作用下发生塑性变形来耗散地震能量的耗能设施,一般采用钢材制作而成,具备滞回曲线饱满、耗能性能稳定的特点。本章主要介绍这种连接装置及其结构体系的性能和设计方法。

第 3 章阐述了一种外置耗能预应力装配式混凝土框架体系,该体系将先进的高性能耗能装置与结构自复位机理融合,具有快速装配、高性能以及震后可恢复等优点。本章从金属耗能杆的研发和预应力装配式混凝土框架节点性能评估两个层次,围绕耗能杆构造、试验验证、理论探究及节点性能试验等四个方面,简述已经开展的研究工作。

第 4 章阐述了一种装配式混凝土摩擦耗能框架体系,该结构体系通过性能稳定的承载-消能双功能摩擦耗能器,大幅改善了装配式节点的强度和延性,后张预应力筋为结构提供稳定的弹性恢复力。本章从装配式结构构造机理、节点耗能器试验、结构数值建模、结构抗震性能和结构易损性分析五个方面进行阐述。

第 5 章阐述了一种现浇主框架-装配式次框架结构体系,该体系结构传力清晰,主框架承受全部的竖向荷载和大部分侧向荷载,次框架承担小部分侧向荷载并将竖向荷载传递给主框架,主次框架受力分工明确,其结构布置形式非常合理,适应了超高层建筑的特点和发展趋势。本章将针对地震高烈度区装配式钢筋混凝土结构的设计施工难题,结合消能减震技术,对现浇主框架-预制装配次框架结构体系进行介绍。

第 6 章阐述了一种装配式混凝土摇摆墙结构体系,该体系为内嵌式自复位摇摆结构,利用结构自重及预应力实现自复位,减少残余位移;墙体中部附加可更换耗能构件,墙体角部采用高延性弹性材料,实现墙体自身的损伤可控。本章将从试验分析和有限元模拟两方面介绍装配式混凝土摇摆墙结构体系,表明其具有地震作用下破坏小、耗能能力高、结构损伤可控等特点。

第 7 章阐述了一种装配式混凝土盒式结构体系,该体系是由我国自主研发的新型空间结构体系,主要由空腹夹层板即网格式框架墙组成,具有整体自重轻、跨越能力强、刚度大等优势。本章在现有研究和工程实践基础上,通过对盒式结构体系的滞回性能分析、抗震性能分析、经济性能分析等,研究了盒式结构体系在高层结构中的应用。

第 8 章阐述了一种装配式模块化悬挂结构体系,该体系具有次结构各层空间通透、底层空间开阔、重量较轻等优点;利用其主次结构相对运动,结合阻尼器或耗能件,能达到较好的抗震效果。本章将从主次结构减振机理、受力特点、抗震性能优化及试验研究等方面介绍装配式模块化悬挂结构体系。

本书力争将装配式结构体系的最新研究及实践成果呈现给广大读者,以供广大师生及技术人员参考使用。

本章参考文献

[1] AISC A. AISC 341-10, Seismic provisions for structural steel buildings[S]. Chicago, IL: American Institute of Steel Construction, 2010

[2] EUROCODE 3: Design of steel structures part 1-1: General rules and rules for buildings [S]. Brussels: European Committee for Standardization, 2005

［3］NAKAKI S D, STANTON J F, SRITHARAN S S. An overview of the PRESSS five-story precast test building[J]. PCI Journal，1999，44(2)：26-39

［4］PRIESTLEY M, SRITHARAN S, CONLEY J R, et al. Preliminary results and conclusions from the PRESSS five-story precast concrete test building[J]. PCI Journal，1999，44(6)：42-67

［5］PRIESTLEY M. Overview of PRESSS research program[J]. PCI Journal，1991,36(4)：50-57

［6］李杰.上海万科产业化住宅应用 PC 板做外墙板的施工技术[J].上海建设科技,2008(06)：10-11

［7］吴东岳.浆锚连接装配式剪力墙结构抗震性能评价[D].南京:东南大学,2016

［8］郭正兴,董年才,朱张峰.房屋建筑装配式混凝土结构建造技术新进展[J].施工技术,2011,40(11)：1-2,34

［9］侯海泉.NPC 技术体系成就企业核心竞争力[J].建筑,2014(05)：29

［10］吴刚,冯德成.装配式混凝土框架节点基本性能研究进展[J].建筑结构学报,2018,39(02)：1-16

第2章

装配式混凝土延性连接框架

2.1 引言

目前,我国钢筋混凝土装配式建筑的工程实践以等同现浇为主要实现方式,取得了长足的进展。等同现浇的模式下,结构的性能和分析方法与现浇结构相似,因此其设计理论、计算流程和构造要求总体上也可沿用现浇结构的相关规定。但是,等同现浇结构体系的预制构件端部需要预留连接钢筋,给生产、运输和安装带来各种问题,而装配式结构的特点没有得到充分的发挥。在国外,经过多年的研究和实践,已经发展了一系列体现装配式结构施工和受力特点的结构体系,并实现了连接部件生产的标准化和规模化。本章以在美国地震区框架结构中应用广泛的 DDC 延性连接器为对象,介绍利用这种延性连接器实现的装配式混凝土框架结构的构造、性能和主要设计方法,可供我国的研究和工程实践人员参考。

2.2 等同现浇连接和干式延性连接

装配式结构的抗震性能很大程度上取决于节点的构造,目前预制装配式混凝土结构的节点可以分为等同现浇和干式连接。

等同现浇是指通过节点现浇来连接预制构件的施工工艺。为了使现场浇筑的混凝土能够连接框架的各种构件,预制构件需要在其端部伸出钢筋,到现场将这些构件依次组装后,再浇筑混凝土,利用混凝土与钢筋之间的粘结作用将不同构件连接为一个整体。等同现浇可以达到与现浇结构接近或相同的性能。由于其受力性能与现浇结构总体上一致,其设计方法也与大部分工程师所熟知的现浇结构总体上相同,因此,在推进建筑工业化的初期,这种施工方法得到了大面积的推广。

随着建筑工业化的不断深入,工程师们也开始认识到等同现浇的一些不足之处。首先,预制构件端部伸出的锚固钢筋给构件的生产、运输带来较高的要求。其次,在构件安装的过程中,由于节点区域狭小、钢筋来源众多,不同方向的钢筋在节点区域内十分容易发生位置冲突,安装过程中也需要精心地设置安装顺序才能避免先装构件端部伸出的钢筋对后装构件的安装造成干涉。最后,节点本是受力复杂的内力交汇区域,理应具有比构件更好的质量和性能,等同现浇模式下构件在工厂预制,其产品质量得到有效保证,而现场浇筑的节点质量离散性较大,不易保证强节点弱构件的总体要求。针对这种情况,研究者将目光聚焦到干式连接。

所谓的干式连接,是指不采用构件端部伸出的钢筋通过后浇混凝土粘结锚固来连接构件的装配式节点体系。干式连接往往采用预应力、螺栓连接或焊接等方式将构件连接起来,因此构件在制作、运输和安装过程中,端部并不伸出钢筋。这一特性给其在生产和施工的各个过程中都带来很大的便利。由于端部不伸出筋,制作过程中模具规整、简单,有利于模具的重复使用和合模、拆模、吊装、运输过程中不必担心伸出的钢筋被磕碰变形;安装过程中,构件完整、连接便捷,且不必等待后浇混凝土达到强度即可承受荷载,有效地压缩了湿作业的周期。

2003 年以来,欧盟发起了一项预制混凝土抗震研究项目"基于欧标 8 的预制混凝土结构抗震特性"(Seismic Behavior of Precast Concrete Structures with Respect to Eurocode 8)[1],分别从节点和结构整体抗震性能两个方面对装配式混凝土结构的性能展开研究;2004 年以来,新西兰学者 Au[2]、Byrne[3]、Bull[4] 等人针对干式连接的装配式框架结构,组合不同形式的耗能部件进行了参数及试验对比分析,验证了带耗能部件干式连接的框架结构具有良好的耗能特性。

近几十年来,专家们将装配式结构与预应力技术相结合,开发出了一系列抗震性能优良且自复位性能较好的预应力装配式结构。1977 年,Park 等人对足尺预制装配式框架的后张有粘结预应力装配边节点进行了低周反复试验[5],证明了装配式预制预应力框架具备良好的延性和抗疲劳性能;自 20 世纪 80 年代以来,美国与日本联合开展了 PRESSS(预制装配式抗震结构体系)项目[6],研究可应用于地震区的多层预制结构体系,建立了反映结构体系受力特性的计算模型,为装配式混凝土结构在不同抗震设防区的应用提供全面合理的设计建议。

伴随着基于性能的抗震设计理论研究的深入,人们越来越注意对结构损伤的控制,延性耗能元件的研究与应用受到了越来越多专家和学者的青睐。Nakaki 和 Englekirk[7] 等人提出了一种预制混凝土延性框架系统,该系统中将延性连接器(图 2-1)预埋在柱中,通过螺栓和转换块与梁中钢筋相连,并使得地震时的塑性变形均集中在延性连接器上,从而保护了结构的其他部位不发生破坏,该系统适用于所有地震区域。1995 年,Englekirk 详细介绍了延性连接器(Dywidag Ductile Connector,DDC)的设计思想,并对含有这种连接器的装配式混凝土框架节点进行了往复荷载试验,在层间变形达到 3.5% 时,节点核心区仍没有出现明显破坏,承载能力也保持稳定,验证了其具有良好的抗震性能[8]。1996 年,他介绍了一种用于强地震区域预制预应力混凝土建筑的新结构体系,该结构体系中的关键部位是由高性能延性连杆组成的梁柱连接,并将该设计理念运用于洛杉矶的一个 4 层装配式混凝土框架结构的停车场威尔腾中心停车场(Wiltern Center Parking)(图 2-2)中[9],此后,这一体系在更多的工程中得到应用,如举办奥斯卡颁奖典礼的多层框架——好莱坞高地中心(图 2-3)。2006 年,Ertas 等人[10] 研究了四种类型的延性预制混凝土框架连接,将其与整体连接的框架进行抗震性能的对比,试验证明试件表现良好,能承受较大的侧向变形而没有出现明显的承载能力损失。根据其承载能力和能量耗散能力,该预制延性连接被证明适合用于强地震带,其等效阻尼比与整体试件相比,表现出相似甚至更好的性能。2008年,Kenyon等人[11]对带有DDC组件的装配式混凝土结构进行了有限元模拟,分别采用了两种方法建模:集中塑性模型和纤维模型。两种建模方式均可较为准确地预测含有DDC组件的预制混凝土结构的抗震性能。2013年,Chang[12-13]等人对含有DDC组件的框架节点进行了多组试验,试验中试件均表现出稳定的滞回性能,在层间位移角超过4%时没有出现强度退化的现象,且在梁柱节点达到预期设计的塑性转动时,没有出现受压混凝土剥落,仅沿梁出现了轻微的损坏。

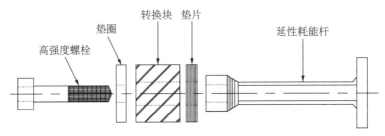

图2-1　DDC延性连接器的构成

图2-2　威尔腾中心停车场[9]

图2-3　好莱坞高地中心

图片来源:https://www.dywidag-systems.com/projects/2002-info-10/ddc-provides-seismic-safety-for-academy-awards-ceremonies/

　　如上所述,在过去的几十年里,研究者依据干式连接的原理,研究了形形色色的连接装置,其中,具有典型意义的就是美国Dywidag公司开发的延性连接器。本章主要介绍这种连接装置及其结构体系的性能和设计方法。

2.3　延性连接装置

　　金属屈服耗能装置是利用金属在大震作用下发生塑性变形来耗散地震能量的设施,一般采用钢材制作而成,具备滞回曲线饱满、耗能性能稳定的特点。梁柱连接是装配式框架受力的关键,在水平力作用下,梁柱连接处会产生较大的弯矩,容易在反复作用下损伤。针对这一问题,国内外学者提出,在装配式混凝土框架结构的梁柱连接节点处采用合适的延性耗能元件连接构件,可以诱导结构的损伤机制,从而达到延性连接的目的,大大提高结构的消能减震性能。基于这类观点,Nakiki 等人提出了一种含有延性连接器的预制混凝土延性框架系统,Oh 等人提出了可更换的带缝钢阻尼器[14],我国的李向民等人提出了一种设置在节点内的低屈服高延性杆件[15]。

DDC 连接组件由延性耗能杆、转换块、高强度螺栓和相应的组件组成。其中,延性耗能杆是连接最主要的部分,如图 2-1 所示。延性耗能杆的屈服承载力被设置为整个体系中最弱的部分,从而当梁发生塑性转动的时候,受压或受拉的塑性变形集中在延性耗能杆中,发生滞回耗能效应。延性耗能杆的内端是一个扩大的锚固板,它提供了耗能杆在柱内的锚固作用;其外端是一个扩大头,内有带有螺纹的杯口,用于与梁纵向钢筋实现连接。

延性耗能杆被置于柱内,其外端杯口不超出柱子侧面,因此预制柱的外表面是平整的,便于支设柱模具。梁的纵向钢筋在端部使用螺纹连接在一个钢制的转换块中,转换块与延性耗能杆相对应的位置开设了直洞口,从而螺栓可以从此处穿过。安装时,首先将预制柱安装就位并调整垂直度,然后吊装梁。为了使吊车快速脱钩,可以在柱侧留设一个支承角钢。支承角钢的作用就是一个临时的牛腿,在施工阶段支承梁的自重。将高强度螺栓穿过转换块中的直洞口,拧入延性耗能杆端部的杯口螺纹中,就完成了框架节点的连接工作。其中,为了尽可能消除杯口端部与转换块之间的间隙,在两者之间采用若干层垫片,使其能够可靠地传递纵向钢筋的压力。该延性连接构造简单,制作安装方便,耗能效果良好,造价相对低廉。

图 2-4 显示了 Englekirk 开发的延性连接器(DDC)用于延性预制混凝土框架(DPCF),该连接器允许将梁和柱独立浇筑,并通过螺栓在柱表面实现梁柱连接。DDC 的作用有:(1)重新布置屈服构件;(2)允许梁端区域的应变得到控制;(3)在混凝土梁和柱中预埋钢块,通过梁柱接触面钢块与钢块之间的摩擦来传递剪力。

DDC 中的延性耗能杆作为屈服构件,屈服后可以限制框架梁内剪力和弯矩的增加,有利于保证混凝土梁保持不屈服。为了保证延性耗能杆为该延性连接器中最先屈服的部分,其荷载传递路径上的其

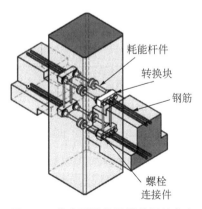

耗能杆件
转换块
钢筋
螺栓
连接件

图 2-4 带有延性连接器的梁柱节点

他部件(螺纹连接、高强度螺栓、转换块和螺纹钢筋)的设计承载力均高于延性耗能杆的屈服承载力,并考虑了 1.25 的安全系数。

2.4 带 DDC 装配式混凝土框架节点的抗震性能

Englekirk 开展了试验研究,以了解带有 DDC 的装配式混凝土框架(DPCF)节点的抗震性能[8]。试件被设计为适用于较高地震设防烈度地区的装配式混凝土框架的一部

分,采用 2/3 的缩尺比例,尺寸如图 2-5 所示,节点内延性耗能杆如图 2-6 所示。图 2-7 是分解的连接器组件照片,而图 2-8 给出了节点配筋。

图 2-8 中,由延性杆的屈服强度确定节点的屈服承载力。延性杆的屈服强度为 414 MPa,延性杆的直径为 35 mm,因此一组延性杆的轴向承载力为 1 183 kN,由此提供的抗弯承载能力为 812 kN·m,与此对应的梁端出现塑性铰时梁的剪力为 676 kN。梁内采用两根直径为 36 mm 的钢筋作为纵向受力钢筋,其屈服强度为 827 MPa。

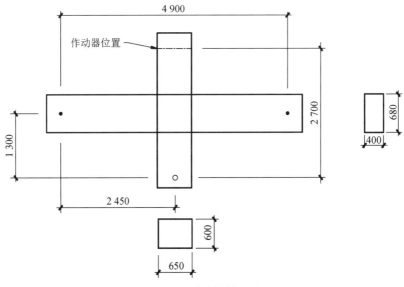

图 2-5　试验构件尺寸

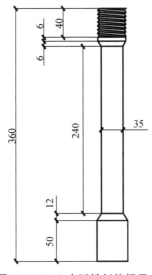

图 2-6　DDC 中延性耗能杆尺寸

图 2-7　DDC 组件

对 DPCF 梁柱节点施加循环荷载直到构件失效,试验加载装置如图 2-9 所示。按照 PRESSS[16] 建议的加载规则开展加载。PRESSS 建议预制混凝土框架应能承受至少 2%

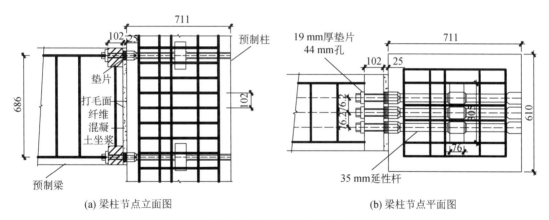

(a) 梁柱节点立面图　　　　　　　　(b) 梁柱节点平面图

图 2-8　梁柱节点连接详图

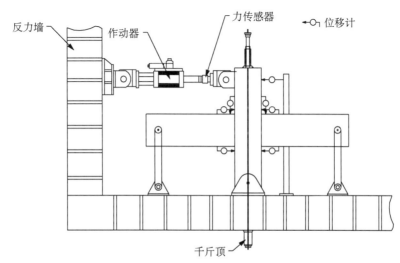

图 2-9　节点加载装置

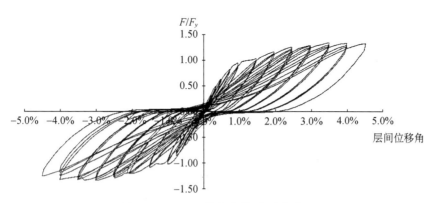

图 2-10　DPCF 节点荷载-位移角曲线

的侧向变形,而未造成严重的承载能力降低,得到的荷载位移曲线如图 2-10 所示,DPCF
梁柱节点最大变形为 4.5% 的侧移角(加载点侧向位移除加载点到柱底铰支座中心点的
距离)。同时也开展了现浇的钢筋混凝土框架节点拟静力试验作为对比,其荷载位移曲线如图 2-11 所示。图 2-10 和图 2-11 对比表明,DPCF 节点具有更好的变形能力,并且其承载能力退化程度较低。

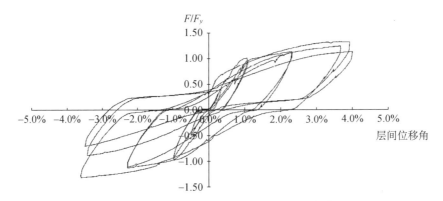

图 2-11　现浇混凝土框架节点荷载-位移角曲线

DPCF 梁柱节点的捏缩是由延性杆屈服后变形引起的。如图 2-12 所示,一旦延性杆受拉屈服,反向加载时,在梁柱交界面闭合之前通过使延性杆受压屈服来克服延性杆的伸长变形。在这一过程中,由于梁柱混凝土之间没有接触,梁柱连接刚度仅由延性连接杆提供,因此这一阶段刚度较小;一旦梁柱重新接触,节点刚度会再一次增加。如图 2-10 所示,该节点的梁柱交界面的闭合近似发生在位移为 0 的位置。

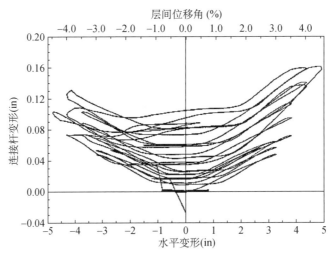

图 2-12　延性杆变形与节点侧移曲线(1 in=2.54 cm)

图 2-13 对比了 DPCF 节点与现浇节点在侧移角 3.5% 的第三圈荷载位移曲线。如图 2-14(a)和(b),虽然 DPCF 节点的耗能能力低于现浇节点,但是现浇框架节点混凝土开裂严重,因此 DPCF 节点具有更好的变形能力和较低的强度退化水平,节点损伤很小,整体性能优于现浇节点。

在试验过程中产生的最大水平力为 936 kN,转化为梁端弯矩为 1 070 kN·m,梁端超过设计弯矩(793 kN·m)35%。当侧移角为 2% 时,水平荷载为 778 kN,对应的梁端弯

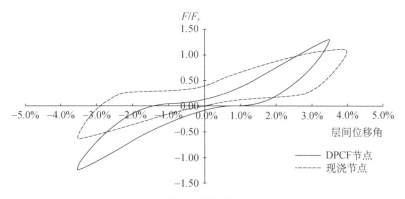

图 2-13　侧移角 3.5%的荷载位移曲线对比

（a）DPCF 节点　　　　　　　（b）现浇框架节点

图 2-14　试验后的节点试件

矩为 890 kN·m,对应的梁端弯矩超强系数为 1.12,设计采用对应 2%侧移角的梁超强系数为 1.25,符合设计条件。

尽管延性杆在节点内发生反复的拉伸和压缩变形,但是节点没有出现水平裂缝。DPCF 节点区的斜裂缝明显多于现浇节点,这是由于节点传力的桁架机制使箍筋应力过大,然而,在达到较高的侧移角时,DPCF 节点中的裂缝很小且分布很均匀,并且开裂现象没有影响柱承载能力。

在梁和柱交界面处,剪力由摩擦力传递,在侧移角达到 3.5%之前梁柱接触面都没有发生相对滑动,侧移角 3.5%时梁与柱的相对滑动是由于延性杆下部混凝土的剥落引起的,因此在设计中应尽量降低混凝土的压应力以避免这种破坏机制。

2.5　塑性铰位置的影响

在等同现浇系统中,会将预制混凝土结构的连接处设计得比塑性铰区更强,从而迫使屈服发生在混凝土结构构件的内部,也就是采用梁柱强连接从而重新定位塑性铰的位置。学者们也已提出许多不同的梁柱强连接并运用于地震地区,Ochs 和 Ehsani[17] 提出了两种焊接连接,可以移动塑性铰的位置将其远离梁柱结合面;French 等[18] 提出的连接构造通过后张预应力筋实现梁柱构件之间的连接,后张预应力筋的作用即是为了重新定位屈服点,使得屈服点远离梁柱结合面;Rockwin 公司于 20 世纪 80 年代提出了"嵌入式"梁系统,采用整体式混凝土技术来建造预制混凝土框架,这种技术可以使结构的连接远离预期的非弹性作用区域。虽然这些系统在试验时有着与整体混凝土框架相近的性能表现,但是在现场实施这些方法时存在较大的难度且成本高昂。

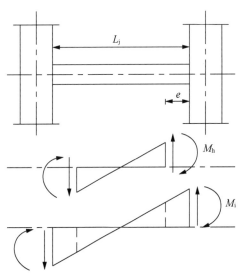

图 2-15　仅受横向荷载的框架梁弯矩图

同时,上述连接方法中许多需要辅助以焊接、灌浆、后张拉或现浇混凝土等措施,在很多情况下会减缓施工进度,这会使得预制混凝土工业能够快速建造的优势不能够得以体现。"嵌入式"梁系统需要在工厂预制好体型庞大且笨重的预制混凝土构件(如十字形、H 形或树形),这则会增加运输成本。

梁柱强连接除了会使得成本增加之外,还存在另外一些问题。第一个问题是:当移动塑性铰的位置使之远离梁柱结合面时,会造成连接中的超强需求变得非常大。图 2-15 显示了仅受横向荷载作用的框架梁弯矩图。若此时塑性铰与梁柱结合面的距离为 e,则梁中可产生的最大剪力 V 为:

$$V = \frac{\lambda_0}{\phi} \frac{M_{\mathrm{h}}}{\left(\dfrac{L_{\mathrm{j}}}{2} - e\right)} \tag{2-1}$$

其中,M_{h} 为梁塑性铰的屈服弯矩;L_{j} 为梁的净跨度;e 是塑性铰与梁柱结合面间的距离;λ_0 是超强系数,与可能产生的最大塑性铰弯矩有关,通常取 $\lambda_0 = 1.25$;ϕ 是截面弯曲折减系数,对于弯曲塑性铰,$\phi = 0.9$。

此时,梁柱结合面处所需的受弯承载力 M_{i} 为:

$$\phi M_{\mathrm{i}} \geqslant V \frac{L_{\mathrm{j}}}{2} \tag{2-2}$$

将公式(2-1)代入即可得:

$$\phi M_{\mathrm{i}} \geqslant \frac{\lambda_0}{\phi} M_{\mathrm{h}} \frac{\dfrac{L_{\mathrm{j}}}{2}}{\left(\dfrac{L_{\mathrm{j}}}{2} - e\right)} \tag{2-3}$$

假定一个情况,对于柱中心间距为 8.5 m,柱宽为 0.9 m 的框架而言,若想将塑性铰从梁柱结合面移动至距结合面 0.9 m 处,此时,移动塑性铰后梁柱结合面处所需的受弯

承载力为:

$$M_i \geqslant \frac{1.25}{0.9 \times 0.9} M_h \frac{3.8}{(3.8 - 0.9)} \geqslant 2.03 M_h \tag{2-4}$$

由此可以看出,若将塑性铰从梁柱结合面移动至距离为 0.9 m 处,此时连接结合面处的受弯承载力必须至少是塑性铰屈服弯矩的两倍,这会导致连接的成本显著增加。

重新定位塑性铰法的另一个问题是:重新定位塑性铰使之远离梁柱结合面,会使得塑性铰在相同层间位移角下有更大的转动需求。良好的抗震性能要求结构能够承受较大的横向变形而不会发生显著的承载力损失,而地震下结构大部分的层间位移是由梁中塑性铰的非弹性变形提供的。图 2-16(a) 显示了结构梁柱结合面处塑性铰的所需转动能力,塑性铰转动 θ_b 等于屈服后层间位移角 θ_c。图 2-16(b) 显示了重新定位塑性铰将其从结合面处移动至距离结合面 e 处所需的转动 θ_b'。对于相同的屈服后层间位移角 θ_c,该塑性铰明显需要发生更多的塑性转动。对于重新定位的塑性铰,所需的转角 θ_b' 为:

$$\theta_b' = \theta_c \left(1 + \frac{e}{\frac{L_j}{2} - e}\right) \tag{2-5}$$

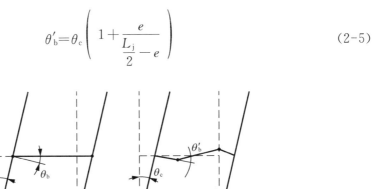

图 2-16　塑性铰转动

对于上述所假设的场景而言,若将塑性铰从梁柱结合面移动至距结合面 0.9 m 处,此时,重新定位塑性铰后所需的转角为:

$$\theta_b' = \theta_c \left(1 + \frac{0.9}{3.8 - 0.9}\right) = 1.32 \theta_c \tag{2-6}$$

重新定位后,塑性铰的转动需求比结合面处的塑性铰增大了 32%。

DDC 连接中,塑性铰区域设置在梁柱连接的表面位置,一方面可以避免塑性铰转移带来的连接位置承载能力超强问题,同时也使一定层间变形条件下塑性铰的转角需求最小化。通过将延性耗能部件设置在柱子里面,还可以尽可能地加大塑性铰的转动能力。

在现浇或等同现浇的混凝土框架结构中,当塑性铰的转动导致受压边缘达到极限压应变的时候,混凝土就会被压碎,而此时的纵向受压钢筋往往已经屈服。我们知道,钢筋单独受压的过程中容易屈曲,在其受压屈服后,它抵抗屈曲的能力更弱。由于受压区混凝土退出工作,防止其屈曲的功能只能由箍筋来提供。因此在现浇混凝土框架梁的塑性铰破坏过程中,混凝土压碎之后往往伴随着箍筋的崩断,从而纵向受压钢筋很快失去约束,导致失稳而退出工作。这时候框架节点的承载能力瞬间降低,达到其转动的极限。这说明,现浇或等同现浇的混凝土框架结构,其转动能力受限于混凝土的极限受压应变。我们知道,混凝土的极限受压应变并不高。通过在潜在的塑性铰区增加箍筋的含量,构造约束受压的环境,可以有效提高混凝土的极限压应变。但是,这一提高作用也是相对有限的。

DDC 中延性耗能杆的实质是纵向钢筋在节点区域内的延伸。将纵向钢筋的塑性区段设置在梁柱节点以内可以达到充分约束以防止其屈曲的目的。首先,梁柱节点的截面尺寸显著大于梁的截面尺寸。在梁中,由于宽度的限制和出于尽量提高有效高度的考虑,纵向钢筋的保护层厚度并不很大,导致纵向钢筋外皮的混凝土与梁体混凝土连接不足,它们更加容易在受压时被劈裂出去;而在柱节点内,由于柱的截面尺寸总是大于梁的截面尺寸,延性耗能杆在受压屈服后,其各个方向均受到周围大量混凝土的约束限制:左右方向有垂直方向的框架梁约束,上下方向有柱子轴力施加的约束,因此不会产生像普通现浇钢筋混凝土框架梁一样的钢筋屈服后屈曲失效,从而保证了其承载能力稳定地发挥。

2.6　结构体系设计方法

2.6.1　节点剪力传递机制和剪力传递能力计算方法

DPCF 结构体系中,由梁和柱交界面的摩擦力来传递剪力。图 2-17 给出了梁柱交界面剪力的传递路径:梁柱接触面处,螺栓预紧力 P_{pre} 以及弯矩引起的压力 M/d 提供接触面的正压力,在该正压力作用下产生的摩擦力可用于抵抗梁柱接触面的剪力。处理钢筋表面、延性杆表面、垫片、梁内转换钢块和垫板的表面,使其具有良好的粗糙度,以保证剪力传递过程中没有滑移,建立一个无滑移的剪力传递机制。

图 2-17 为带有延性连接器的梁柱节点,延性杆置于柱内节点处的上部和下部,提供的抗弯承载力 M_n 可表示为:

$$M_n = nT_{yi}d \tag{2-7}$$

其中,n 为节点内上部和下部延性杆的个数;T_{yi} 是一根延性杆的轴向屈服承载力;d 为上部和下部延性杆的间距。

引入超强系数 λ_0,以保证在延性杆达到最大承载力时其他构件仍保持弹性。混凝土梁和柱由高强螺栓连接,以保证在混凝土梁和柱交界面处剪力和弯矩的可靠传递。螺栓的面积需求为:

$$T_{Bn} = \lambda_0 \frac{M_n}{d'} \tag{2-8}$$

$$nA_B = \frac{T_{Bn}}{\varphi_t F_B} \tag{2-9}$$

其中,n 为螺栓的数量;A_B 为单个螺栓的面积需求;F_B 为螺栓的屈服强度;φ_t 为强度折减系数。合理地选取 λ_0/φ_t 的取值以保证螺栓始终保持弹性。基于延性杆屈服承载力的梁柱交界面剪力为：

$$V_{nE} = \frac{2\lambda_0 M_n}{L_c} \tag{2-10}$$

其中，L_c 是梁的净跨度。结合结构在竖向荷载的作用下的剪力，基于 ACI 规定，梁柱交界面剪力需求为：

$$V_n = V_{nE} + 0.75(1.4V_D + 1.7V_L) \tag{2-11}$$

其中，V_D 和 V_L 分别代表恒荷载和活荷载在梁柱交界面处产生的剪力；1.4 和 1.7 分别为 ACI 规定的恒荷载和活荷载分项系数。

由于图 2-17 中连接器的剪力传递能力取决于预紧力水平 $2nP_{pre}$ 和梁柱交界面处承受的弯矩 M，然而在循环加载作用的某个时刻，交界面处的弯矩 M 可能为 0，在这样的情况下仍需要保证恒荷载和活荷载在梁柱交界面所产生剪力的有效传递：

$$1.4V_D + 1.7V_L < 2nP_{pre}f \tag{2-12}$$

其中，f 是交界面处转换块、垫片、耗能杆端部之间钢材与钢材表面的摩擦系数。

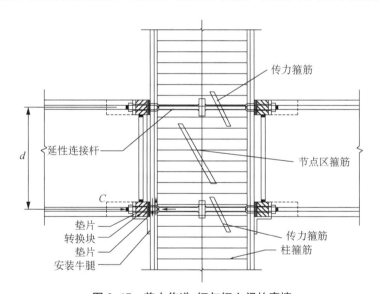

图 2-17 剪力传递：钢与钢之间的摩擦

由于作用在梁柱交界面上弯矩的作用，受压一侧压力的增加会逐步抵消螺栓的预紧力。不过，用来传递剪力的各部件接触面之间的总压力基本保持不变。偏于保守，考虑完全忽略作用在梁柱交界面受拉侧连接螺栓的预紧力，这时候体系的剪力传递能力将减少为 $nP_{pre}f$。一旦预紧力 nP_{pre} 被完全释放，作用在梁柱接触面（图 2-17）上的压力 C 仅与交界面处的弯矩有关，梁柱交界面受压侧传递剪力的能力将会继续增加。因此，作用在梁柱交界面的压力 C 取为 nP_{pre} 与 M/d 的较大值，由此确定梁柱交界面剪力传递能力为公式（2-13）和公式（2-14）所计算得到的较大值：

$$V_n = \frac{M}{d}f \qquad (2\text{-}13)$$

$$V_n = nP_{pre}f \qquad (2\text{-}14)$$

为了保证梁中的纵向钢筋在延性杆屈服后始终保持弹性,梁的设计需引入合理的超强系数λ_0。依据超强系数λ_0修正每个构件的承载能力,用于考虑不同荷载传递机制的不确定性。由此确定的梁受弯钢筋的面积A_{sb}为:

$$A_{sb} = \frac{\lambda_0 n T_{yi}}{\varphi_b f_y} \qquad (2\text{-}15)$$

其中,f_y为梁内纵向钢筋的屈服强度;φ_b为考虑梁内钢转换块位置的准确性以及梁内钢筋承载力离散性的承载力折减系数。由于梁内纵向钢筋采用高强度钢材,因此λ_0/φ_b的取值不必过于保守。抗剪钢筋的面积由公式(2-13)和(2-14)的较大值确定,抗剪钢筋面积计算时的λ_0/φ_b的取值需要比公式(2-15)中截面抗弯钢筋面积计算的取值略大,以保证强剪弱弯的设计原则。

内力从延性杆到柱的传递路径如图2-18所示:(1) 柱表面由公式(2-11)确定的剪力设计值由延性杆端部区域传递给柱混凝土承受;(2) 延性杆的轴向力(包括拉力和压力)由其内埋在柱节点区内的锚固板传给节点区混凝土。由于剪力通过框架梁截面的受压区传递,并且对柱子而言垫片和转换块提供了显著的约束压力,在验算延性杆端部的支承反力时应按约束混凝土承载力考虑。此外,在延性杆和混凝土之间应涂覆无粘结材料,以避免循环荷载作用下延性杆伸长和缩短的反复循环而使混凝土强度退化。

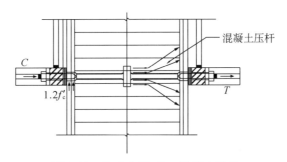

图 2-18　拉力传递:约束混凝土承载

内力作用下节点内一侧延性杆受拉而另外一侧延性杆受压,考虑延性杆的屈服承载力为T_{yi},其超强系数为λ_0,在延性杆锚固板处可能出现的最不利的情况是使混凝土受到$2\lambda_0 T_{yi}$的压力,由于混凝土受到了良好的约束,且局部受压底面积比承压面大,局部受压承载能力验算时混凝土的抗压强度可按约束混凝土选用。

如图2-19所示为节点内部的内力传递机制。通过一组延性杆锚固板周围的混凝土压杆,将施加在延性杆端的内力通过其上方、下方和旁边的混凝土压杆传递给柱子的纵向钢筋,共同形成一个局部的桁架机制。在对角线的两个压力之间,节点区混凝土形成斜向压杆。

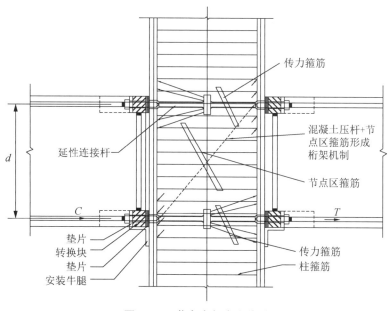

图 2-19 节点内部内力传递

2.6.2 结构构件的能力设计

结构设计的目标是使性能最优化。考虑地震作用时,结构体系的优化与系统屈服后的变形性能有关,这一目标的实现往往与结构承载能力目标相冲突。为此,需要合理地改进传统的设计方法,使承载能力与延性这两个目标都可以实现。在现浇钢筋混凝土框架中,纵向钢筋面积是影响延性的主要因素,随着纵向钢筋面积的增加,延性会逐步降低,而钢筋的面积则由承载能力来控制。现行规范规定,梁一侧钢筋面积 A'_s 应至少是另外一侧钢筋面积的一半即 $A_s/2$,在这种平衡条件下,对应给定的变形条件,一个方向上的延性会比另一个方向上的小。此外,由于材料的实际强度大于计算取值,同时实际配置的钢筋面积总是偏安全地大于计算需求,体系屈服时实际表现出来的承载能力往往会大于计算分析时得到的内力设计值。这一因素会导致内力传递路径上被设计为弹性的构件,反而承受过大的内力。钢筋在达到屈服变形水准之前的应变程度与其具备的延性能力关联性很小。因此,重点应该放在使变形能力最大化以提高结构体系的延性,建立既满足承载能力目标也具有良好延性的可行方案。

框架结构梁柱交界处抗弯屈服承载能力的确定是这种结构设计时最为关键的步骤。可以采用屈服分析和塑性机构分析两种方法来确定这些部位的弯矩需求,从而根据超强需求进一步开展延性杆、连接、抗剪等方面的设计。

以图 2-20(a)所示的框架为例,并取如图 2-20(b)所示的隔离体系结构。屈服分析时,采用基于弹性的流程来确定在恒荷载、活荷载和地震力作用下产生的弯矩和剪力。由于梁的负弯矩和正弯矩需求是不同的,因此梁柱交界面处的梁端弯矩 M_b 包括:恒荷载弯矩 M_{bD}、活荷载弯矩 M_{bL} 和地震作用弯矩 M_{bE}。荷载组合后得到的连接处上部抗弯承载

能力需求 M_{uT} 和下部抗弯承载能力需求 M_{uB} 分别为：

$$M_{uT} = 0.75[1.4M_{bD} + 1.7M_{bL} + 1.7(1.1M_{bE})] \quad (2\text{-}16)$$

$$M_{uB} = 0.75[1.3(1.1M_{bE}) - 0.9M_{bD}] \quad (2\text{-}17)$$

显然，按照上述公式计算的梁端正、负屈服弯矩可能相差很大，这意味其上部和下部纵向受力钢筋面积会有较大的差别。Paulay 和 Priestley[16]建议，上述承载能力需求差别可以通过考虑弯矩重分布来进行调整，推荐采用 30% 的弯矩重分布。基于这一建议，则节点内上部的延性连接器延性杆的屈服承载力需求为：

$$nT_{yi} = \frac{0.7M_{uT}}{\varphi_b d} \quad (2\text{-}18)$$

与此同时，下部的需求为：

$$nT_{yi} = \frac{M_{uB} + 0.3M_{uT}}{\varphi_b d} \quad (2\text{-}19)$$

此外，在拧紧梁柱连接螺栓、取出安装牛腿之前，施加一部分恒荷载在结构上，此时梁承受施工阶段荷载（P_c）时对应的边界条件为两端铰支，完成梁柱拼装后，其余的荷载（图 2-20）再施加到结构体系上。当前的规范并没有明确给出抗震设计中这两种不同荷载模式的组合方式，但实际结构中 M_{uT} 会明显地小于公式（2-16）得到的值。

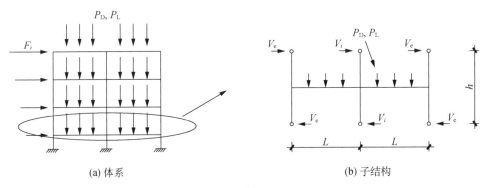

(a) 体系　　　　　　　　　　　　　　　(b) 子结构

图 2-20　框架立面

也可以根据塑性机构分析的方法来计算结构体系各部位的承载能力需求。该方法基于构件的屈服模式建立分析模型。对于框架结构而言，可能形成三种屈服模式：（1）竖向荷载单独作用下，在框架梁的两端形成上部受拉的塑性铰，跨中形成下部受拉的塑性铰，考虑对称性，框架梁两端的塑性铰转角相同，如图 2-21(a)所示；（2）竖向荷载与水平荷载共同作用下，框架梁的一端形成上部受拉的塑性铰，在跨内形成下部受拉的塑性铰，如图 2-21(b)所示；（3）在水平荷载单独作用下，框架梁的梁端形成方向相反的塑性铰转动，如图 2-21(c)所示。在第一种和第三种机制中侧向和竖向载荷对其各自构件的弹性变形不产生外力做功。在梁柱交界面处，当弯矩使梁截面上部受拉时，截面的屈服弯矩记为 M_{nn}，当弯矩使梁截面下部受拉时截面的屈服弯矩记为 M_{np}，M_p 代表梁跨中某一截面下部受拉的屈服弯矩,假设梁承受三个等距分布的竖向集中力。根据能量法,结构体系形成机构后作用在结构上的内力做功与外力做功相等,从而:

(1)竖向荷载作用的塑性机制,如图 2-21(a):

$$\left(2P_u \frac{L}{4} + P_u \frac{L}{2}\right)\theta = 2\theta(M_p + M_{nn})$$

$$P_u L \leqslant 2M_p + 2M_{nn}$$
(2-20)

(2)竖向荷载与水平荷载共同作用的塑性机制,如图 2-21(b),假设跨内下部受拉的塑性铰发生在距离一侧柱轴线 1/4 跨度处:

$$\left(\frac{L}{4} + \frac{L}{2} + \frac{3L}{4}\right)P_u\theta + V_{Eu}h\theta = \frac{4\theta}{3}(M_p + M_{nn})$$

$$1.5P_u L + V_{Eu}h \leqslant \frac{4}{3}M_p + \frac{4}{3}M_{nn}$$
(2-21)

(3)水平荷载单独作用的塑性机制,如图 2-21(c):

$$V_{Eu}h \leqslant M_{np} + M_{nn}$$
(2-22)

以图 2-21(c)所示的侧向荷载作用下塑性机制作为结构的设计目标,在梁两端的顶部和底部布置有相同的连接器,即 M_{nn} 与 M_{np} 相等,则每个连接部位的受弯承载能力需求为:

$$M_u \geqslant \frac{V_{Eu}h}{2}$$
(2-23)

从而一组延性杆的轴向屈服承载能力需求 nT_{yi} 为:

$$nT_{yi} = \frac{V_{Eu}h}{2\varphi d}$$
(2-24)

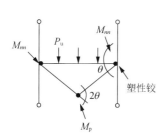

(a) 竖向荷载模式

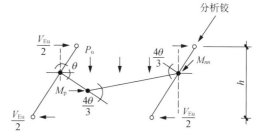

(b) 竖向和水平荷载作用模式

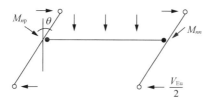

(c) 水平荷载作用模式

图 2-21 屈服机制模式

通过一个算例介绍结构体系的承载能力计算过程。选取结构组件如图 2-22 所示,其详细设计参数为:层高 h 为 3.66 m,跨度 L 为 12.2 m,梁端上侧与下侧的延性连接器之间的距离为 0.915 m,竖向恒荷载标准值 P_D 为 178 kN,竖向活荷载标准值 P_L 为 53.4 kN,层间剪力 V_E 为 334 kN,计算步骤如下。

步骤 1:首先,根据结构的目标,比较延性连接器的能力与需求。如图 2-22 所示的延性连接器中延性杆的屈服轴向承载力 nT_{yi} 是 1 068 kN,而延性杆的强度需求根据公式 (2-24) 确定为:

$$V_{Eu} = 0.75 \times 1.7 \times 1.1 \times V_E = 0.75 \times 1.7 \times 1.1 \times 334 = 467 \text{ kN}$$

$$nT_{yi} = \frac{V_{Eu}h}{2\varphi d} = \frac{467 \times 3.66}{2 \times 0.9 \times 0.915} = 1\,038 \text{ kN} < 1\,068 \text{ kN}$$

这说明图 2-22 中的延性连接器中延性杆的轴向承载能力大于其轴力需求,满足要求。

步骤 2:验算图 2-21(b) 所示的机制是否会先于图 2-21(c) 所示的机制形成,已知

$$M_{nn} = M_{np} = 1\,068 \times 0.915 = 977 \text{ kN} \cdot \text{m}$$

$$P_u = 0.75(1.4P_D + 1.7P_L) = 0.75 \times (1.4 \times 178 + 1.7 \times 53.4) = 255 \text{ kN}$$

公式 (2-20) 中,唯一未知的是梁上 1/4 跨度处截面的下部受弯承载能力 M_p,根据式 (2-20),有:

$$1.5P_u L + V_{Eu}h \leqslant \frac{4}{3}M_p + \frac{4}{3}M_{nn}$$

$$1.5 \times 255 \times 12.2 + 467 \times 3.66 \leqslant \frac{4}{3}M_p + \frac{4}{3} \times 977$$

$$M_p \geqslant 3\,801 \text{ kN} \cdot \text{m}$$

这说明,地震荷载作用下,如果梁上 1/4 跨度处截面的抗弯承载力超过 3 801 kN·m,则可以保证如图 2-21(c) 所示的塑性机制会先于图 2-21(b) 所示的塑性机制出现。

步骤 3:验算图 2-21(a) 所示的塑性机制是否会先于如图 2-21(c) 所示的塑性机制发生,根据式 (2-20),有:

$$P_u L \leqslant 2M_p + 2M_{nn}$$

$$255 \times 12.2 - 2 \times 977 \leqslant 2M_p$$

$$M_p > 578 \text{ kN} \cdot \text{m}$$

这说明只要梁跨内截面的抗弯承载能力大于 578 kN·m,就肯定先发生图 2-21(c) 所示的塑性机制。

设计得到的节点如图 2-22 所示。

接下来,使用屈服分析的方法验证前述的内容:

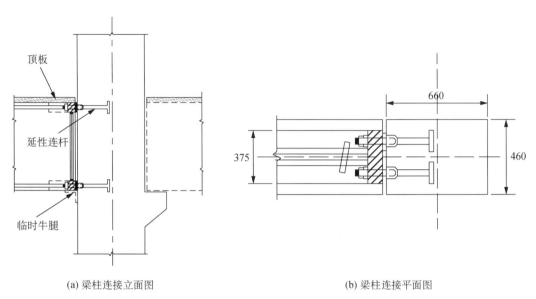

(a) 梁柱连接立面图　　　　　　　　　　(b) 梁柱连接平面图

图 2-22　框架节点示意图

(a) 竖向荷载作用弯矩图　　　　　　　　(b) 水平荷载作用弯矩图

图 2-23　梁竖向荷载与水平荷载作用下弯矩图

步骤 1:计算竖向荷载与水平荷载作用下的梁弯矩图,分别如图 2-23(a)和(b)所示。

步骤 2:计算梁端上部和下部连接的强度需求:

$$M_{nn} > 0.75[1.4 \times 0.2 \times P_D L + 1.7 \times 0.2 \times P_L L + 1.7 \times 1.1 \times (V_E h/2)]$$
$$> 0.75[0.28 \times 178 \times 12.2 + 0.34 \times 53.4 \times 12.2 + 1.7 \times 1.1 \times (334 \times 12.2/2)]$$
$$> 1\,479 \text{ kN} \cdot \text{m}$$

$$M_{np} > 1.3 \times 1.1 \times \frac{V_E h}{2} - 0.9 \times 0.2 \times P_D L$$
$$> 1.43 \times 334 \times 3.66/2 - 0.18 \times 178 \times 12.2$$
$$> 483 \text{ kN} \cdot \text{m}$$

步骤 3:弯矩重分布:

$$M_{nn} = 0.7 \times 1\,479 = 1\,035 \text{ kN} \cdot \text{m}$$

$$M_{np} = 483 + 0.3 \times 1\,479 = 927 \text{ kN} \cdot \text{m}$$

上述计算表明,在 30% 的弯矩重分布条件下,要求梁端的延性连接器具有更强的负弯矩承载力 M_{nn}。然而在结构完全拼装即梁柱交界面螺栓拧紧之前,一部分恒荷载已经作用在结构上,因此 M_m 的需求会有所降低。考虑这一因素后,得到的梁端上部和下部受拉屈服弯矩与塑性铰分析的结果相近。

2.7 本章小结

DDC 延性连接通过高强螺栓实现了梁纵向钢筋与柱子节点的连接,从而达到干式连接的目的。通过连接耗能杆件的削弱作用,实现了塑性铰的定位,同时基于塑性铰尽可能靠近节点的考虑,将塑性部位设置于柱节点内部。这一措施同时也有效避免了受压时塑性部位的屈曲,使连接发挥出良好的耗能性能。由于耗能杆件在柱节点内的锚固仅依靠锚固板实现,其节点抗剪性能与现浇混凝土框架节点有所不同,梁剪力传递机制也有其特色。基于塑性分析和能力设计,可以实现预设的出铰机制,保证整体结构的抗震性能。

本章参考文献

[1] 范力,吕西林,赵斌.预制混凝土框架结构抗震性能研究综述[J].结构工程师,2007,23(4):90-97

[2] AU E. The mechanics and design of a non-tearing floor connection using slotted reinforced concrete beams [D]. Christchurch: University of Canterbury, 2010

[3] BYRNE J, BULL D K. Design and testing of reinforced concrete frames incorporating the slotted beam detail [J]. New Zealand Society for Earthquake Engineering, 2012, 45(2): 77-83.

[4] MUIR C A, BULL D K, PAMPANIN S. Seismic testing of the slotted beam detail for reinforced concrete structures [C]. Structures Congress, 2013

[5] PARK R, THOMPSON K J. Cyclic load tests on prestressed and partially prestressed beam-column joints[J]. PCI Journal, 1977, 22(5): 84-110

[6] PRIESTLEY M J N. Overview of PRESSS research program [J]. PCI Journal, 1991, 36(4):50-57

[7] NAKAKI S D, ENGLEKIRK R E, PLAEHN J L. Ductile connectors for a precast concrete frame[J]. PCI Journal, 1994, 39(5): 46-59

[8] ENGLEKIRK R E. Development and testing of a ductile connector for assembling precast concrete beams and columns [J]. PCI Journal, 1995, 40(2): 36-50

[9] ENGLEKIRK R E. An innovative design solution for precast prestressed concrete buildings in high seismic zones[J]. PCI Journal, 1996, 41(4): 44-53

[10] ERTAS O, OZDEN S, OZTURAN T. Ductile connections in precast concrete moment resisting frames[J]. PCI Journal, 2006, 51:66-76

[11] KENYON E M. Predicting the seismic behavior of the Dywidag Ductile Connector(DDC) precast concrete system [D]. California: California Polytechnic State University, 2008

[12] CHANG B，HUTCHINSON T，WANG X，et al. Seismic performance of beam-column subassemblies with high-strength steel reinforcement[J]. ACI Structural Journal，2014，111(6)：1329

[13] CHANG B，HUTCHINSON T C，WANG X，et al. Experimental seismic performance of beam-column subassemblies using ductile embeds[J]. Journal of Structural Engineering，2012，139(9)：1555-1566

[14] OH S H，KIM Y J，RYU H S. Seismic performance of steel structures with slit dampers [J]. Engineering Structures，2009，31(9)：1997-2008

[15] 李向民,高润东,许清风.低屈服高延性连杆的研发及其在装配式节点中的应用[J].工程抗震与加固改造,2012,34(4):42-46

[16] PRIESTLEY M J N. Department of applied mechanics and engineering sciences[R]. The Third U.S. PRESSS Coordinating Meeting，No. PRESSS 92/02，1992：12-16

[17] OCHS J E，EHSANI M R. Moment resistant connections in precast concrete frames for seismic regions[J]. PCI Journal，1993,(38)5：64-75

[18] FRENCH C W，HAFNER M，JAYASHANKAR V. Connections between precast elements-failure within connection region[J]. Journal of Structural Engineering，American Society of Civil Engineers，1989，105(21)：3171-3192

第3章

外置耗能预应力装配式混凝土框架

3.1 引言

外置耗能预应力装配式混凝土框架体系是一种通过后张预应力筋装配预制梁柱、外置可更换耗能杆的"非等同现浇"装配混凝土结构形式。该装配式混凝土结构将高性能耗能装置与结构自复位机理融合,具有快速装配、高性能以及震后可恢复等优点。外置可更换耗能杆兼具承载与消能的功能,提升了预应力装配式混凝土框架结构的承载和耗能能力。本章将从金属耗能杆的研发和预应力装配式混凝土框架节点性能评估两个层次,围绕耗能杆构造、试验验证、理论探究及节点性能试验等四个方面,简述已经开展的研究工作[1-4],为外置耗能预应力装配式混凝土框架体系的推广和应用提供理论依据和技术支撑。

3.2 外置可更换全金属耗能杆

3.2.1 竹形耗能杆构造和概念设计

竹形耗能杆(Bamboo-shaped Energy Dissipater,BED)由竹形内核和外约束圆套管组成,内核是通过圆棒进行局部切削形成,其中未切削部分被称之为竹节,两竹节之间切削部分称之为节间,因此,竹形内核由竹节与节间交错形成,两端各有一过渡段,如图 3-1 所示。内核的竹节用于控制内核变形模式,节间进行耗能,通过过渡段连接在主体结构

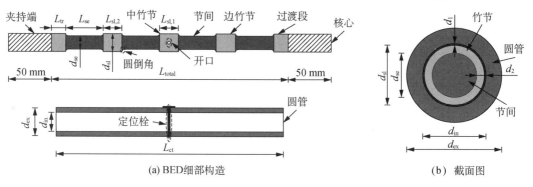

(a) BED细部构造   (b) 截面图

图 3-1 竹形耗能杆构造示意

上。为了防止外约束套管从竹形内核滑脱,常用钢钉作为定位栓穿过竹节和外套管预留开口。在试验中,BED内核的节间表面涂有红漆,一旦加载过程中节间与外约束套管内壁发生接触,即可通过漆痕刮擦观察耗能杆内核的接触状态。

竹形耗能杆工作机理可以理想化为带有侧向约束的杆。对比图 3-2(a)和(b)可知,随着侧向约束数目的增加,杆的临界屈曲荷载提高,同时侧向变形得到有效控制。基于此,本章所提出的 BED 的竹节可视为受压杆的侧向支撑,侧向约束之间的短杆是内核的节间,通过调节节间的长度能够对其受压屈曲进行有效控制,使得所述 BED 在指定的轴向变形范围内,能够形成稳定的滞回曲线。

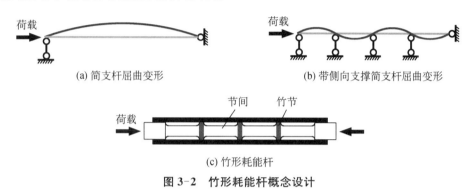

(a) 简支杆屈曲变形 　　　　　(b) 带侧向支撑简支杆屈曲变形

(c) 竹形耗能杆

图 3-2　竹形耗能杆概念设计

3.2.2　全钢竹形耗能杆

(1) 耗能杆构造与尺寸

为了进一步确认竹形耗能杆的性能,采用的 Q235b 钢棒加工 12 根试件,其 Q235b 材料性能列于表 3-1,试件的几何尺寸列于表 3-2。

为控制耗能杆的竹节在轴力作用下始终保持弹性,竹节截面积 A_{sl} 与节间截面积 A_{se} 的比值应大于 σ_u 与 σ_y 的比值,如式(3-1)所示:

$$A_{sl}/A_{se} \geqslant \sigma_u/\sigma_y \tag{3-1}$$

表 3-1　Q235b 钢材料性能

材料	弹性模量 E (GPa)	屈服应力 σ_y (MPa)	屈服应变 ε_y (%)	极限强度 σ_u (MPa)	极限应变 ε_u (%)
Q235b	208.4	284	0.136	416	39.43

耗能杆的设计也需要考虑泊松效应的影响,保证轴力作用下试件竹节直径增量的一半 Δ_d 小于竹节与外约束套管内壁间隙 d_1,即满足式(3-2):

$$\Delta_d = 0.5 \cdot d_{sl} \cdot \varepsilon_x = 0.5 \cdot d_{sl} \cdot (-\upsilon \cdot \varepsilon_y) < d_1 \tag{3-2}$$

其中,υ 是泊松比;ε_x 是竹节径向应变;ε_y 是竹节纵向应变。本章中耗能杆试件的竹形内核均满足式(3-2)的要求。为保证作动头夹具对试件有够的握裹力,试件的两端夹持端长均为 50 mm。此外,本章中所涉及的外约束套管设计内径 d_{in} 均为 20 mm,设计外径

d_{ex} 均为 30 mm,同时外约束套管的设计满足 Usami 等人[5]提出的整体稳定性要求。

表 3-2　全钢竹形耗能杆测量几何尺寸

序号	试件	d_{sl} (mm)	$L_{sl,1}$ / $L_{sl,2}$ (mm)	d_{se} (mm)	L_{se} (mm)	L_{tr} (mm)	L_{total} (mm)	L_{ct} (mm)	d_1 (mm)
S1	L40S20-C1	18.9	20.1/20.1	14	40.2	30.2	281.5	260.0	0.55
S2	L40S20-C2	19	19.8/19.8	14	40.3	29.8	280.2	260.0	0.50
S3	L40S20-C3	18.9	19.6/19.6	13.8	40.4	30.1	280.6	260.0	0.55
S4	L40S20-C4	19.1	19.9/19.9	13.9	40.1	29.9	279.9	260.0	0.45
S5	L60S20-C2	19	20.0/20.0	13.9	60	29.9	359.8	340.0	0.55
S6	L60S20-C3	19	19.9/19.9	14	60	29.8	359.3	340.0	0.55
S7	L40S5-V1	19	10.0/5.0	14	40.5	25.1	232.2	210.0	0.50
S8	L60S5-V1	19	10.0/5.0	14.5	60.4	25.2	312	290.0	0.50
S9	L80S5-V1	19	10.0/5.0	14	80.1	24.9	390.2	370.0	0.50
S10	L40S20-V1	18.9	19.8/19.8	14.1	40.5	29.9	281	260.0	0.55
S11	L60S20-V2	18.6	20.2/20.2	14.1	60.4	29.9	362	340.0	0.70
S12	L70S20-V2	19	20.6/20.2	13.8	69.4	29.8	399	380.0	0.50

注:如图 3-1 所示,d_{sl} 和 L_{sl} 分别是竹节直径和长度;d_{se} 和 L_{se} 分别是节间的直径与长度;L_{tr} 是过渡段的长度;L_{total} 是竹形内核的总长(不包含夹持端);L_{ct} 是外约束套管的长度;d_1 是竹节与外约束套管间的间隙。

(2)试验的加载制度

全钢竹形耗能杆竖直夹持于液压伺服疲劳机,试验过程中作动头的位移与力通过电子数据采集系统自动采集。本试验采用如图 3-3 所示的两类不同的低周疲劳加载制度,所有的加载制度均由竹形内核的轴向名义应变控制,名义应变定义为作动头轴向位移除以竹形内核耗能段总长 $L_{se,t}$。

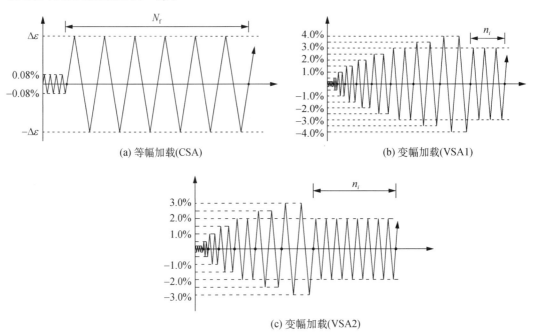

(a) 等幅加载(CSA)　　　　(b) 变幅加载(VSA1)

(c) 变幅加载(VSA2)

图 3-3　加载制度

（3）全钢竹形耗能杆低周疲劳性能

试件的滞回曲线如图 3-4 所示,其中全钢竹形耗能杆的受拉状态位于滞回曲线的正向,横坐标代表全钢竹形内核的名义轴向应变,定义为全钢竹形内核的位移除以节间段总长,滞回曲线的纵坐标表示名义轴向应力,该应力定义为作动头荷载值除以全钢竹形耗能杆节间横截面积 A_{se}。试验表明所有的全钢竹形耗能杆均具有稳定的滞回性能,即使在经受最大应变幅值时耗能杆也未出现局部或整体失稳现象。全钢竹形耗能杆的试验结果详见表 3-3。

表 3-3　全钢竹形耗能杆低周疲劳性能

编号	试件	$\Delta\varepsilon$（%）	N_f	n_i	CPD（%）	接触状态
S1	L40S20-C1	1	114	—	2 612.2	未接触
S2	L40S20-C2	2	47	—	2 444.2	未接触
S3	L40S20-C3	3	29	—	2 418.1	未接触
S4	L40S20-C4	4	11	—	1 218.7	未接触
S5	L60S20-C2	2	39	—	2 081.8	接触
S6	L60S20-C3	3	18	—	1 476.7	接触
S7	L40S5-V1	—	—	14	2 031.7	接触
S8	L60S5-V1	—	—	14	2 080.4	接触
S9	L80S5-V1	—	—	12	1 942.2	接触
S10	L40S20-V1	—	—	24	2 839.8	接触
S11	L60S20-V2	—	—	34	2 226.4	接触
S12	L70S20-V2	—	—	28	1 969.1	接触

注:N_f 是疲劳圈数,如图 3-3（a）所示;n_i 是常幅加载阶段的加载圈数,如图 3-3（b）和（c）所示;CPD 是累积塑性变形[6]$=\sum_i |\Delta_{pi}|/\Delta_y$,其中 $|\Delta_{pi}|$ 是第 i 圈的塑性变形,Δ_y 是屈服变形。

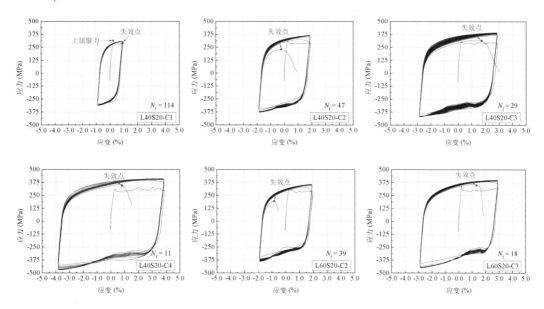

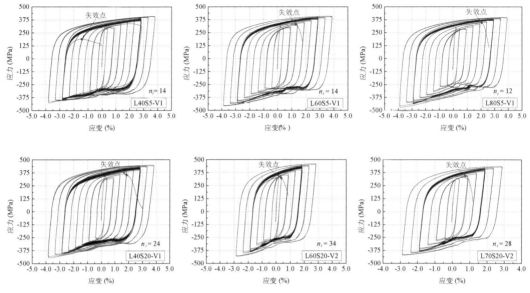

图 3-4　全钢竹形耗能杆滞回曲线

通过试件 S1-S4 的对比,包括疲劳圈数 N_f 为 114 的试件 L40S20-C1、N_f 为 47 的试件 L40S20-C2、N_f 为 29 的试件 L40S20-C3 和 N_f 为 11 的试件 L40S20-C4,可以发现从疲劳加载圈数的角度来看,全钢竹形耗能杆的低周疲劳寿命随着常幅加载幅值增大而减小。同样的结论可以从 N_f 为 39 的试件 L60S20-C2 以及 N_f 为 18 的试件 L60S20-C3 的对比中得出。

为评估不同节间长度对具有 5 mm 边竹节全钢竹形耗能杆低周疲劳性能的影响,试验对比了具有 4 个 40 mm 节间段的试件 L40S5-V1、4 个 60 mm 节间段的试件 L60S5-V1 以及 4 个 80 mm 节间段的试件 L80S5-V1,上述三根全钢竹形耗能杆试件在常幅加载阶段的加载圈数 n_i 分别为 14、14 和 12。由此可以发现试件 L40S5-V1 和 L60S5-V1 具有相似的低周疲劳性能,表明具有 5 mm 边竹节全钢竹形耗能杆的低周疲劳性能与节间的长度关联性不明显,且试件的破坏归因于倒角处的应力集中。与试件 L40S5-V1 和 L60S5-V1 相比,试件 L80S5-V1 的节间出现明显的扭转,并由此导致试件低周疲劳寿命的下降。

试验还进一步评估了不同节间段长度对具有 20 mm 竹节全钢竹形耗能杆低周疲劳性能的影响。通过对比具有 4 个 60 mm 节间的试件 L60S20-V2 和具有 4 个 70 mm 节间的试件 L70S20-V2 可以发现,上述两根试件在常幅加载阶段的加载圈数 n_i 分别为 34 和 28。由此可知,具有 20 mm 竹节全钢竹形耗能杆的低周疲劳寿命随着节间段长度的增加而减小。

(4) 全钢竹形耗能杆变形与失效模式

全钢竹形耗能杆的变形与破坏模式如图 3-5 所示。全钢竹形耗能杆的侧向变形随着常幅加载应变幅值的增加而增加,其破坏模式受到弯曲引起的侧向变形、倒角处应力集中以及节间段扭转的影响。试件 L40S20-C1、L40S20-C2、L40S20-C3 和 L40S20-C4 在波峰处断裂,从上述四根构件的局部破坏图中可以看出,破坏面逐渐从较为平滑、垂直发展至粗糙、倾斜,表明随着应变幅值的增加,试件的破坏模式从受拉破坏逐渐发展为剪切破坏。如图 3-5(e)~(g)所示,试件 L40S5-V1、L40S20-V1 和 L60S5-V1 的破坏位置集中于倒角处,倒角处存在较为明显的应力集中,该种破坏模式需要通过平滑处理倒角,减小应力集中来加以避免。如图 3-5(h)所示,试件 L80S5-V1 最终的破坏位置与节间扭转引起的擦痕位置相一致。

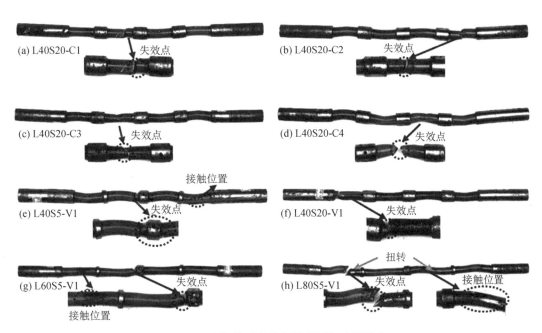

图 3-5　全钢竹形耗能杆的变形与破坏模式

3.2.3　铝合金竹形耗能杆

为了拓展竹形耗能杆在腐蚀环境中的应用,还开展了铝合金竹形耗能杆(Aluminum alloy Bamboo-shaped Energy Dissipater,ABED)的试验研究。通过 12 根铝合金竹形耗能杆(ABEDs)的系列试验,对比铝合金竹形耗能杆的关键设计参数并探讨滞回性能的影响因素。试件结果总结如下。

(1)铝合金耗能杆试件设计及加载

表 3-4 给出了试件列表,所有铝合金竹形耗能杆试件的 A_{sl}/A_{se} 均满足式(3-1)的要求。本章共采用两批 A6061-T6 铝合金棒来加工竹形内核,其材性详见表 3-5 所示。

本试验采用如图 3-6 所示的两种加载制度。

表3-4　竹形内核与外约束套管实测几何尺寸

批次	试件编号	d_{sl} （mm）	d_{se} （mm）	$L_{sl,1}/L_{sl,2}$ （mm）	L_{se} （mm）	L_{tr} （mm）	L_{total} （mm）	L_{ct} （mm）
S1	S1-L40S20G1-C1	19.0	14.1	19.3/19.3	40.7	30.1	280.9	260.0
	S1-L40S20G1-C2	19.0	14.0	19.9/19.9	40.4	30.1	281.5	260.0
	S1-L40S20G1-C3	19.0	14.1	19.4/19.4	41.0	30.0	282.2	260.0
	S1-L40S20G2-C1	19.5	14.0	19.8/19.8	40.8	29.9	282.4	260.0
	S1-L40S20G2-C2	19.4	14.0	19.8/19.8	40.3	29.8	280.2	260.0
	S1-L40S20G2-C3	19.5	14.0	19.4/19.4	41.6	30.1	284.8	260.0
S2	S2-L40S5G1-V	18.9	13.8	10.0/5.0	40.2	24.9	230.6	210.0
	S2-L40S5G1-V(6)	19.0	13.9	10.0/5.0	40.1	37.5	345.6	325.0
	S2-L60S5G1-V	19.0	13.8	9.8/5.0	60.2	42.5	345.6	325.0
	S2-L80S20G1-V(2)	19.1	13.8	20.0/20.0	80.1	25.1	230.4	210.0
	S2-L40S20G1-V	18.9	14.0	20.2/20.2	39.6	10.2	239.4	230.0
	S2-L60S20G1-V	18.9	13.9	20.1/20.1	59.7	22.5	344.1	325.0

注：d_{sl}是竹节直径；d_{se}是节间直径；L_{sl}是竹节长度；L_{se}是节间长度；L_{tr}是过渡段长度；L_{total}是不包含两端夹持端的内核总长；L_{ct}是外约束套管长度。

表3-5　A6061-T6 铝合金材料性质

批次	E（GPa）	$\sigma_{0.2}$（MPa）	σ_0（MPa）	$\varepsilon_{0.2}$（%）	ε_0（%）	σ_u（MPa）
A6061-S1	67.32	335.08	301.57	0.67	0.43	359.47
A6061-S2	70.92	294.43	264.99	0.44	0.37	335.23

注：E是弹性模量；$\sigma_{0.2}$是0.2%名义屈服应力；σ_0是$0.9\sigma_{0.2}$[5]；$\varepsilon_{0.2}$是0.2%名义屈服应变；ε_0是对应于σ_0的应变；σ_u是极限拉应力。

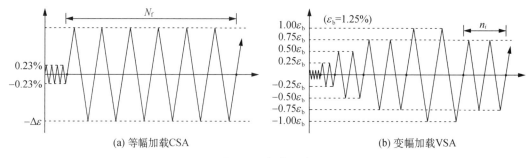

(a) 等幅加载CSA　　　　　　　　(b) 变幅加载VSA

图3-6　加载制度

（2）铝合金竹形耗能杆低周疲劳性能

ABED试件的滞回曲线如图3-7和图3-8所示，图中应力-应变正方向表示ABED试件拉伸状态，横坐标是竹形内核平均轴向应变，纵坐标是竹形内核平均轴向应力，由轴向力除以竹形内核节间横截面积 A_{se} 所得。所有 ABED 试件均表现出稳定的滞回性能，加载全过程无局部或整体屈曲。ABED 试件试验结果见表 3-6。

表 3-6　ABED 试验结果汇总

系列	试件	$\Delta\varepsilon$（%）	N_f	n_i	CID（%）	CED（N·m）	接触状态
S1	S1-L40S20G1-C1	0.57	53	—	69.1	2 657.5	未接触
	S1-L40S20G1-C2	0.86	23	—	76.0	4 404.9	未接触
	S1-L40S20G1-C3	1.14	7	—	37.1	2 539.4	未接触
	S1-L40S20G2-C1	0.57	79	—	103.0	4 181.4	未接触
	S1-L40S20G2-C2	0.86	24	—	79.3	4 713.0	未接触
	S1-L40S20G2-C3	1.14	6	—	31.8	2 219.8	未接触
S2	S2-L40S5G1-V	—	—	14	39.8	3 385.4	未接触
	S2-L40S5G1-V(6)	—	—	12	35.8	4 966.6	未接触
	S2-L60S5G1-V	—	—	20	51.7	6 615.6	接触
	S2-L80S20G1-V(2)	—	—	12	35.8	2 951.5	未接触
	S2-L40S20G1-V	—	—	20	51.7	4 671.3	未接触
	S2-L60S20G1-V	—	—	14	39.8	5 391.1	接触

注：N_f 是疲劳圈数；n_i 是 VSA 中常幅加载圈数；CID 是累积非弹性变形[7]；CED 是累积耗能[8]。

如图 3-7 和图 3-8 所示，对比试件 S1-L40S20G1-C1 和 S1-L40S20G2-C1 可以发现，在相对较小的应变幅值下，铝合金竹形耗能杆的疲劳圈数 N_f 随着竹节与外约束套管内壁间隙 d_1 的减小而增加了 49%，但是对于不同 d_1 的试件 S1-L40S20G1-C2 和 S1-L40S20G2-C2，其疲劳圈数 N_f 相似。在试件 S1-L40S20G1-C3 和 S1-L40S20G2-C3 中也发现有 d_1 不同而疲劳圈数 N_f 相似的情况。由此可见，在相对较小的应变幅值下，更小的竹节与外约束套管内壁间隙 d_1 能够提高 ABED 试件的低周疲劳圈数，但是在相对较大的应变幅值下，这种现象不明显。

如表 3-6 所示，具有四个节间段的试件 S2-L40S5G1-V 与具有六个节间段的试件 S2-L40S5G1-V(6) 相比，前者在 VSA 中常幅加载阶段圈数 n_i 仅比后者多两圈，说明节间数目对于 ABED 试件疲劳寿命的影响有限。试件 S2-L80S20G1-V(2) 与试件 S2-L40S5G1-V 相比，可视为将试件 S2-L40S5G1-V 的边竹节移至中竹节处，并发现试件 S2-L80S20G1-V(2) 的 n_i 仅比试件 S2-L40S5G1-V 少两圈。虽然边竹节的移动对于 n_i 的影响有限，但是在 ABED 试件的设计过程中，当竹节数量变多时，仍有必要考虑竹节分布的影响。

（3）铝合金竹形耗能杆破坏模式

ABED 试件的破坏模式详见图 3-9。由图 3-10 所示的代表部分 ABED 试件的最后一圈加载曲线可知，ABED 试件在完全断裂前强度下降迅速，呈现明显的疲劳脆性破坏特征。王春林等人[9]在挤压成型铝合金 BRB 中也讨论过相同的铝合金类阻尼器脆性破坏特性。

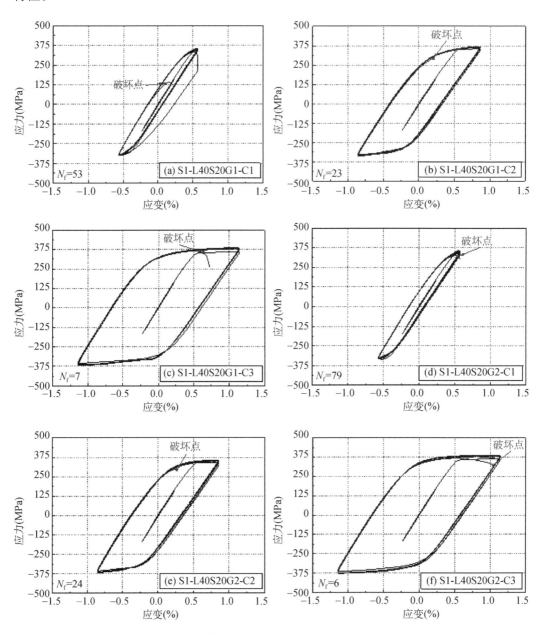

图 3-7 等幅加载下 ABED 试件的滞回曲线

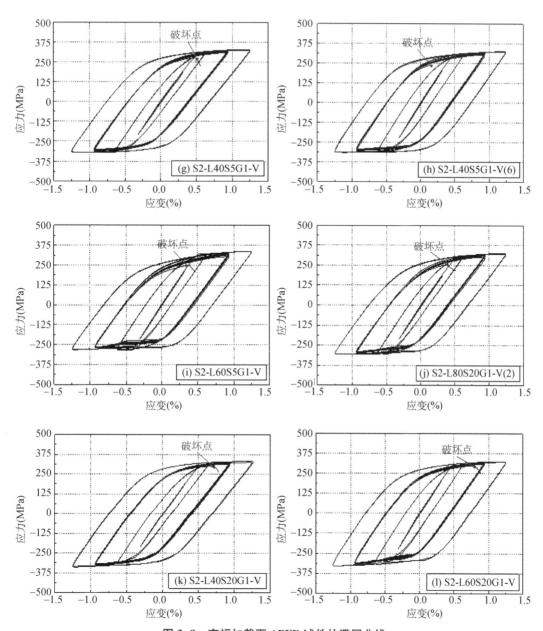

图 3-8　变幅加载下 ABED 试件的滞回曲线

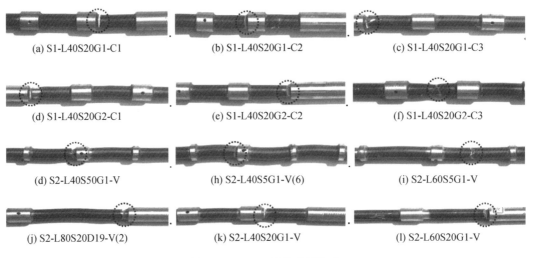

(a) S1-L40S20G1-C1　　　　(b) S1-L40S20G1-C2　　　　(c) S1-L40S20G1-C3

(d) S1-L40S20G2-C1　　　　(e) S1-L40S20G2-C2　　　　(f) S1-L40S20G2-C3

(d) S2-L40S50G1-V　　　　(h) S2-L40S5G1-V(6)　　　　(i) S2-L60S5G1-V

(j) S2-L80S20D19-V(2)　　　　(k) S2-L40S20G1-V　　　　(l) S2-L60S20G1-V

图 3-9　ABED 试件破坏模式

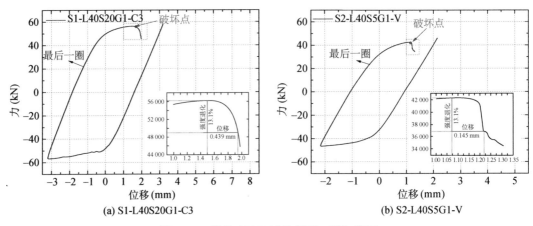

(a) S1-L40S20G1-C3　　　　　　　　　(b) S2-L40S5G1-V

图 3-10　部分 ABED 试件最后一圈加载图

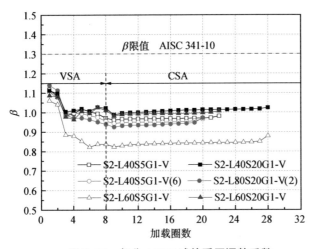

图 3-11　部分 ABED 试件受压调整系数

（4）铝合金竹形耗能杆受压调整系数

AISC 341-10[10] 规定：BRB 构件每一加载圈的最大受压力与最大受拉力比值定义为受压调整系数 β，β 的最大值限制为 1.3。部分 ABED 试件的受压调整系数 β 如图 3-11 所示。ABED 试件受压调整系数的变化整体趋势如下：由于循环硬化的影响[10]，初始加载时 β 值较大，尤以第一圈加载的

β 值最大;随后几圈 β 值逐渐下降,当循环硬化作用稳定后,接触力与摩擦力随着加载圈数的增加逐渐增加, β 值也随着加载圈数的增加逐渐增大。本章所有 ABED 试件的 β 值均小于 AISC 中对于 β 值的限制。除试件 S2-L60S5G1-V 以外, ABED 试件的 β 值约为 1.0,表明 ABED 试件的拉压力基本平衡,该特性对 ABED 试件的实际工程应用较为有利。

在具有 20 mm 竹节的 ABED 试件中,试件 S2-L60S20G1-V 的 β 值略小于试件 S2-L40S20G1-V,试件 S2-L80S20G1-V(2) 的 β 值小于试件 S2-L40S20G1-V 和试件 S2-L60S20G1-V。由此可知当竹节长度为 20 mm 时, β 值随着竹节长度 L_{sl} 的增加而减小。5 mm 边竹节连同其两相邻节间段可视为同一整体,因此可定义试件 S2-L40S5G1-V、S2-L40S5G1-V(6) 和 S2-L60S5G1-V 的有效节间长度分别为 80 mm、120 mm 和 120 mm。通过对比具有 5 mm 边竹节 ABED 试件的 β 值可发现,试件 S2-L40S5G1-V 的 β 值明显高于试件 S2-L60S5G1-V,表明更大的等效节间长度导致更小的 β 值。对于具有相同等效节间长度的试件 S2-L40S5G1-V(6) 和 S2-L60S5G1-V,试件 S2-L40S5G1-V(6) 的 β 值明显大于试件 S2-L60S5G1-V,表明试件 S2-L60S5G1-V 由于节间段侧向变形较大,刚度下降明显,导致其受压力减小,同时 5 mm 边竹节有效减小节间段的侧向变形,提高了试件 S2-L40S5G1-V(6) 的 β 值。此外,对比试件 S2-L40S20G1-V 和 S2-L40S5G1-V 的 β 值可以发现,相比于较小竹节,较大的竹节能够提高 ABED 试件的 β 值,同样的规律在试件 S2-L60S20G1-V 和 S2-L60S5G1-V 中也有体现。

基于上述对于 β 值的比较,为控制 ABED 试件的 β 值并设计出拉压相对对称的 ABED 试件,ABED 试件建议设计具有相对较大长度的竹节,较小长度的节间或较小等效长度的节间。当 ABED 试件中的竹节较小时,边竹节的数量宜增加。

3.2.4 部分约束耗能杆

竹形耗能杆内核的弹性竹节能够有效控制竹形内核的变形,但是由于竹节未进入塑性而不再具有耗能能力,显然降低了内核材料的利用率。对于竹形耗能杆而言,需要进一步提高其材料利用率,解决其弹性部分与塑性部分占比较大的问题。结合王春林等人[11]提出一种具有部分约束机制的屈曲约束支撑,本章提出一种改进型部分约束耗能杆,介绍如下。

(1)概念设计

通过式 3-3 定义的材料利用系数 U_m 对耗能杆的材料利用率进行定量的分析:

$$U_m = V_p/(V_p + V_e) \qquad (3-3)$$

式中,V_p 是塑性部分体积;V_e 是弹性部分体积。对于具有 4 段 40 mm 节间和 3 段 30 mm 竹节的竹形耗能杆,其材料利用系数约为 0.42。可以发现,从材料利用系数角度看,竹形耗能杆的材料利用率不足一半,经济性有待提高。

如图 3-12 所示的是部分约束耗能杆(Partially restrained Energy Dissipater, PED)的改进方案概念图。相比于竹形耗能杆,图 3-12(b)中部分约束耗能杆的屈服段未设置有竹节,耗能杆的材料利用率也因弹性竹节的舍弃而大大提高。进一步地,如何在屈服段无竹节的情况下有效地约束核心的侧向变形? 受到如图 3-12(a)所示的具有部分约束机制的屈曲约束支撑启发,本章提出一种具有类似部分约束机制耗能杆,通过外约束套管内壁的天然圆弧对屈服段边缘进行部分约束,屈服段的侧向变形始终限制在如图 3-12(b)所示的屈服段边缘和外约束套管内壁形成的间隙范围内。同时与竹形耗能杆类似,部分约束耗能杆主要通过屈服段进入塑性实现耗能,而其余部分则保持弹性以保证部分约束耗能杆的有效工作。

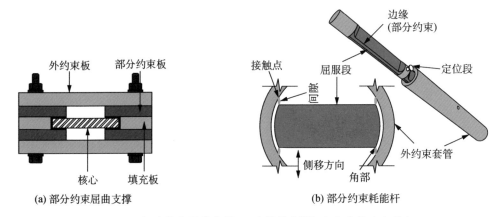

(a) 部分约束屈曲支撑   (b) 部分约束耗能杆

图 3-12 部分约束屈曲支撑(王春林等人[12])和部分约束耗能杆

(2) 部分约束耗能杆构造

如图 3-13 所示,部分约束耗能杆由内核和外约束管组成,通过数控机床铣加工技术,沿圆钢棒长度方向加工部分约束耗能杆内核,最终形成由两个屈服段、两个弹性过渡段、两个夹持端和一个定位段组成的部分约束耗能杆内核。屈服段表面涂有红漆,通过试验结束后观察红漆的擦痕,可以显示出屈服段和外约束管内壁的接触状态。由图 3-13(b)所示的部分约束耗能杆横截面图可知,屈服段边缘与外约束管内壁存在间隙。

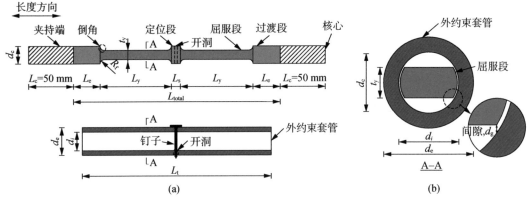

图 3-13 部分约束耗能杆细部构造

为保证试验装置对部分约束耗能杆有足够的夹持力,所有部分约束耗能杆试件两端均设有 50 mm 长的夹持端。部分过渡段置于外约束套管内部，以保证加载过程中过渡段不被拉出管外，而在外约束套管外的过渡段则保证作动头在往复运动时不挤压套管。在屈服段和弹性过渡段或定位段截面突变处设置有圆倒角，以减轻截面的突然变化并进而减小应力集中。竹节段中部和外约束套管的对应部分开有直径 3 mm 的圆孔，直径 2.8 mm 且长 40 mm 的钢钉穿过圆孔，以限制部分约束内核与外约束套管沿长度方向的相对移动。部分约束耗能杆的内核和外约束套管由 Q235b 钢[12]制作而成。Q235b 钢的材性参数如表 3-7 所示。

表 3-7　Q235b 钢的材性参数

材料	E（GPa）	σ_y（MPa）	ε_y（%）	σ_u（MPa）
Q235b	206.5	260.2	0.126	404.2

注：E 是初始弹性模量；σ_y 是屈服应力；ε_y 是屈服应变；σ_u 是极限拉应力。

（3）部分约束耗能杆设计方法

为使屈服段能够进行有效的耗能，其变形应当以绕着弱轴的弯曲为主，而对于绕着纵轴的扭转屈曲应加以避免。鉴于在双轴对称截面中，常不考虑扭转-弯曲耦合的屈曲模式。通过对扭转屈曲和弯曲屈曲进行解耦简化分析，并以此提出部分约束耗能杆的防扭转屈曲设计方法。如图 3-14 所示的是扭转屈曲的计算简图。屈服段的扭转平衡微分方程和弯曲平衡微分方程分别如式（3-4）和式（3-5）所示[13]：

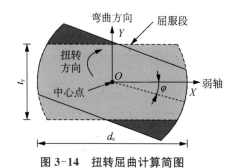

图 3-14　扭转屈曲计算简图

$$EI_\omega \varphi''' + (Pi_0^2 - GI_t)\varphi' = 0 \qquad (3\text{-}4)$$

$$EI_x y^{IV} + Py'' = 0 \qquad (3\text{-}5)$$

式中，I_ω 是翘曲惯性矩；φ 是扭转角度；i_0 是屈服段截面对剪心的极回转半径，定义为 I_ω 和 A_y 比值的平方根；G 等于 $E/2(1+\upsilon_e)$ 定义为剪切模量；υ_e 是弹性泊松比，取值为 0.3[14]；I_t 是扭转常数，定义为屈服段截面弱轴（X 轴）惯性矩 I_x 和强轴（Y 轴）惯性矩 I_y 之和；P 是作用于部分约束内核的轴力；y 是 Y 方向的侧向变形。式（3-4）的边界条件为 $\varphi=0$ 和 $\varphi'=0$ 以及式（3-5）的边界条件为 $y=0$ 和 $y'=0$，从而可得屈服段的扭转屈曲荷载 P_ω 和弯曲屈曲荷载 P_{cr} 分别如下：

$$P_\omega = \frac{1}{i_0^2}\left[\frac{\pi^2 EI_\omega}{(\mu_0 L_y)^2} + GI_t\right] \qquad (3\text{-}6)$$

$$P_{cr} = \frac{\pi^2 EI_x}{(\mu_0 L_y)^2} \qquad (3\text{-}7)$$

式中，μ_0 等于 0.5，定义为有效长度系数；L_y 是屈服段长度，如图 3-15 所示。对于类似于屈服段截面的实心截面，其 I_ω 可近似取为 0[15]。I_x 和 I_y 的计算公式如下：

$$I_x = \frac{d_c^4}{32}[\theta_1 - 0.25\sin(4\theta_1)] \tag{3-8}$$

$$I_y = \frac{t_y}{12}(d_c^2 - t_y^2)^{\frac{3}{2}} + I_x \tag{3-9}$$

式中,θ_1 表示 $\arcsin(t_y/d_c)$;d_c 是过渡段或定位段直径,t_y 是屈服段厚度,如图 3-14 所示。因此在不考虑屈服段和外约束套管之间接触力、摩擦力的前提下,为保证屈服段的扭转屈曲不先于弯曲屈曲发生,应控制 P_ω 大于 P_{cr},进而可得式(3-10)所示的屈服段防扭转屈曲要求下的屈服段长度需求:

$$L_y \geqslant 10\sqrt{\frac{i_0^2 I_x}{I_t}} \tag{3-10}$$

(4)部分约束耗能杆试件尺寸

本试验拟考察的耗能杆参数包括屈服段长度 L_y、屈服段厚度 t_y 以及间隙大小 d_g。部分约束耗能杆设计几何尺寸如图 3-15 所示,实测尺寸汇总于表 3-8。如图 3-15(a)所示,部分约束耗能杆屈服段长为 80 mm,厚为 8 mm 或 10 mm,其间隙 d_g 分别为 1.07 mm 和 0.89 mm。如图 3-15(b)所示,部分约束耗能杆屈服段长为 160 mm,厚为 10 mm。

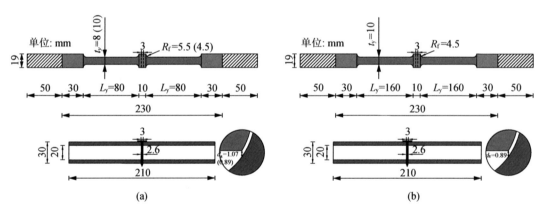

(a)　　　　　　　　　　　　(b)

图 3-15　部分约束耗能杆设计几何尺寸

表 3-8　部分约束耗能杆实测几何尺寸　　　　　　（单位:mm）

试件	L_y	L_e	L_s	t_y	d_c	L_t	L_{total}	d_i	d_e
L80T8-C1	80.00	29.95	10.04	8.00	18.97	210.00	229.94	20.00	30.00
L80T8-C2	80.03	30.02	9.96	7.98	18.96	210.00	230.06	20.00	30.00
L80T8-C3	80.05	30.01	10.01	7.99	18.98	210.00	230.13	20.00	30.00
L80T8-V	80.10	30.04	9.98	8.00	18.96	210.00	230.26	20.00	30.00
L80T10-C1	80.11	30.02	9.99	9.96	18.98	210.00	230.25	20.00	30.00
L80T10-C2	80.00	30.01	10.04	9.99	18.94	210.00	230.06	20.00	30.00
L80T10-C3	79.95	29.97	10.03	9.97	18.96	210.00	229.87	20.00	30.00

续表 3-8

试件	L_y	L_e	L_s	t_y	d_c	L_t	L_{total}	d_i	d_e
L160T10-C1	160.03	30.03	9.98	9.95	18.92	370.00	390.10	20.00	30.00
L160T10-C2	160.01	29.98	10.01	9.95	18.93	370.00	389.99	20.00	30.00
L160T10-C3	160.10	29.98	10.05	9.96	18.96	370.00	390.21	20.00	30.00
L160T10-V	160.12	29.95	10.03	9.99	18.93	370.00	390.17	20.00	30.00

注：L_y 是屈服段长度；L_e 是过渡段长度；L_s 是定位段长度；t_y 是屈服段厚度；d_c 是过渡段或定位段直径；L_t 是外约束套管长度；L_{total} 是除夹持端以外的内核长度；d_i 是外约束套管内径；d_e 是外约束套管外径。

（5）部分约束耗能杆试验装置与加载制度

本章部分约束耗能杆所采用的试验装置同竹形耗能杆。如图 3-16(a)所示，试验采用三种应变幅值分别为 1.0%、2.0% 和 3.0% 的常幅加载（Constant Strain Amplitude，CSA）制度，分别标记为 C1、C2 和 C3。常幅加载圈数 C_i 的计数在 4 圈预加载测试圈结束后开始。如图 3-16(b)所示，标记为 VSA 的加载制度由变幅加载（Variable Strain Amplitude，VSA）制度和常幅加载制度组合而成，其中变幅加载制度由阶梯式增加的应变幅值为 0.5%、1.0%、1.5%、2.0%、2.5% 和 3.0% 的加载圈构成，每级应变幅值加载两圈，常幅加载在变幅加载阶段结束时即开始，其应变幅值退回 2.0%。本试验所涉及的加载制度均加载至部分约束耗能杆试件破坏时停止。

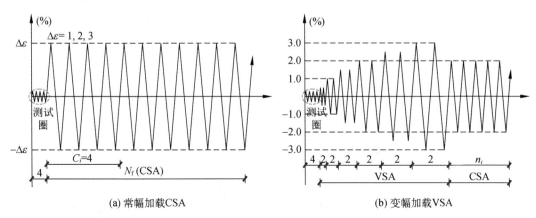

(a) 常幅加载CSA　　　　　　(b) 变幅加载VSA

图 3-16　加载制度

（6）部分约束耗能杆低周疲劳性能

部分约束耗能杆试件的校正应力-应变曲线如图 3-17 所示，其中应力-应变曲线正向代表拉伸状态，其横坐标表示核心的名义轴向应变，定义为部分约束耗能杆试件校正位移 u_c 除以屈服段总长 $2L_y$，纵坐标代表名义轴向应力，定义为部分约束耗能杆试件轴向力 P_p 除以屈服段横截面积 A_y。所有试验的部分约束耗能杆试件均具有稳定的滞回性能，试验结果汇总列于表 3-9。

表 3-9　部分约束耗能杆试验结果

试件	$\Delta\varepsilon$ (%)	N_f	n_i	CPD	β_{max}	加载制度
L80T8-C1	1	394	—	10 547.1	1.04	CSA
L80T8-C2	2	75	—	4 315.4	1.24	CSA
L80T8-C3	3	13	—	1 148.0	1.19	CSA
L80T8-V	—	—	68	4 510.8	1.18	V
L80T10-C1	1	446	—	11 939.1	1.07	CSA
L80T10-C2	2	97	—	5 581.2	1.17	CSA
L80T10-C3	3	20	—	1 766.2	1.18	CSA
L160T10-C1	1	270	—	7 227.7	1.10	CSA
L160T10-C2	2	48	—	2 761.8	1.30	CSA
L160T10-C3	3	10	—	883.1	1.21	CSA
L160T10-V	—	—	34	2 554.5	1.29	V

注：N_f 是疲劳加载圈数；n_i 是加载制度 VSA 常幅加载阶段的加载圈数；CPD 是累积塑性变形[6]$=\sum|\Delta_{pi}|/\Delta_y$，其中 $|\Delta_{pi}|$ 是第 i 圈的塑性变形，Δ_y 是屈服变形；β_{max} 是部分约束耗能杆的最大受压调整系数。

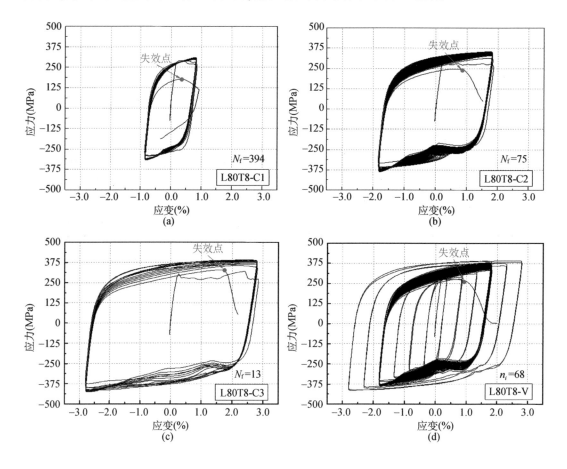

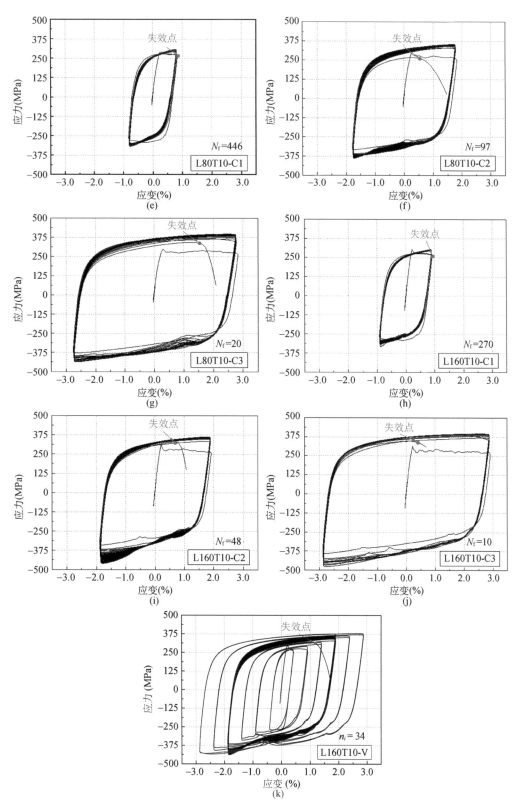

图 3-17 校正应力-应变滞回曲线

通过对比疲劳加载圈数 N_f 为 394 的试件 L80T8-C1、N_f 为 75 的试件 L80T8-C2 以及 N_f 为 13 的试件 L80T8-C3,可以发现部分约束耗能杆的疲劳加载圈数与常幅加载的应变幅值有关,且随着常幅应变幅值的增加而迅速下降。同样的现象可以在 N_f 为 446 的试件 L80T10-C1、N_f 为 97 的试件 L80T10-C2 以及 N_f 为 20 的试件 L80T10-C3 中发现,也可以在 N_f 为 270 的试件 L160T10-C1、N_f 为 48 的试件 L160T10-C3 以及 N_f 为 10 的试件 L80T10-C3 中发现。

通过对比屈服段边缘和外约束套管内壁间间隙 d_g 分别为 1.07 mm 和 0.89 mm 的试件,评估间隙对部分约束耗能杆低周疲劳性能的影响。当试件加载于 1.0% 常幅加载制度下时,间隙为 1.07 mm 的试件 L80T8-C1 的疲劳加载圈数比间隙为 0.89 mm 的试件 L80T10-C1 的少 13.2%。当试件加载于 2.0% 常幅加载制度下时,试件 L80T10-C2 的疲劳加载圈数比试件 L80T8-C2 增加 29.3%,当试件加载于 3.0% 常幅加载制度下时,试件 L80T10-C3 的疲劳加载圈数比试件 L80T8-C3 增加 53.8%。由此可知,间隙大小对部分约束耗能杆的低周疲劳寿命具有显著影响,当间隙越大,部分约束耗能杆的低周疲劳寿命越差。上述现象主要归因于较小的间隙中,屈服段的侧向变形较小。

通过对比具有不同屈服段长度的部分约束耗能杆试件,评估屈服段长度对部分约束耗能杆低周疲劳性能的影响。对比 1.0% 常幅应变加载下屈服段长度为 80 mm 的试件 L80T10-C1 和屈服段长度为 160 mm 的试件 L160T10-C1,可知前者的疲劳加载圈数是后者的 1.65 倍。在 2.0% 常幅应变加载下,试件 L80T10-C2 的疲劳加载圈数是试件 L160T10-C2 的 2.02 倍,在 3.0% 常幅应变加载下,试件 L80T10-C3 的疲劳加载圈数是试件 L160T10-C3 的 2 倍。由此可知,部分约束耗能杆屈服段长度越长,其低周疲劳寿命越差。

(7) 部分约束耗能杆失效模式

如图 3-18 所示的是部分约束耗能杆的变形及失效模式图,阐述了其接触状态、变形模式以及破坏特征。通过屈服段外表面红漆的擦痕可知屈服段边缘被外约束套管有效地约束,本章提出的部分约束机制有效实现。外约束套管外部的过渡段无局部破坏,内核屈服段在加载过程中无扭转现象,且 $t_y/2$ 处未发生屈服段边缘与外约束套管的横截面平面内挤压现象。

如图 3-18(a)、(b) 和 (c) 所示,部分约束耗能杆屈服段的变形随着常幅加载应变幅值的增加而增加。对比图 3-18(b) 和 (e) 以及图 3-18(c) 和 (f),即可知部分约束耗能杆的侧向变形随着间隙的增加而增加。当间隙相同的时候,屈服段的长度将会对部分约束耗能杆的变形模式产生影响,以试件 L80T10-C1 和试件 L160T10-C1 为例,屈服段长度越长,可形成的波的数目越多。

(8) 部分约束耗能杆力学性能

如图 3-19 所示,部分约束耗能杆的受压调整系数均不超过 1.3,满足 AISC 341-10[6] 的相关规定。部分约束耗能杆受压调整系数的变化规律与全钢竹形耗能杆类似,可以总结为以下三个阶段:

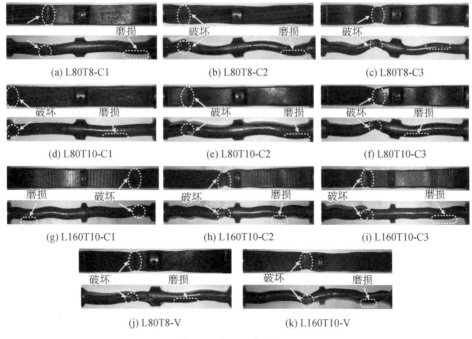

图 3-18　部分约束耗能杆变形及破坏模式

① 初始调整阶段。在初始加载阶段,由于循环硬化[10]以及较大上屈服力的影响,部分约束耗能杆的受压调整系数不稳定。

② 稳定增长阶段。当应变幅值较低时(如 1.0% 应变幅值),对比试件 L80T8-C1 和试件 L80T10-C1 可以发现受压调整系数几乎保持不变。在应变幅值 2% 和 3% 时,部分约束耗能杆的受压调整系数随着加载圈数而迅速增加。当间隙越大、屈服段长度越长时,部分约束耗能杆的受压调整系数越大。

③ 突变阶段。试件 L80T8-C2 和试件 L80T10-C2 在破坏之前出现拉力的较大下降,从而导致受压调整系数的陡增。

根据试验所得的受压调整系数,进一步可得部分约束耗能杆的调整受压强度[6],如式(3-11)所示:

$$F_{ca} = \beta \omega F_y \qquad (3-11)$$

式中,ω 是应变硬化调整系数;F_y 等于 $\sigma_y A_y$ 是部分约束耗能杆的轴向屈服力;ω 可近似为 σ_u 与 σ_y 的比值,且在本试验中取为 1.55。

(9) 部分约束耗能杆屈曲响应

通过移除外约束套管可以由屈服段表面红漆磨除的位置探究

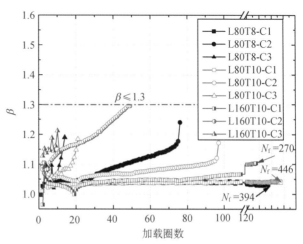

图 3-19　部分约束耗能杆受压调整系数

部分约束耗能杆的屈曲响应,但是由于部分约束耗能杆的破坏均发生于受拉阶段,将导致试验观测的屈曲波长不可用[16]。因此有必要通过数值分析评估屈服段的屈曲响应,包括波的数目、位置以及波长。如图 3-20 所示,取试件 L80T10-C3 和试件 L160T10-C2 第六圈最大压应变下的位移云图,由构件平面外变形对比试验与数值模型的波峰波谷位置,发现数值模型能够准确预测波的数目、位置,进而可得有效可靠的波长。

计算得试件 L80T10-C3 和试件 L160T10-C2 的波长分别为 56.2 mm 和 57.5 mm,其中计算所需的 P 值取自试件 L80T10-C3 和试件 L160T10-C2 在第六圈的最大压力。数值分析所得试件 L80T10-C3 和试件 L160T10-C2 的半波长标于图 3-20 中,由于摩擦力的作用,试件两端将承受更大的压力[11],进而导致不均匀半波长的出现,使得两端的半波长小于中间部分的半波长。由数值分析所得的两试件平均波长分别为 71 mm 和 85 mm,相比于理论计算所得的波长,数值分析的结果大于理论分析,造成这一误差的主要原因是在理论计算模型中未考虑定位段转动受约束的影响。由于外约束套管的存在,定位段的转动被约束,阻碍波的自由发展,使得试件的实际波长大于理论计算结果。

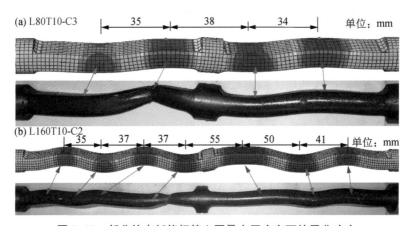

图 3-20 部分约束耗能杆第六圈最大压应变下的屈曲响应

3.3 附加全钢耗能杆装配式后张混凝土节点

3.3.1 节点试验试件

本章通过五组附加全钢竹形耗能杆装配式后张混凝土节点静力循环往复试验研究其抗震性能研究,试验参数包括加载制度、初始预应力、耗能杆几何尺寸、数量以及安装形式。试验从设计上保证了预制梁柱构件在加载中不出现破坏,进而可对预制梁柱构件进行重复利用,在重复使用过程,损坏的灌浆层通过凿除和重填两道工序进行重新施灌。

装配式混凝土节点试件的配筋以及细部尺寸如图 3-21 所示,柱端铰接端对应于实际框架结构的反弯点,柱横截面为 400 mm×400 mm 且高为 1 800 mm,梁横截面为 250 mm×400 mm 且长为 1 800 mm,预制梁柱构件混凝土平均轴心抗压强度为31 MPa。

如图 3-21(b)和(c)所示,梁中配置 8 根直径为 14 mm 的纵筋和 4 根直径为 8 mm 的腹筋;如图 3-21(d)和(e)所示,柱中配置 12 根直径为 16 mm 的纵筋,此外,如图 3-21(a)所示,预制梁柱构件中配置有沿全长不等距分布的直径为 8 mm 的横向箍筋。上述所有钢筋均为名义屈服强度为 400 MPa 的 HRB 400 型钢筋[17]。装配式混凝土节点中未设置额外的抗剪键,由荷载以及重力引起的界面剪力仅通过后张预应力在梁柱交界面处产生的摩擦力来抵抗,满足 ACI T1.2-03[18] 的要求。为实现装配式混凝土节点的抗剪目标,四根直径为 15.2 mm 的预应力筋穿过直径为 55 mm 的预埋于梁中心的金属波纹管并进行无粘结后张拉,其中预应力筋极限抗拉强度为 1 860 MPa。

如图 3-21(a)所示,为保护预制梁柱构件在加载过程中不出现损坏,在梁右端上下表面以及柱上下端部预埋有 4 片 10 mm 厚的钢板,同时在梁左端上下角部预埋有 2 片 10 mm厚的角钢,该法不同于宋良龙等人[19]采用的钢套筒保护梁端,角钢的使用具有节

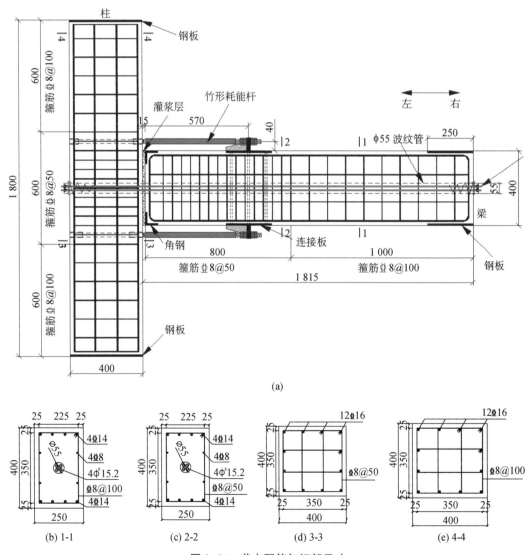

图 3-21 节点配筋与细部尺寸

省材料、施工容易、经济低廉等优点。此外,梁柱界面交界处灌有 15 mm 厚的灌浆层,以保证梁柱的良好接触,为减少灌浆层收缩引起的质量等问题,灌浆料采用膨胀型早强灌浆料,其设计抗压强度为 40 MPa。

如图 3-22(a)所示,装配式混凝土节点共安装有四根水平布置的竹形耗能,耗能杆一端通过 4 根 M19 螺母与预埋于梁中的连接板相连拧紧,另一端则拧进预埋于柱中的预埋套筒,耗能杆中心线与梁表面平行且与梁表面距离为 40 mm,预埋套筒、连接板以及耗能杆的布置位置如图 3-22(b)和(c)所示。本章试验采用图 3-22(d)所示的两种竹形耗能杆,分别标记为 BED-1 和 BED-2,其中 BED-1 有 6 段长为 60 mm 的节间和 5 段长为 20 mm 的竹节,而 BED-2 有 4 段长为 60 mm 的节间和 3 段长为 20 mm 的竹节。

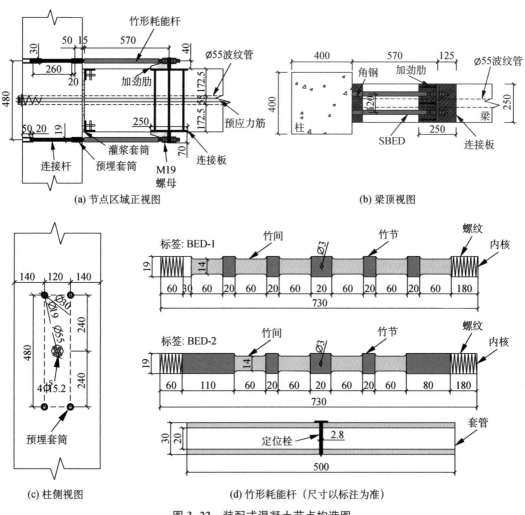

图 3-22 装配式混凝土节点构造图

3.3.2 节点试验加载与测量装置

附加水平竹形耗能杆装配式混凝土节点试验装置如图 3-23 所示。如图 3-24 所示,本试验共采用两种不同的加载制度,分别命名为标准加载和重复加载模式。标准加载模式中在装配式混凝土节点张开前施加三圈荷载值为 20 kN 的力圈,随后施加 27 圈对称位移圈,各位移幅值加载三圈且位移幅值不断增加,逐渐增加的位移幅值与层间位移角 0.25%、0.35%、0.5%、0.7%、1.0%、1.5%、2.0%、2.5% 和 3.5% 相对应。重复加载模式在标准加载模式结束后施加,以标准加载模式结束后的残余位移/位移角为起点,采用的位移加载模式与标准加载模式相同。

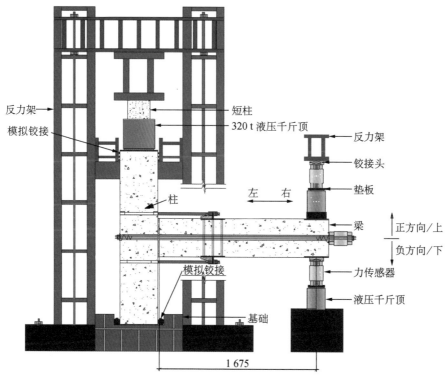

图 3-23　试验装置

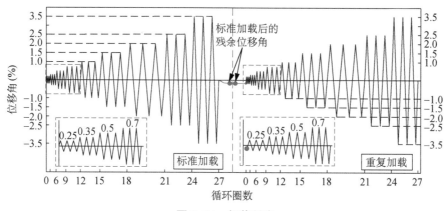

图 3-24　加载制度

3.3.3　节点试验方案

装配式混凝土节点的试验方案如表 3-10 所示。本章开展五组附加耗能杆装配式后张混凝土节点试验，通过变化加载制度、初始预应力大小、耗能杆几何尺寸以及耗能杆数量、安装方式，研究各试验参数对装配式混凝土节点抗震性能的影响。以试件 PPED 作为参照组，按照标准加载模式施加荷载。试件 PPED 中单根耗能杆的耗能段总长为 360 mm，设计预应力度 R_0^D 为 0.35，梁上下表面各安装两根耗能杆。

表 3-10　装配式混凝土节点试验方案

试件	加载制度	R_0^D	T_0^D (kN)	T_0^E (kN)	N_{ED} 梁上	N_{ED} 梁下	L_{se} (mm)	备注
PPED	标准加载	0.35	365	367	2	2	360	参照组
PPED-R	重复加载	—	—	—	2	2	360	多次加载
PPED-P	标准加载	0.45	469	457	2	2	360	增加初始预应力
PPED-L	标准加载	0.35	365	371	2	2	240	变化节间总长
PPED-S	标准加载	0.35	365	368	0	2	360	变化 SBED 数目

备注：$R_0^D = T_0^D / T_u$ 定义为设计预应力度，定义为初始预应力与预应力筋极限拉力的比值，其中 T_u 表示预应力筋极限拉力；$T_0^D = \sigma_u R_0^D A_P =$ 设计初始预应力，其中 σ_u 是预应力筋极限拉应力等于 1 860 MPa，A_P 是预应力筋总面积；$T_0^E =$ 实测初始预应力；$N_{ED} =$ 预制梁上表面或下表面的耗能杆数量；$L_{se} =$ 单根耗能杆的耗能段总长。

3.3.4　节点试验现象与结果

图 3-25　装配式混凝土节点裂缝开展模式

（1）构件变形与破坏

如图 3-25 所示为试件 PPED 在加载过程中不同位移角下的裂缝开展情况，其中裂缝以红线标记。一般情况下，初始裂缝形成于灌浆层-梁交界面处，并最终沿着整个交界面贯穿发展为主裂缝，预埋连接板附近集中形成有垂直于预制梁轴线的弯曲微裂缝，预制梁柱构件其他部位未出现明显破坏。如图 3-26 所示，竹形耗能杆经历较大的塑性变形，形成较为明显的多波变形模式。从材料层次讲，混凝土的裂缝开展意味着能量的耗散[20]，而混凝土预制梁柱构件中仅有的微裂缝表明混凝土预制梁柱构件的能量耗散很少，装配式混凝土节点的能量耗散主要集中于产生较大塑性变形的竹形耗能杆部位。整个加载过程中，预制梁柱之间

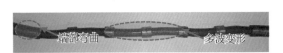

图 3-26　SBED 变形模式

无竖向相对滑移,表明由预应力引起的摩擦抗剪机制足以满足试验要求。

在 0.25% 位移角加载第一圈时,灌浆层-梁交界面底部处第一次出现节点张开现象,当 0.25% 位移角加载结束时,在灌浆层-梁交界面上部和底部处均出现节点张开引起的裂缝。在 0.5% 位移角加载第二圈时,交界面处的裂纹延伸至梁高的一半,直至 1.0% 位移角加载第一圈时,交界面处形成贯穿的主裂缝,主裂缝的宽度随着位移角的增大而进一步增大。当位移角为 1.5% 时,装配式混凝土节点预埋角钢附近混凝土在第一圈加载时出现局部压碎,梁上预埋连接板处在第二圈加载时出现弯曲微裂缝,而角钢和下部连接板附近在 2.5% 位移角的第三圈时出现较为严重的混凝土局部压碎现象,而在 3.5% 位移角时,角钢和上部连接板附近出现较为严重的混凝土压碎。如图 3-27 所示,柱预埋套筒附近的混凝土保护层出现轻微破坏,但是预埋套筒仍有效工作。上述弯曲微裂缝在装配式混凝土节点卸力后均可闭合。

包括经历二次加载的试件 PPED-R 在内的各装配式混凝土节点中,竹形耗能杆直至试验加载结束均未出现破坏,表明本章试验采用的全钢竹形耗能杆具有可靠的低周疲劳性能,同时在经历节点二次加载后仍可有效工作。如图 3-28 所示,竹形耗能杆在近连接板端处出现明显的端部弯曲现象,考虑到竹形耗能杆与装配式混凝土节点近似为固接,当装配式混凝土节点发生转动时,竹形耗能杆将随之具有转动的趋势。如图 3-29(a)所示,

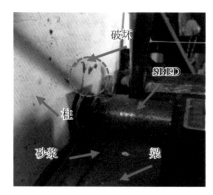

图 3-27 混凝土保护层破坏

图 3-28 SBED 端部弯曲

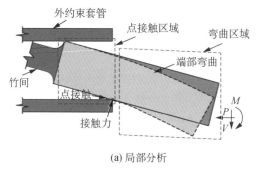

(a) 局部分析

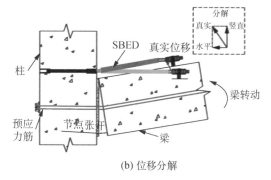

(b) 位移分解

图 3-29 SBED 端部弯曲的局部分析和位移分解

竹形耗能杆端部区域因装配式混凝土节点的转动出现有两点接触现象,而在两点接触区域以外,连接板作用于竹形耗能杆上的轴向力、剪力以及端部弯曲导致了竹形耗能杆的端部弯曲。进一步地,耗能杆近连接段端部的真实位移可分解为图 3-29(b)所示的水平位移和横向位移。

(2)节点滞回曲线

装配式混凝土节点在往复荷载作用下的力位移/位移角曲线以及骨架曲线如图 3-30 所示,其中骨架曲线取自每圈最大位移幅值处的力和位移/位移角值,上述试验结果在后文中被进一步用来研究装配式混凝土节点的强度、等效粘滞阻尼比以及自复位性能。

从图 3-30 可以看出,装配式混凝土节点在经历最大位移角 3.5％时,仍未出现强度退化现象。图 3-30(a)所示的试件 PPED(参照组)在 3.5％位移角下的平均最大拉力和平均最大压力分别为 86.0 kN 和 79.4 kN,其中平均最大拉力和平均最大压力定义为三个加载圈下最大拉力或压力的平均值。图 3-30(b)所示的试件 PPED-R 在经历重复加载后,与试件 PPED 相比在 3.5％的最大位移角下仍具有几乎相同的平均最大拉力和平均最大压力,表明附加水平全钢竹形耗能杆装配式混凝土节点在经受二次加载后,强度无明显损失。在图 3-30(c)中,试件 PPED-P 的平均最大拉力和平均最大压力较试件 PPED 分别增加 21.0％和 20.4％,由此可知,初始预应力的增加能够显著地提高装配式混凝土的节点强度。

与试件 PPED 相比,试件 PPED-L[图 3-30(d)]的平均最大拉力和平均最大压力分别增加了 14.7％和 8.2％,该现象主要由于:在同一位移角下,试件 PPED-L 中耗能杆的平均应变大于试件 PPED 中的耗能杆,基于此在试件 PPED-L 的耗能杆中将产生更大的力,进而在试件 PPED-L 中产生更大的拉力和压力。从图 3-30(e)中可发现,试件 PPED-S 具有不对称的滞回性能,其平均最大拉力是平均最大压力的 1.6 倍。此外,试件 PPED-S 仅在梁下表面安装两根耗能杆,而梁下部耗能杆仅在梁向上移动时参与力的传递并受拉,梁向下移动时梁下部耗能杆的受力可忽略,这一节点特性将导致试件 PPED-S 与试件 PPED 相比具有类似的平均最大拉力,但是相对较小的平均最大压力。

(3)预应力与位移角关系

试件 PPED 和 PPED-S 的预应力-位移角关系如图 3-31 所示,从图中可知在装配式混凝土节点张开之前,即 0.25％位移角时,预应力几乎保持恒定,仅有的略微的预应力增加是由梁的弹性变形引起的,在装配式混凝土节点张开后,预应力筋随着位移角的增加而逐渐伸长,预应力的大小亦随着位移角的增加呈近似线性增加。预应力最大增量幅值在37.6％到 48.5％之间。图中可以观察到预应力在加载-卸载过程中存在轻微的滞回现象,表明在加载-卸载过程中预应力的大小有所变化,导致该现象的主要原因归结为耗能杆在加载-卸载时力的变化以及预应力筋与波纹管之间的摩擦力。

试件 PPED、PPED-R、PPED-L 和 PPED-S 的预应力大小分析列于表 3-11 中。由表 3-11 可知,装配式混凝土节点加载过程中的预应力最大值 T_{max} 约为极限预应力 T_u 的一半,表明预应力筋在加载全过程中始终保持弹性状态。在试件 PPED、PPED-L 和

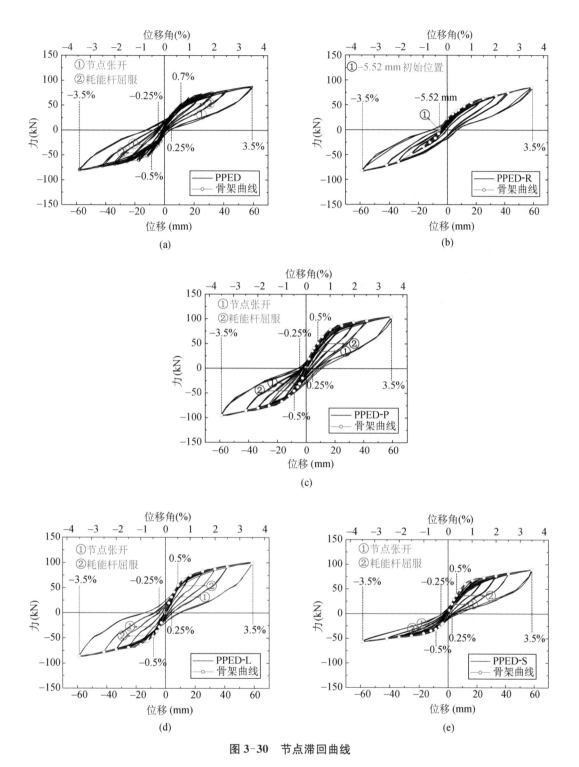

图 3-30 节点滞回曲线

PPED-S中,因锚具回缩引起的预应力损失约为 T_u 的 $1.8\% \sim 2.9\%$ 之间,而在试件 PPED-R 中,进一步的预应力损失仅为 0.8% 的 T_u。

表 3-11 预应力大小分析

力（kN）	PPED	PPED-R	PPED-L	PPED-S
$T_0{}^E$	367（35%）	357（34%）	371（36%）	368（35%）
T_{min}	337（32.4%）	349（33.5%）	350（33.6%）	349（33.5%）
T_{loss}	30（2.9%）	8（0.8%）	21（2.0%）	19（1.8%）
T_{max}	506（48.5%）	530（50.9%）	510（49.0%）	516（49.5%）

注：T_{min} 为最小预应力；T_{loss} 为预应力损失，定义为 $T_0{}^E$ 与 T_{min} 差值。表格中括号为各力与 T_u 的比值。

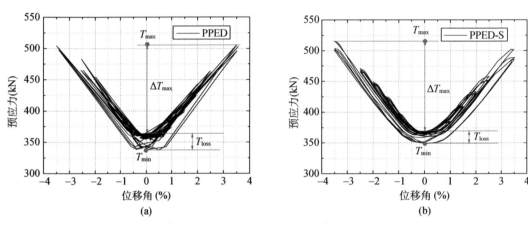

图 3-31 预应力-位移角关系

（4）自复位性能

通过式 3-12 定义的相对自复位效率（Relative Self-centering Efficiency，RSE）[21] 评价附加水平全钢竹形耗能杆装配式混凝土节点的自复位性能以及从峰值位移复位的比例：

$$RSE = 1 - \frac{u_{res}^+ - u_{res}^-}{u_{max}^+ - u_{max}^-} \tag{3-12}$$

式中，u_{res}^+ 和 u_{res}^- 分别是正向和负向残余变形，其中残余变形定义为各加载圈力为零时对应的位移。当 RSE 为 1 时，结构体系为完全自复位体系，结构残余变形为 0，而当 RSE 为 0 时，结构不再具有自复位性能，如 Coulomb 摩擦弹簧。

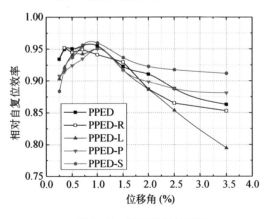

图 3-32 相对自复位效率

装配式混凝土节点的自复位性能受到预应力提供的自复位弯矩与耗能杆残余变形导致的抵抗弯矩的相对大小的影响，装配式混凝土节点相对自复位效率随位移角的变化关系如图 3-32 所示。当位移角超过 1.0%时，随着竹形耗能杆中不可恢复塑性变形增加导致的残余力增加以及预应力的损失,各试件的 RSE 值随着位移角幅值的增加而逐渐减少。与试件 PPED 相比,试件 PPED-R 的 RES 略小,表明装配式混凝土节点在一次加载不经修复直接二次加载后,自复位能力损失较少。试验结束时,试件 PPED-P 的 RSE 值则明显大于试件 PPED,而在位移角大于 1.0% 时,仅梁下部装有两根耗能杆的试件 PPED-S 具有更大的 RSE 值,由此可知装配式混凝土节点的自复位性能随着耗能杆数量的减少以及预应力的增加而增加。试件 PPED-L 中的 L_{se} 较试件 PPED 小,进而更大的不可恢复塑性变形将残留在试件 PPED-L 的耗能杆中,从而当位移角大于 1.0% 时,试件 PPED-L 的 RSE 值移小于试件 PPED。上述各装配式混凝土节点试件的 RSE 值均高于 75%,表明装配式混凝土节点具有良好的自复位性能。

除上述讨论的装配式混凝土节点 RSE 值以外,还对试验终止时装配式混凝土节点的平均残余变形进行分析,平均残余变形取为 u_{res}^+ 和 u_{res}^- 绝对值的平均值。试件 PPED、PPED-R、PPED-P、PPED-L 和 PPED-S 的平均残余变形分别为 8.00 mm、8.65 mm、7.01 mm、12.04 mm 和 5.16 mm,对应的残余平均残余位移角分别为 0.48%、0.52%、0.42%、0.72% 和 0.31%。

(5)应变分析

通过钢筋应变片研究预制混凝土梁柱中的应变分布情况,并以此确定预制混凝土梁柱在加载过程中的弹塑性状态。试件 PPED 中钢筋 BT2、BT5 和 C6 在各位移角下的最大应变如图 3-33 所示,所有钢筋应变值均小于钢筋名义应变 2 000 $\mu\varepsilon$,表明预制混凝土梁柱构件在加载过程中始终保持弹性。

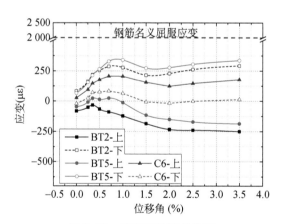

图 3-33　应变与位移角关系

3.4　本章小结

本章主要从外置可更换耗能杆和预应力装配式混凝土框架节点两个层次,分别采用理论推导、数值模拟和试验研究的手段,系统介绍了"非等同现浇"预应力装配式混凝土框架结构体系的最新研究进展,其主要创新点总结如下:

（1）新型全金属竹形耗能杆的竹形内核为竹节弹性段与节间屈服段相间分布构成，节间屈服段由于长度较短，只屈服而不屈曲，无须填充砂浆来加强约束，使得耗能杆自重较轻，避免砂浆不密实对性能的影响。因此该竹形耗能杆构造简单，轻便易安装，可较方便地作为装配式混凝土框架的外置耗能装置。

（2）新型部分约束耗能杆以无焊接、无灌浆以及高效利用核心材料为特征，理论、试验和数值模拟验证了耗能杆部分约束机制的有效性。此外，部分约束耗能杆的低周疲劳寿命受间隙大小以及屈服段长度的影响较大，间隙越大、屈服段越长，其低周疲劳寿命越低。

（3）提出的外置耗能预应力装配式混凝土框架节点中，预应力筋提供节点的自复位能力，外置耗能杆提供节点耗能能力，节点损伤集中在耗能杆上，震后通过预应力筋的弹性回复力使结构恢复到正常状态。同时连续加载的试验也表明，即使耗能杆不更换，节点依然有着相近的抗震能力。

本章参考文献

［1］WANG C L, LIU Y, ZHOU L, et al. Concept and performance testing of an aluminum alloy bamboo-shaped energy dissipater［J］. The Structural Design of Tall and Special Buildings，2018，27(4)：e1444

［2］LIU Y, WANG C L, WU J. Development of a new partially restrained energy dissipater：Experimental and numerical analyses［J］. Journal of Constructional Steel Research，2018(147)：367-379

［3］WANG C L, LIU Y, ZHOU L. Experimental and numerical studies on hysteretic behavior of all-steel bamboo-shaped energy dissipaters［J］. Engineering Structures，2018(165)：38-49

［4］WANG C L, LIU Y, ZHENG X, et al. Experimental investigation of a precast concrete connection with all-steel bamboo-shaped energy dissipaters［J］. Engineering Structures，2019(178)：298-308

［5］USAMI T, WANG C L, FUNAYAMA J. Developing high-performance aluminum alloy buckling‐restrained braces based on series of low-cycle fatigue tests［J］. Earthquake Engineering & Structural Dynamics，2012，41(4)：643-661

［6］American Institute of Steel Construction. Seismic Provisions for Structural Steel Buildings ANSI/AISC 341-16［S］. Chicago，2016

［7］WANG C L, USAMI T, FUNAYAMA J. Improving low-cycle fatigue performance of high-performance buckling-restrained braces by toe-finished method［J］. Journal of Earthquake Engineering，2012，16(8)：1248-1268

［8］BLACK C J, MAKRIS N, AIKEN I D. Component testing, seismic evaluation and characterization of buckling-restrained braces［J］. Journal of structural engineering，2004，130(6)：880-894

[9] WANG C L，USAMI T，FUNAYAMA J，et al. Low-cycle fatigue testing of extruded aluminium alloy buckling-restrained braces［J］. Engineering Structures，2013，46：294-301

[10] CHEN Q，WANG C L，MENG S，et al. Effect of the unbonding materials on the mechanic behavior of all-steel buckling-restrained braces[J]. Engineering Structures，2016（111）：478-493

[11] WANG C L，CHEN Q，ZENG B，et al. A novel brace with partial buckling restraint：an experimental and numerical investigation［J］. Engineering Structures，2017（150）：190-202

[12] 中华人民共和国住房和城乡建设部.钢结构设计标准 GB 50017—2017[S]. 北京:中国建筑工业出版社,2018

[13] 陈骥.钢结构稳定理论与设计[M].北京:科学出版社,2014

[14] HOVEIDAE N，RAFEZY B. Overall buckling behavior of all-steel buckling restrained braces[J]. Journal of Constructional Steel Research,2012(79)：151-158

[15] 孙训方,方孝淑,关来泰.材料力学[M].北京:高等教育出版社,2009

[16] DEHGHANI M，TREMBLAY R. Design and full-scale experimental evaluation of a seismically endurant steel buckling-restrained brace system[J]. Earthquake Engineering & Structural Dynamics，2018,47(1):105-129

[17] 中华人民共和国住房和城乡建设部.混凝土结构设计规范 GB 50010—2010[S].北京:中国建筑工业出版社,2010

[18] ACI T1.2-03，Special hybrid moment frames composed of discretely jointed precast and post-tensioned concrete members［S］. ACI Innovation Task Group 1 and Collaborators，2003

[19] SONG L L，GUO T，CHEN C. Experimental and numerical study of a self-centering prestressed concrete moment resisting frame connection with bolted web friction devices[J]. Earthquake Engineering & Structural Dynamics，2014，43(4)：529-545

[20] PARASTESH H，HAJIRASOULIHA I，RAMEZANI R. A new ductile moment-resisting connection for precast concrete frames in seismic regions：an experimental investigation[J]. Engineering Structures，2014(70)：144-157

[21] SIDERIS P，AREF A J，FILIATRAULT A. Quasi-static cyclic testing of a large-scale hybrid sliding-rocking segmental column with slip-dominant joints[J]. Journal of Bridge Engineering，2014，19(10)：04014036

第 **4** 章

装配式混凝土摩擦耗能框架

4.1 引言

　　装配式混凝土摩擦耗能框架体系是一种预制梁柱通过后张预应力筋装配、节点利用摩擦装置耗能的全装配式结构形式。该结构形式既保持了传统装配式钢筋混凝土框架生产速度快、质量稳定、节约模板等优点,同时通过性能稳定的承载-消能双功能摩擦耗能器大幅改善了装配式节点的强度和延性。此外,后张预应力筋还可为结构提供稳定的弹性恢复力,使得采用干式节点的装配式混凝土摩擦耗能框架兼具优良的装配施工性能、结构抗震性能和功能可恢复性。本章将从装配式结构构造机理、节点耗能器试验、结构数值建模、结构抗震性能和结构易损性分析五个方面进行分析,为装配式混凝土摩擦耗能框架体系的推广和应用提供理论依据和技术支撑。

4.2 装配式摩擦耗能框架构造与机理

　　摩擦耗能框架依据摩擦耗能器的位置,可以分为顶底摩擦耗能(Top and Bottom Friction-Damped,TBFD)装配式框架和腹板摩擦耗能装配式框架(Web Friction-Damped,WFD),其原理都是梁柱通过后张无粘结预应力装配而成,同时在梁柱界面处增设摩擦耗能器来提高结构的耗能能力。

4.2.1 顶底摩擦耗能装配式框架

　　图 4-1(a)所示为一种顶底摩擦耗能装配式框架的构造形式[1]。其中,梁、柱,摩擦耗能器等可在工厂预制加工。如图 4-1(b)所示,预制加工过程中,在梁柱及构成耗能器的相应位置预留相应的预应力孔道和螺栓(分为:摩擦螺栓及固定螺栓两种)孔道。同时,在梁的预制过程中,将内摩擦装置(主要包括内摩擦钢板和将内摩擦钢板固定为一体的端板)预埋在梁端的顶底位置。现场组装过程中,首先将外摩擦装置(包括外摩擦钢板和外摩擦固定板)通过固定螺栓固定在柱上,使两者成为整体。然后,将预应力钢绞线穿过梁、柱中预留的孔洞并进行张拉。张拉的预应力钢绞线有利于施工阶段梁柱的拼装,又可以承受使用阶段的梁端弯矩。震后,结构在预应力的自恢复力作用下可以恢复到初始位置,

减少或消除结构的残余变形。在震后可以通过松开固定螺栓然后拆卸外摩擦装置以方便更换摩擦材料。节点构造中这种外摩擦装置和柱通过螺栓连接的形式便于拆卸,可以方便震后摩擦片的更换。

节点的耗能机理如图 4-1(c)所示,外摩擦装置与柱为一整体,内摩擦装置与梁为一整体。在地震等外荷载作用下梁柱的相对转动引起内外摩擦钢板的相互错动实现节点的能量耗散。内摩擦装置和外摩擦装置之间放置的摩擦材料可获得稳定的耗能。为了保证摩擦片在节点转动过程中同外摩擦装置为一整体,在外摩擦装置的内表面开一与摩擦板相同尺寸的凹槽以固定摩擦片。耗能器的细节构造对于节点耗能效果至关重要,为了保证梁柱能够产生较大的相对转动,梁端预留对拉摩擦螺栓预留孔洞的直径需明显大于摩擦螺栓的直径。随着梁柱间隙 θ 的逐渐增大,钢绞线中的内力逐渐增大,为节点提供逐渐增大的恢复力。该恢复力在震后将结构形成的间隙恢复到初始位置,减小结构的残余位移,实现结构的修复能力。结构能够实现复位的关键在于初始预应力对转动点的矩不小于摩擦力对转动点的矩。

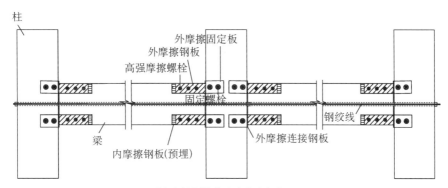

(a) 顶底摩擦耗能装配式抗弯框架平面图

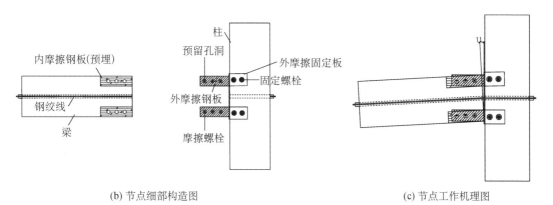

(b) 节点细部构造图   (c) 节点工作机理图

图 4-1　顶底摩擦耗能装配式框架与工作机理

此外,为提高结构的竖向抗剪能力,可将"摩擦耗能""预应力装配"与"暗牛腿抗剪"紧密融合,形成带暗牛腿装配式顶底摩擦耗能框架[图 4-2(a)],其节点构造如图 4-2(b)所示[2]。暗牛腿的引入为节点提供足够的竖向抗剪能力,并且可在施工阶段搁置预制梁,提高结构的装配效率;同时,摩擦耗能器通过预埋件或螺栓连接的方式与梁柱可靠连接于梁侧面的顶底位置,不影响楼板布置,可使摩擦耗能的效率最大化。图 4-2(c) 给出了带暗牛腿装配式顶底摩擦耗能框架的节点转动变形图。梁柱节点产生相对转动时,转动点处的挤压发生于耗能器内外摩擦钢板的端板之间,避免了混凝土的局部压碎,进一步提升了结构的可恢复性。在节点装配时,外摩擦钢板通过承压型高强螺栓与柱固定为一整体,内摩擦钢板通过承压型高强螺栓与梁固定为一体,外摩擦钢板与内摩擦钢板重合部分嵌入摩擦板(如黄铜板等),内摩擦板固定在外摩擦钢板预留的开槽内。

当结构在地震作用下发生变形时[图 4-2(c)],梁-柱连接处产生相对位移,带动内摩擦装置与外摩擦装置产生相互错动,摩擦耗能器由此开始耗散能量。同时,梁柱之间的相互错动也导致预应力筋(钢绞线)伸长,产生恢复力。与不带牛腿的节点比较,节点的下部转动点在牛腿与梁的接触部位,上部转动点在梁柱的接触部位,这将导致节点绕上下转动点距耗能器的距离有微小差别,最终导致节点滞回性能呈现一定的不对称性。

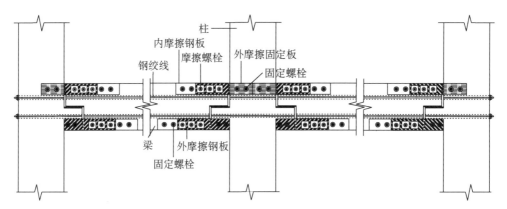

(a) 带暗牛腿顶底摩擦耗能装配式抗弯框架平面图

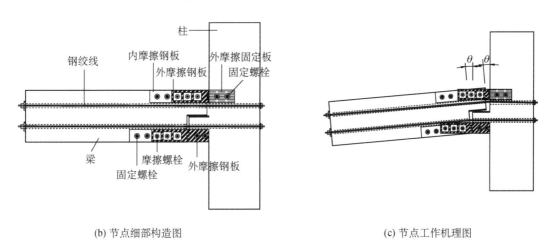

(b) 节点细部构造图 　　　　　　　　(c) 节点工作机理图

图 4-2　带暗牛腿顶底摩擦耗能装配式框架与工作机理

4.2.2　腹板摩擦耗能装配式框架

图 4-3 所示为腹板摩擦耗能装配式框架及其工作机理[3]。其中,框架梁、柱为工厂预

制。在现场吊装就位后,将预应力钢绞线穿过梁柱中预留的孔道,然后对预应力钢绞线进行张拉。后张的无粘结预应力钢绞线既是施工阶段的拼装手段,又在使用阶段承受梁端弯矩。与传统的装配式结构不同,自复位框架的梁柱接触面不再进行后浇混凝土或灌浆处理,而是主要依靠梁柱接触面上的摩擦力承担剪力(根据需要,也可增设抗剪齿键、连接角钢或牛腿等冗余构件)。在地震作用下,当梁端弯矩超过梁柱接触面的临界张开弯矩时,节点张开,钢绞线应力随之增加。地震作用后,框架在预应力钢绞线的作用下恢复到原先的竖向中心位置,从而消除(或大大降低)结构在地震作用下的残余变形,且梁柱等主体结构的变形可基本控制在弹性范围内(无损)。

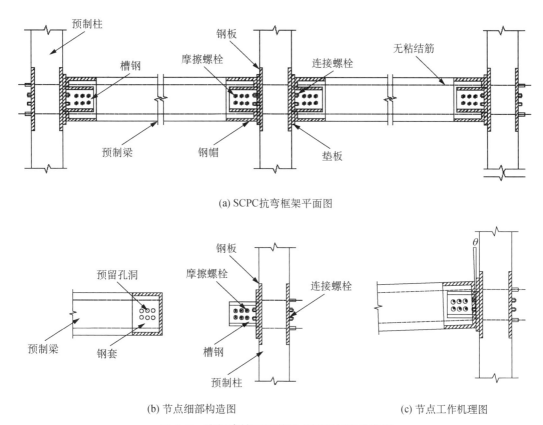

(a) SCPC抗弯框架平面图

(b) 节点细部构造图　　　　　(c) 节点工作机理图

图 4-3　腹板摩擦耗能装配式框架与工作机理

为保证节点在变形过程中,不发生梁柱接触面处混凝土的局压破坏,通过设置梁端钢套、梁柱螺旋箍筋、剪力栓钉、柱预埋钢板等措施对混凝土进行约束并加强钢板和混凝土的整体共同工作。同时,在梁端腹板处设置了摩擦耗能件。该耗能件可由预埋钢套和连接在框架柱上的槽钢组成,并通过预应力高强螺杆(对拉式)提供垂直于摩擦面的压力。钢套与槽钢之间的接触面设有摩擦片。梁端预留对拉螺栓孔道直径明显大于预应力螺杆的直径,从而保证梁在发生一定的转角时不碰到螺杆。

4.3　摩擦耗能器性能试验

　　节点摩擦耗能器是装配式摩擦耗能框架整体性能保障的关键。一般采用长孔螺栓滑动摩擦型构造,摩擦材料主要有传统的普通钢片、黄铜片以及近年来得到研究和应用的新型非石棉纤维(NAO)[4]。

4.3.1　摩擦耗能器构造

　　摩擦耗能器的基本原理在于通过摩擦板的相对运动产生摩擦耗能。如在自复位梁柱节点[图 4-4(a)]中,外摩擦板与柱相连,内摩擦板与梁相连,梁柱节点间隙张开变形带动摩擦板相对运动实现摩擦耗能;在自复位支撑中[图 4-4(b)],外摩擦板与外套筒相连,内摩擦板与内套筒相连,支撑变形带动内外套筒相对错动从而实现摩擦耗能。

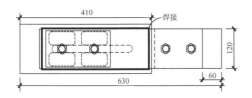

(a) 摩擦耗能器平面设计构造

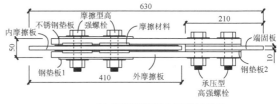

(b) 摩擦耗能器立面设计构造

图 4-4　摩擦耗能器设计构造详图

　　装配式摩擦耗能框架采用的"三明治"式摩擦耗能器构造,如图 4-5(a)～(c)所示。摩擦耗能装置主要由一块内摩擦板、两块外摩擦板、端固板、摩擦材料和高强螺栓等组成。内、外摩擦板通过摩擦型高强螺栓组装在一起,内摩擦板与端固板夹在两个外摩擦板之间。两端均伸出 60 mm 用于加载时端部固定,材料均采用 Q235 钢材,各部件如图 4-5(c)所示。不锈钢片通过环氧树脂与内摩擦板直接粘接成整体,并通过四周点焊来加强。在外摩擦板螺孔两侧各预留了 2 个深 3 mm 的凹槽,并使用环氧树脂将摩擦材料固定在凹槽中。这样既避免了摩擦材料在滑动过程中与外摩擦板发生剥离,又可以使摩擦材料

(a) 摩擦耗能器平面实物构造

(b) 摩擦耗能器立面实物构造

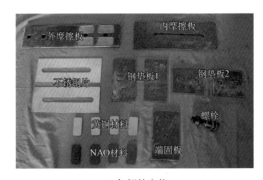

(c) 各部件实物

图 4-5　摩擦耗能器实物构造详图

在预紧力作用下受凹槽约束而处于多轴受压状态。在耗能器滑动过程中,内摩擦板上的不锈钢与外摩擦板上的摩擦材料相对滑动进行耗能,其组装后的示意图和构件尺寸如图4-5(a)和图4-5(b)所示。需要注意的是,此次试验采用的端固板及钢垫板2仅用于加载时端部固定,在安装至结构时并不需要。

4.3.2 试验方案

摩擦材料分别采用非石棉纤维(NAO)、黄铜和普通钢片进行对比。摩擦耗能器低周往复荷载试验在东南大学九龙湖校区材料实验室完成,试验采用量程为25 t的MTS810疲劳机,最大加载行程±75 mm。摩擦型高强螺栓的标定试验是通过力传感器把螺栓的预紧力传到TDS-530数据采集仪上,通过TDS-530数据采集仪读取出预紧力数据。标定试验另外还使用了量程为800 N·m的扭力扳手、普通扳手、两块8 mm厚的开孔钢板、圆形钢套管等辅助工具。

(b) 试验装置上部图

(d) 标定试验加载装置

(c) 试验装置下部图

(e) 标定试验测量装置

(a) 试件实物图

图 4-6　试验装置构造及试件实物图

图4-6为试验装置构造及试件实物图。如图4-6(a)所示,试件安装时,在试件底部利用MTS事先选定好的夹具与内摩擦板的端头连接,其中内摩擦板的端头长度在5 cm左右并且做了划痕处理,使其与夹具能够更好地夹紧;在试件上部也利用MTS将事先选好的夹具与端固板连接,同样也在端固板5 cm的范围内做了划痕处理。试验安装时先把上部端固板夹紧,然后再夹紧下部端头位置,调整MTS上的端部固定按钮,直到上下两端夹紧力远远大于摩擦耗能器的滑动摩擦力。图4-6(b)和图4-6(c)为摩擦耗能器试验装置上部和下部实物图。

螺栓的标定试验采用扭力扳手控制螺栓预紧力值,建立单个螺栓预紧力与施加扭矩的数值关系。图4-6(d)为螺栓标定试验加载装置,利用两块开有螺栓孔的钢板把传感器夹在中间,需要标定的螺栓穿过钢板以及力传感器在另一块钢板的外侧用螺母固定,为了保证标定的精确度,在钢板的另一侧也放入传感器,同样放入相同型号的高强螺栓。一切安装到位之后,把需要标定的螺栓的力传感器连接到 TDS-530 数据采集仪上。图 4-6(e)为螺栓标定试验测量装置,前面通过扭力扳手加载到目标力矩后,力传感器会将力的信息同步传递到数据采集仪 TDS-530 上,然后及时记下数据采集仪上的力。试验分别对 10.9 级和 12.9 级单根高强螺栓进行 2 次弹性阶段扭矩试验,试验施加最小扭矩值为200 N·m,最大扭矩值为 350 N·m,10.9 级螺栓预紧力与施加扭矩的关系如表 4-1 所示,12.9 级螺栓预紧力与施加扭矩的关系如表 4-2 所示。将表 4-1 和表 4-2 统计得到的螺栓预紧力和施加扭矩的实测均值进行线性回归(图 4-7),可以得出螺栓在弹性阶段内扭矩与预紧力的关系式(式 4-1 和式 4-2)。

表 4-1　10.9 级高强螺栓预紧力值(kN)

编号	螺栓扭矩(N·m)			
	200	250	300	350
1	27.66	34.34	43.41	50.26
2	26.42	32.68	41.57	49.36
均值	27.04	33.51	42.49	49.81

表 4-2　12.9 级高强螺栓预紧力值(kN)

编号	螺栓扭矩(N·m)			
	200	250	300	350
1	40.39	48.65	60.89	69.36
2	41.05	50.45	62.21	71.44
均值	40.72	49.55	61.55	70.40

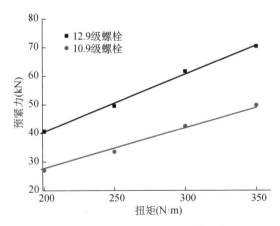

图 4-7　螺栓预紧力与扭矩线性回归图

10.9 级螺栓预紧力与施加扭矩的关系式:

$$F_i = 0.142T_i - 0.59 \approx 0.142T_i \tag{4-1}$$

12.9 级螺栓预紧力与施加扭矩的关系式:

$$F_i = 0.2T_i - 0.006 \approx 0.2T_i \qquad (4-2)$$

式中: F_i 为螺栓预紧力,单位为 kN; T_i 为螺栓扭矩,单位为 N·m。

NAO 材料根据其合成材料含量不同有所区别,低温(<200 ℃)耐磨性好,重量较轻(1.9~2.0 g/cm²),但其抗压强度较低,约为 108~184 MPa。而黄铜片作为金属摩擦材料,在长期使用下容易出现锈蚀,但具有强度大、耐热温度高的特点。由于两种材料在摩擦耗能器中使用时不易出现高温情况,因此分析了螺栓预紧力变化时两种材料在不同受压强度下的摩擦性能。此外,为了尽可能还原摩擦耗能器在地震作用下的受力过程,还研究了滑动位移幅值、滑移速率、加载循环圈数和加载制度等变化时对摩擦耗能器滞回性能的影响。

表 4-3 给出了 5 种工况下采用的螺栓扭矩和加载方案。每种工况的设计参数为螺栓扭矩、加载速率、振幅和加载制度。三种加载制度如图 4-8 所示。第 1 种加载制度保持振幅不变,循环 3 圈,第 2 种加载制度每循环 3 圈改变一次振幅,第 3 种加载制度保持振幅不变循环 15 圈。

表 4-3　摩擦耗能器加载工况

编号	类型	螺栓扭矩 T (N·m)	加载速率 v (mm·s⁻¹)	幅值 A (mm)	加载 制度
1	试加载	200	0.1	5	方案1
2	变幅	300	1	15,30,45	方案2
3	变速率	300	1,2,3	15,30,45	方案2
4	常幅	300	1	30	方案3
5	变预紧力	200,300,400	1	45	方案1

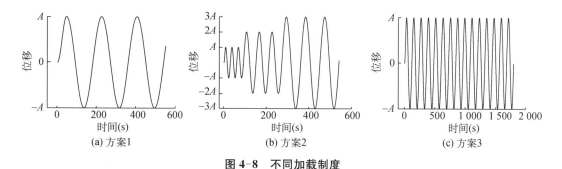

(a) 方案1　　　　(b) 方案2　　　　(c) 方案3

图 4-8　不同加载制度

4.3.3　NAO 试验结果

首先采用 NAO 作为摩擦材料进行试验,得到的试验结果如图 4-9 所示。在工况 1 中,试件的位移幅值和加载速率均较小,主要是为了预估实际摩擦力与理论估算的摩擦力之间的大小差别、最大静摩擦力与滑动摩擦力的差别。试验结果如图4-9(a)所示,最大静摩擦力约为54.3 kN,平均滑动摩擦力 f 为42.8 kN。

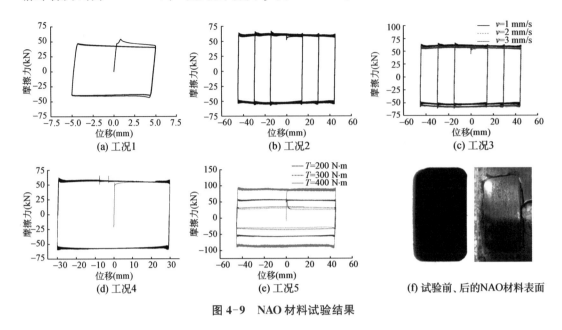

图4-9 NAO材料试验结果

工况2中,变幅加载时滑动摩擦力基本保持不变,拉压两个方向滞回性能较为对称。在工况3中,加载速率增大后摩擦力略有减小,在一定的加载速率范围内,可以忽略其影响。

在工况4中,常幅加载下试验滞回曲线较为平稳,材料性能稳定,耗能效果理想。从工况5可以看出:改变螺栓预紧力对试验结果影响较大,随着螺栓预紧力的逐步增大,NAO材料受到的法向力不断变大,但试验曲线保持较好的平稳性,并且摩擦力均值大约呈现2∶3∶5的比例关系。这主要是因为NAO材料嵌于外摩擦板凹槽中,在受压时处于多轴受力状态,因而没有出现过早破坏现象。

整个试验过程中摩擦耗能器产生的噪声很小,试验结束后将内外摩擦板取出,从图4-9(f)可以看出,NAO材料表面仅出现了些许划痕,并没有明显的碎片剥落现象。

4.3.4 NAO与黄铜片试验结果对比

将摩擦材料更换为黄铜片后再次进行试验,仍然采用表4-3中的加载工况,得到的滞回曲线如图4-10所示。图中保留了NAO材料的试验结果,以便于对两种材料进行对比。

在工况1中,采用黄铜片时的滞回曲线上下抖动幅度较大,同时从感官上来讲伴随很大的金属摩擦噪声,而NAO材料在试验摩擦过程中始终较为安静。在工况2中,变幅加载下,黄铜片的曲线仍出现较大的抖动,但随着幅值的增加,摩擦力抖动幅度会略有减小。

在工况3中,采用黄铜片时摩擦力抖动仍远大于NAO材料。但随着加载速率的逐渐增大,两种材料的摩擦力抖动均有所减小。在不同加载速率下采用 NAO 材料时的摩擦力基本接近采用黄铜片时摩擦力的上限值,当应变速率为 3 mm/s 时,NAO 材料的摩擦力超过了采用黄铜片时的摩擦力。

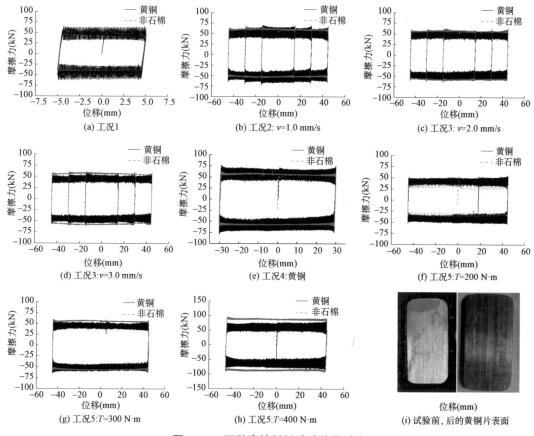

图 4-10　两种摩擦材料试验结果对比

在工况 4 中,常幅连续循环下两种材料均没有出现严重的摩擦力退化现象。黄铜片材料摩擦力上下限平均值的差值与下限平均值的比值为 28%,而 NAO 材料为 2%。在工况 5 中,改变螺栓预紧力对黄铜试验结果影响较大,采用 NAO 材料得到的摩擦力随螺栓扭矩增大速度大于采用黄铜片时的摩擦力的增大速度。

整个黄铜片摩擦材料在试验过程中,均伴随很大的摩擦噪声。试验结束后,试件下方出现大量剥落的黄铜碎片,从图 4-10(i) 可以看到黄铜片表面出现较多刻痕,磨碎的不锈钢内嵌于刻痕中,可见黄铜片耐磨性不如 NAO 材料。

图 4-11 为采用不同材料的耗能器的平均动摩擦力与加载速率的关系。由于两种材料在加载过程中的摩擦力均存在一定波动,因此对两种材料每一步加载的上限值和下限值分别进行了平均。从图中可以看出,两种材料产生的摩擦力上下限平均值的差值随加载速率增大而减小。当加载速率增大后,黄铜片材料摩擦力上下限平均值的差值与下限平均值的比值从 28.2% 减小到 19.5%,黄铜片材料的摩擦力平均值减小约 7.1%。而在

不同加载速率下,采用 NAO 材料的摩擦力较为稳定。

采用不同材料的耗能器的平均动摩擦力与螺栓扭矩的关系如图 4-12 所示。两种材料产生的摩擦力随螺栓扭矩近似呈线性关系,但随着扭矩的增大,采用黄铜片时摩擦力上下限平均值的差值与下限平均值的比值保持在 20.7%～28.9%之间。NAO 材料的摩擦力上下限平均值差值随螺栓扭矩呈减小的趋势,当螺栓扭矩为 400 N·m 时,其差值仅为 3.5%。此外,当螺栓扭矩从 200 N·m 增大到 400 N·m 时,NAO 材料的摩擦力平均值随扭矩增大约 71.8%,而黄铜片材料仅增大约 37.1%。这可能是因为 NAO 材料的泊松比大于黄铜片,在预紧力作用下其横向变形受凹槽约束,在相同扭矩下比黄铜片材料产生了更大的摩擦力。

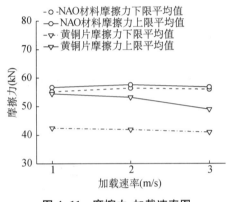

图 4-11 摩擦力-加载速率图

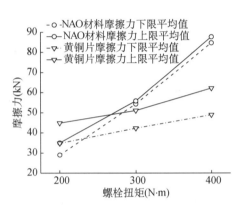

图 4-12 摩擦力-扭矩图

综上所述,NAO 摩擦材料在土木工程中使用时应注意:(1) 由于 NAO 材料抗压强度偏低,在摩擦耗能装置中宜采用 NAO 材料;(2) NAO 材料耐热性较低,不宜于在 200 ℃以上的极端高温情况下使用;(3) 采用环氧树脂将 NAO 材料固定在摩擦板时宜设置凹槽以防止其滑脱。而黄铜材料在使用时应注意:(1) 由于黄铜材料抗压强度较高,在摩擦保护装置中采用黄铜材料;(2)为减小黄铜材料在摩擦时产生的抖动,尽量使黄铜摩擦片表面保持平整。

4.3.5 NAO 与普通钢试验结果对比

最后采用 Q235 钢片作为摩擦材料进行试验,且加载制度不变,摩擦耗能器滑动过程中噪声很小,试验结果与非石棉纤维摩擦片的对比如图 4-13 所示。从图 4-13 可以看出:各个工况下普通 Q235 钢滞回曲线存在小范围的抖动,试验过程中只听见较小的噪声,而非石棉滞回曲线非常稳定,基本没有噪声;从图 4-13(b)、(c)、(d) 可以发现普通钢摩擦力随加载速率变化很明显,而非石棉基本没变化,进一步说明普通钢没有非石棉性能稳定;图 4-13(e)中可以看到普通钢滞回曲线抖动更厉害,摩擦力略有退化,而非石棉摩擦力基本没退化;从图 4-13(f)、(g)、(h)、(i)对比可以发现普通钢相对 NAO 材料摩擦力变化幅度更大,其值更容易受外界条件影响。

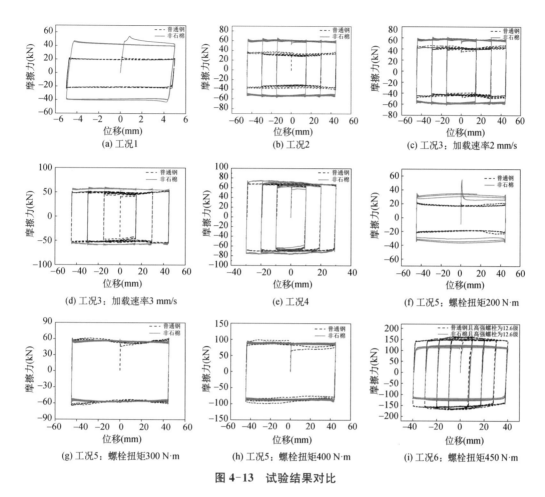

图 4-13　试验结果对比

综上：各个情况下 NAO 材料比普通 Q235 钢材料性能更稳定，试验过程中基本没有噪声；加载速率的变化基本对 NAO 材料没有影响，而加载速率变化对普通 Q235 钢材料影响很大；在多种工况下，NAO 材料摩擦力均值要大于普通钢，其耗能能力更强。普通 Q235 钢材料受加载速率等外界条件影响较大，性能稳定性不及 NAO 材料。

4.4　装配式摩擦耗能框架数值建模

4.4.1　原型结构算例

本节选用六层六跨抗弯框架作为分析的原型结构，如图 4-14 所示。图 4-14(a) 为该结构的平面图，结构的抗侧力是由周边的四个装配式摩擦耗能框架提供的，每个主方向两个。在单向地震动荷载下，地震作用由沿着该方向的两个装配式摩擦耗能框架来抵抗，其余框架仅承受重力荷载，忽略其抗侧能力。该结构总高 22.2 m，首层层高 4.2 m，其余层高 3.6 m，柱距 6 m。单个装配式摩擦耗能框架的设计基础剪力为 1 494 kN。

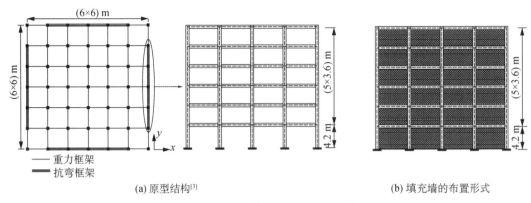

图 4-14 装配式摩擦耗能框架结构算例

表 4-4 装配式摩擦耗能抗弯框架设计参数

楼层	梁尺寸 (mm)	柱尺寸 (mm)	ρ_b (%)	ρ_c (%)	A_{PT} (mm²)	P_0 (kN)	F_f (kN)
6	400×600	550×550	0.76	1.61	834	413	138
5	400×600	550×550	0.76	1.94	834	718	239
4	400×600	550×550	0.76	2.27	973	980	327
3	400×650	600×600	0.71	1.91	1 112	1 131	377
2	400×650	600×600	0.71	2.18	1 112	1 209	403
1	400×700	650×650	0.66	1.86	1 251	1 202	401

表 4-4 列出了梁柱尺寸和配筋情况。其中，ρ_b 和 ρ_c 分别是梁和柱的总配筋率。P_0 表示总的初始预应力值，A_{PT} 表示梁中预应力钢筋的总面积，F_f 表示施加到腹板摩擦装置上的摩擦力。混凝土强度设计值为 $f_c = 19.1$ MPa，预应力筋的屈服强度和极限强度分别为 $f_{py} = 1\,675$ MPa，$f_{pu} = 1\,860$ MPa。

框架梁柱节点采用第 4.2.2 节中的腹板摩擦耗能装配式框架。考虑到填充墙强度对整体抗侧能力的影响，本节基于《砌体结构设计规范》(GB 50003—2011)规范在装配式摩擦耗能框架中设计了三种不同强度的填充墙，如表 4-5 所示，以研究填充墙强度变化的影响[5]。在下文中，带有填充墙 1、填充墙 2 和填充墙 3 的装配式摩擦耗能框架分别称为 SCPC-IW1、SCPC-IW2、SCPCIW3 框架，没有填充墙的 SCPC 框架称为 SCPC-Bare 框架。由于填充墙和摩擦装置是 SCPC-IW 框架中的主要耗能组件，因此选择填充墙的总承载能力与摩擦装置的总摩擦力(F_{IW}/F_{FD})之比作为填充墙对于 SCPC-IW 框架影响的量化指标。填充墙(F_{IW})的承载能力由等效面积和填充墙设计强度的乘积确定。

表 4-5 填充墙的相对参数

顺序	块体强度	砂浆强度	填充墙的抗压强度 f_w(MPa)	F_{IW}/F_{FD}
填充墙 1	MU20	Mb20	6.30	1.32
填充墙 2	MU15	Mb15	4.02	0.79
填充墙 3	MU7.5	Mb5	1.71	0.37

4.4.2　装配式摩擦耗能框架数值模拟

梁柱连接的数值模型如图 4-15 所示,其中预制梁和柱使用考虑分布塑性的非线性纤维梁柱单元建模,其中钢和混凝土分别使用 Steel02 材料和 Concrete02 材料建模。Steel02 材料基于 Giuffre-Menegotto Pinto 本构模型,这种材料具有双线性的骨架曲线特征,可以用初始弹模表征后屈服刚度。该材料能够模拟反复加载下的刚度退化和等向强化效应。Concrete02 材料是 Kent-Scott-Park 本构模型的改进,有效地考虑了混凝土的拉应力。为了考虑横向钢筋的约束效应,将混凝土截面分为保护层混凝土和核心区混凝土,均使用 Concrete02 材料进行定义[6][7]。为了模拟间隙的张开与闭合,梁柱接触面使用两个零长度接触单元模拟(ElasticPP)。零长度接触单元材料定义为只压材料,其弹性模量决定了接触元件的初始切线刚度。

梁柱节点的槽钢采用非线性单元来模拟,并采用 Steel02 材料模拟其轴向弯曲变形和剪切变形。梁柱节点核心区由四侧的八个刚性梁柱单元和一个转动弹簧进行模拟。转动弹簧有双线性弹性本构关系,位于四个角落之一,用于模拟节点核心区的剪切变形。槽钢的一个节点与梁柱核心区相连,另一个节点通过零长度摩擦单元与梁上的节点相连。该摩擦单元由 Steel02 材料定义,用于模拟摩擦装置的能量耗散。桁架单元由 Steel02 和 ElasticPP 共同定义,用于模拟预应力及其断裂特征。ElasticPP 材料的定义主要包括确定其他材料失效时的最大值和最小值。因此,ElasticPP 材料与 Steel02 材料共同表征钢绞线的应变上限。一旦应变超过预定的上限,Steel02 材料就会停止工作,代表钢绞线断裂。

重力柱通过纤维梁柱单元模拟,定义其轴向刚度为无穷大,抗弯刚度为无穷小,以便精确地模拟 P-Δ 效应和建筑物质量。重力柱和 SCPC 框架通过有着较大轴向刚度的桁架单元进行连接。

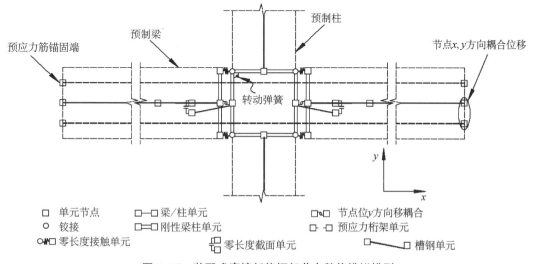

图 4-15　装配式摩擦耗能框架节点数值模拟模型

4.4.3 填充墙的数值模拟

填充墙板由文献中提出的两个等效支撑模拟[8]，如图 4-16(a)所示，认为该等效支撑仅受压不受拉。支撑单元的应力-应变关系由图 4-16(b)定义。该模型可以有效地模拟填充墙的面内强度和刚度对带有填充墙的钢筋混凝土框架破坏模式的影响。两个等效支撑由 OpenSees 中的桁架单元模拟，其中力-位移关系由滞回材料模拟。

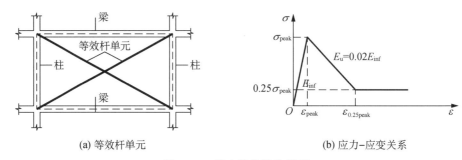

(a) 等效杆单元　　　　　　　　　(b) 应力-应变关系

图 4-16　填充墙的数值模拟

等效支撑的几何形状描述如下[9]：

支撑的厚度 t_{inf} 和填充墙的实际厚度相同，宽度 a 由等式(4-3)、式(4-4)计算得到。

$$a = 0.175(\lambda_1 h_{col})^{-0.4} L_{diag} \tag{4-3}$$

$$\lambda_1 = \left(\frac{E_{inf} t_{inf} \sin 2\theta}{4 E_f I_{col} h_{inf}}\right)^{\frac{1}{4}} \tag{4-4}$$

其中，h_{col} 是与填充墙相邻的柱的高度；h_{inf} 是填充墙的高度；L_{diag} 是填充墙的对角线长度；E_f 和 E_{inf} 分别是框架和填充墙材料的弹性模量；I_{col} 是柱横截面的惯性矩；θ 的切线值是填充墙高度-长度纵横比[9]。

4.4.4 数值模型校准

为了采用上述模型进行分析，有必要与试验对比验证分析模型的正确性。

装配式摩擦耗能节点的模型采用文献[3]的试验进行验证，试验和数值结果之间的比较如图 4-17(a)所示。可以看到，模拟与试验结果吻合良好。这表明装配式梁柱节点的数值模型是正确有效的。节点间隙张开和闭合的模拟对于实现滞回曲线非常重要，只有当图 4-15 所示的零长度接触单元的初始切线刚度足够大时，试验和分析结果才能相互匹配，如图 4-17(a)所示。此外，Steel02 材料的硬化系数应定义为零，以精确模拟零长度截面单元的摩擦特性。

填充墙的数值模拟采用文献[10]中单层单跨带有填充墙的钢筋混凝土框架的低周荷载试验进行对比，并校准模型的关键参数，如图 4-17(b)所示。填充墙的滞回行为是使用 OpenSees 软件中的滞回材料进行分析，其中残余强度为峰值强度的 25%，软化刚度是初始刚度的 2%。强度降低和加卸载特性由两个参数决定，这两个参数与重新加载期间的

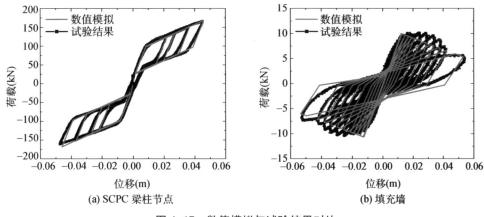

(a) SCPC 梁柱节点　　　　　　　　(b) 填充墙

图 4-17　数值模拟与试验结果对比

应变(或变形)和应力(或力)的捏缩系数(捏缩系数 x 和捏缩系数 y)有关,由延性和能量引起的两个损伤因子(损伤 1 和损伤 2)和系数因子(β)用于确定基于延性的退化卸载刚度。图 4-17(b)中的对比结果表明:当捏缩系数 x 和捏缩系数 y 等于 0.4 时、损伤因子 1 和 2 等于 0.01、β 等于 0.4,数值模拟和试验结果在刚度、强度、耗能能力方面吻合良好。

4.5　非线性静力分析

采用 4.4 节的数值模型,分别研究装配式摩擦耗能框架在低周反复加载和单向推覆加载作用下的非线性静力性能。

4.5.1　低周反复加载分析

图 4-18 显示了四个模型的滞回特性,反映了非线性剪力 V 和位移比 Δ 之间的关系。非线性静态分析使用位移控制进行加载,Δ 分别取 0.5%、1.0%、1.5%、2.0%,每个分析步骤增量为 0.1 mm。位移比 Δ 计算为顶层的侧向位移除以建筑物总高。

为了计算结构的刚度,"屈服"点采用如下定义:"屈服"时基底剪切强度对应于结构侧向刚度发生显著变化。因此"屈服"点即梁柱截面开始张开、摩擦装置开始耗能的时刻。对于 SCPC-IW 框架,在填充墙表面上的裂缝出现之前结构已经发生了塑形变形。在"屈服"点出现之前,SCPC-Bare 框架的刚度主要由初始后张预应力和摩擦力决定。SCPC-IW 框架的刚度主要取决于后张预应力、摩擦力和填充墙刚度的组合。屈服点出现后,SCPC-Bare 框架的刚度主要取决于预应力筋的刚度,而 SCPC-IW 框架的刚度主要取决于预应力筋和填充墙的刚度。所以结构的刚度由"屈服"的位移与基底剪力的比值进行计算。如图 4-18 所示,SCPC-Bare 框架的刚度为 1.16×10^4 kN / m,而 SCPC-IW1、SCPC-IW2 和 SCPC-IW3 分别为 2.53×10^4、2.20×10^4 和 1.77×10^4 kN / m,与 SCPC-Bare 框架相比有着显著提升。此外,可以很明显观察到 SCPC-IW1,SCPCIW2 和 SCPC-IW3 框架的滞回环面积大于 SCPC-Bare 框架,这表明三个 SCPC-IW 框架相对于 SCPC-Bare 框架都具有更好的耗能能力,即填充墙对

SCPC-IW 框架的刚度和耗能能力做出了较大贡献。

尽管 SCPC-IW2 和 SCPC-IW3 框架的滞回曲线具有明显的旗帜型特征,但存在残余位移。虽然 SCPC-IW1 框架的耗能能力明显大于 SCPC-Bare 框架,但其滞回曲线几乎没有旗帜型,表明其自复位能力较差。因此,SCPC-IW1 框架耗能能力最强,但自复位能力最差。

通过比较 SCPC 框架和三个 SCPC-IW 框架的滞回特性,可以认为随着填充墙强度的增加,结构的自复位能力逐渐减小,耗能能力显著增加。SCPC-IW2 和 SCPC-IW3 框架具有与 SCPC-Bare 框架类似的旗帜型曲线,且在强度、刚度、耗能能力和自复位能力之间得到了良好的协调。

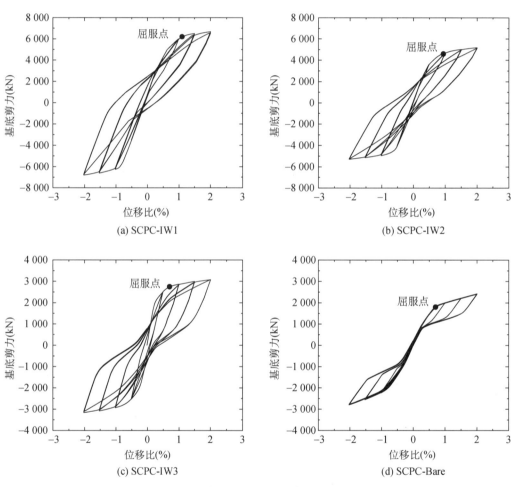

图 4-18 四个框架结构模型的滞回曲线对比

4.5.2 推覆分析

已有研究表明,填充墙的存在可能导致带有填充墙的 RC 框架柱的轴压比增加,从而导致柱的脆性破坏[11]。因此对四个模型进行了推覆分析,获取柱的轴压比,用于进一步探索填充墙对结构部件的影响。在一阶模态中分析荷载的分布情况。表 4-6 是我国抗震规范给出的四种抗震等级下钢筋混凝土框架柱的轴压比限值。该限值用以保证钢筋具有足够的延性、变形能力和抗倒塌能力，避免地震作用下出现短柱破坏。每层边柱的层间位移比与轴压比关系曲线如图 4-19 所示。轴压比定义为轴向压力与柱截面积 A 与混凝土设计强度 f_c 的乘积之比。

表 4-6　混凝土柱轴压比限值

震级	一	二	三	四
轴压比限值	0.65	0.75	0.85	0.90

随着填充墙强度的增加，SCPC-IW 框架的轴压比亦增加；随着地震动强度的增加，轴压比降低，这表明 SCPC-IW 框架相较于 SCPC-Bare 框架更容易出现软弱层破坏且薄弱层出现的位置会降低。可以看出，随着层间位移比的增加，SCPC-IW1 框架第一、二层柱的轴压比超限，SCPC-IW2 框架第一层柱的轴压比超限，而 SCPC-IW3 和 SCPC-Bare 框架的轴向压比一直未超限。之前的研究表明：柱轴比一旦超限，则结构发生脆性破坏、短柱破坏和薄弱层破坏，甚至可能由于缺乏延性而导致整体坍塌[12]。因此，在大震下，SCPC-IW1 框架出现倒塌的概率更高。

低周反复加载分析和推覆分析得到的上述结果表明，高强度填充墙会导致较大的残余变形并导致结构的轴压比增大，而低强度填充墙可以在自复位和耗能能力之间谋求平衡。当 SCPC-IW 框架的荷载为腹板摩擦力的 37%～79% 时，达到了预期的刚度和耗能要求、轴压比以及自复位能力需求。

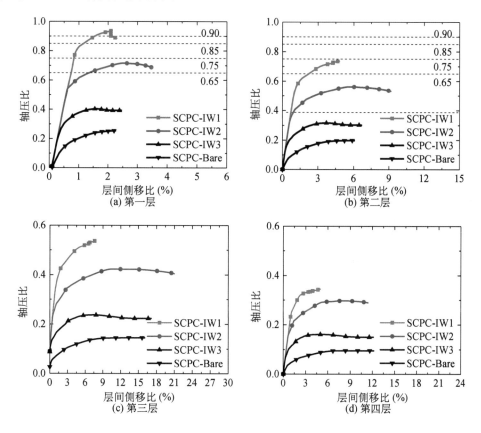

(a) 第一层　　(b) 第二层
(c) 第三层　　(d) 第四层

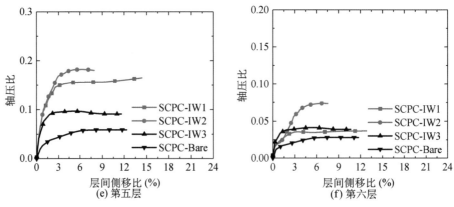

图 4-19　层间侧移比与轴压比关系曲线

4.6　非线性动力时程分析

4.6.1　地震动的选择

　　为了研究装配式摩擦耗能框架结构的抗震性能,选择了如图 4-20(a)所示的 44 个地震动记录。这是 FEMA P695 使用的 22 个远场地震动的两个水平分量,将它们作为激励输入结构进行动态分析。由于地震动的强度不同,如地面峰值加速度(PGA)和谱加速度 $S_a(T_1,5\%)$、震中距和持续时间等,它们可以描述地震的不确定性。

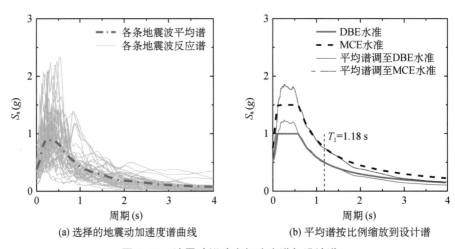

图 4-20　地震动拟动力加速度谱与设计谱

4.6.2　DBE 和 MCE 下的地震响应比较

　　使用上述 44 个地震动进行非线性动态时程分析,研究 SCPC-IW 框架的地震响应。已有研究表明,对应于阻尼比为 5% 的结构,基本周期 T_1 的加速度谱 $S_a(T_1,5\%)$ 变异性最小。因此在分析中使用 $S_a(T_1,5\%)$ 作为强度测量指标。在本章中,SCPC-IW1,SCPC-

IW2,SCPC-IW3 和 SCPC-Bare 的 T_1 分别为 0.98 s、1.07 s、1.18 s、1.27 s。当 $T_1 =$ 1.18 s时,地震动强度和四种结构的谱形状效应相似,这可以作为比较不同结构分析结果的基准。将 44 个地震动线性地扩展到两个地震强度等级:分别基于 $S_a(T_1,5\%)$ 的设计基准地震(DBE)和最大设计地震(MCE),对应于 50 年内的超越概率分别是 10% 和 2%[13]。图 4-20(b)分别显示了 DBE 和 MCE 地震灾害等级下的平均谱形状。

为了全面研究 SCPC-IW 框架的抗震性能,采用最大层间位移比(θ_{max})和最大层间残余位移比($\theta_{r,max}$)来研究结构的地震响应和自复位能力。图 4-21 和图 4-22 显示了 DBE 和 MCE 地震灾害等级下四种结构的 θ_{max} 和 $\theta_{r,max}$。表 4-7 和表 4-8 给出了 44 次地震动下结构整体响应的均值。

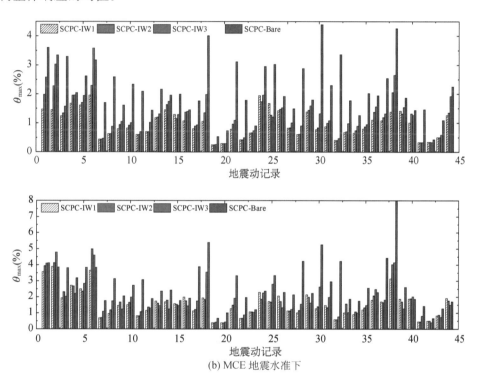

(b) MCE 地震水准下

图 4-21　四种结构在 44 次地震动下的 θ_{max}

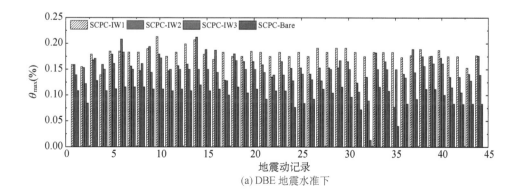

(a) DBE 地震水准下

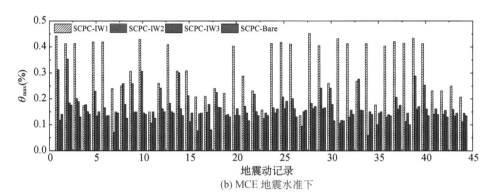

(b) MCE 地震水准下

图 4-22　四种结构在 44 次地震动下的 $\theta_{r,\max}$

表 4-7　结构在 DBE 水准下动态响应

动态响应	SCPC-IW1	SCPC-IW2	SCPC-IW3	SCPC-Bare
$\theta_{\max}$	0.97%	1.08%	1.28%	2.19%
$\theta_{r,\max}$	0.18%	0.16%	0.14%	0.10%
D_{CF}	2.04	1.80	1.67	1.54

表 4-8　结构在 MCE 水准下动态响应

动态响应	SCPC-IW1	SCPC-IW2	SCPC-IW3	SCPC-Bare
$\theta_{\max}$	1.57%	1.66%	1.80%	2.81%
$\theta_{r,\max}$	0.32%	0.18%	0.15%	0.13%
D_{CF}	2.07	1.82	1.76	1.55

图 4-21、4-22 和表 4-7、表 4-8 的规律总结如下：

在 DBE 水准下的大多数地震动记录中，SCPC-IW1，SCPC-IW2 和 SCPC-IW3 框架的 $\theta_{\max}$ 远低于 SCPC-Bare 框架的 $\theta_{\max}$［图 4-21（a）］。然而，在大多数情况下，SCPC-IW1，SCPCIW2 和 SCPC-IW3 框架的 $\theta_{r,\max}$ 大于 SCPC-Bare 框架的 $\theta_{r,\max}$［见图 4-22（a）］。DBE 水准下四种结构的 $\theta_{\max}$ 和 $\theta_{r,\max}$ 的平均值如表 4-7 所示。SCPC-IW1、SCPC-IW2、SCPC-IW3 和 SCPC-Bare 的 $\theta_{\max}$ 的平均值分别为 0.97%、1.08%、1.28% 和 2.19%（在表 4-7 中列出），差别较大。而 $\theta_{r,\max}$ 的平均值没有明显差别，分别为 0.18%、0.16%、0.14% 和 0.10%（在表 4-7 中列出）。这表明随着填充墙强度的增加，SCPC-IW 框架的 $\theta_{\max}$ 减小，$\theta_{r,\max}$ 增加。SCPC-IW1、SCPC-IW2 和 SCPC-IW3 框架相较于 SCPC-Bare 框架的 $\theta_{\max}$ 减少的百分比分别为 56%、51% 和 42%，与之相比，$\theta_{r,\max}$ 分别增加 80.0%、60.1% 和 40.3%。

MCE 地震水准与 DBE 地震水准观察到的结果类似。SCPC-IW1，SCPC-IW2，SCPC-IW3 和 SCPC-Bare 框架的 $\theta_{\max}$ 平均值分别为 1.57%、1.66%、1.80% 和 2.81%，$\theta_{r,\max}$ 分别为 0.32%、0.18%、0.15% 和 0.13%。SCPC-IW1、SCPC-IW2 和 SCPC-IW3 框架的 $\theta_{\max}$ 相较于 SCPC-Bare 框架减少的百分比分别为 44%、41% 和 36%，这与 $\theta_{r,\max}$ 分别增加

146%、38%和15%形成鲜明对比。值得注意的是,SCPC-Bare 框架的 $\theta_{r,max}$ 明显小于三个 SCPC-IW 框架。有研究表明[14]:当 $\theta_{r,max}$ 的值持续大于0.2%时,RC 框架可能会受到轻微损坏,但通过简单修复后即可使用。但 $\theta_{r,max}$ 达到0.4%时,从经济性上讲,不再适合修复。对于 SCPC-IW1 框架(图4-22),其 $\theta_{r,max}$ 值在21次地震动中超过0.4%,平均值明显大于0.2%。因此,SCPC-IW1 因残余变形过大而不适用。

如前所述,填充墙的存在可能导致 RC 框架出现薄弱层破坏,而 SCPC-IW 框架作为带有填充墙的 RC 框架特例,其软弱层也值得研究。软弱层一般通过位移集中系数(D_{CF})来评估(式(4-5))。该系数综合考虑了侧向刚度、楼层数量的影响,能够反映位移分布情况。

$$D_{CF} = \theta_{max}/(\Delta_{roof}/h_n) \tag{4-5}$$

其中,Δ_{roof} 和 h_n 分别是结构的顶部最大位移和结构的总高度。

SCPC-Bare 框架和三个 SCPC-IW 框架的 D_{CF} 在 DBE 和 MCE 水准下地震动记录如图4-23所示,44个地震动记录下四个模型的平均 D_{CF} 值如表4-7和表4-8所示。三个 SCPC-IW 框架的平均 D_{CF} 值大于 SCPC-Bare 框架的平均 D_{CF} 值。这表明:与 SCPC-Bare 框架相比,SCPC-IW 框架沿层高的横向变形更加不均匀,且对软弱层的变形更为敏感。随着填充墙强度的增加,三个 SCPC-IW 框架的平均 D_{CF} 值排列顺序为:SCPC-IW1>SCPC-IW2>SCPC-IW3。这表明随着填充墙强度的增加,SCPC-IW 框架沿层高的横向变形更加不均匀,且对软弱层的变形更为敏感。

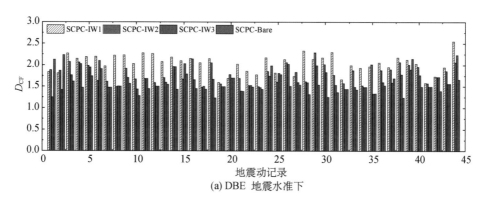

(a) DBE 地震水准下

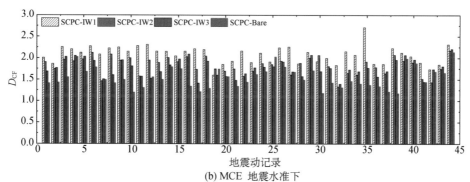

(b) MCE 地震水准下

图 4-23   四种结构在 44 次地震动下的 D_{CF}

图 4-24 和图 4-25 描述了在 DBE 和 MCE 地震灾害等级下沿着建筑物高度的 θ_{max} 和 $\theta_{r, max}$ 平均值的变化情况。在沿层高的 θ_{max} 分布中,SCPC-Bare 框架首层的层间位移比较低,随着层高增加,θ_{max} 也随之增加。而三个 SCPC-IW 框架在高层处层间位移比值较低,在第二层的值较高。沿层高的 $\theta_{r, max}$ 与 θ_{max} 结果类似。SCPC-IW1 框架的 $\theta_{r, max}$ 值在第二~四层大于 0.2%。结果表明,填充墙可以降低 SCPC 框架上层的地震响应,但在结构的下层会有集中变形。

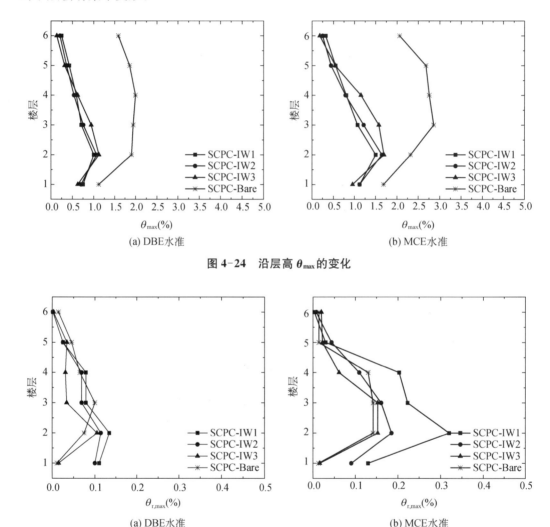

(a) DBE水准　　　　　　　　　　(b) MCE水准

图 4-24　沿层高 θ_{max} 的变化

(a) DBE水准　　　　　　　　　　(b) MCE水准

图 4-25　沿层高 $\theta_{r, max}$ 的变化

4.6.3　DBE 和 MCE 下的耗能能力比较

耗能能力是研究地震作用下 SCPC 框架抗震性能最关键的因素之一。SCPC-IW 框架的耗能主要有以下两个来源:(1) 腹板摩擦装置,通过摩擦板和钢板之间的摩擦进行耗能;(2) 填充墙,通过自身塑性变形进行耗能。选择 1987 年 Superstition Hills(B)的地震

动记录 B-WSM090,地震持续时间为 40 s,震中距为 19.51 km,其与 44 个地震动平均频谱的特性和持时相似。此外,输入 B-WSM090 获得的结构动态响应与 44 个地震动的平均结果也类似。因此,选择 B-WSM090 地震动记录并按比例缩放到 DBE 和 MCE 地震灾害等级下,以研究填充墙的耗能能力。该做法可以维持精度和计算效率的平衡。

填充墙根据文献中提出的两个等效支撑进行建模,如图 4-16(a)所示。等效支撑被认为仅受压不受拉。支撑的应力-应变关系由图 4-16(b)定义。文献已经证明该模型可以有效模拟填充墙的面内强度和刚度对带有填充墙的钢筋混凝土框架破坏模式的影响。两个等效支撑由 OpenSees 中的桁架单元模拟,其力-位移关系由滞回材料模拟,耗能计算采用下式:

$$E_H = \sum_{i=1}^{N} \sum_{j=1}^{N} E_{j,i,H} \qquad (4\text{-}6)$$

其中,$E_{j,i,H}$ 是第 i 个楼层在第 j 个循环中由填充墙或腹板摩擦装置耗散的总能量,H 是结构响应中的循环数,N 是楼层总数。

定义填充墙与腹板摩擦装置的耗能比(在下文中表示为 $\beta = E_{IW} / E_{FD}$),以确定填充墙在整个地震中的耗能贡献比。

图 4-26 比较了 SCPC-IW1,SCPC-IW2 和 SCPC-IW3 框架在 DBE 水准和 MCE 水准下沿层高 β 值的变化。如图所示,沿层高的 β 和 θ_{max} 在形状上是相似的。在 DBE 水准下,在第二至三层,三个 SCPC-IW 框架的 β 值均超过 1,表明填充墙的耗能贡献大于第二至三层的腹板摩擦装置。在 MCE 水准下,还有几个 β 超过 1 的楼层,沿层高的 β 与 DBE 水准下略有差异。

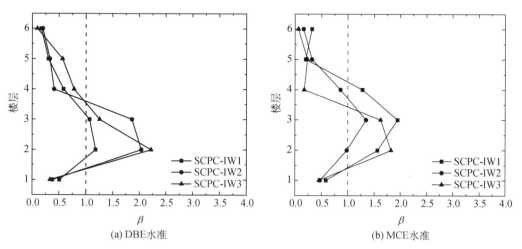

(a) DBE水准　　　　　　　　　　　(b) MCE水准

图 4-26　沿层高 β 的变化

在 DBE 水准下,填充墙的耗能贡献为摩擦装置的 $70.9\%\sim105.6\%$,MCE 水准下为摩擦装置的 $42.4\%\sim82.3\%$。结果表明,填充墙能够为 SCPC-IW 框架提供较大的耗能贡献。为了研究不同地震灾害等级下填充墙的耗能贡献,图 4-27 绘制了三个 SCPC-IW

框架在 DBE 和 MCE 水准下的 β 值。可以看出,三个 SCPC-IW 框架在 DBE 水准下的 β 值大于 MCE 水准下的 β 值,这表明 DBE 水准下填充墙的耗能贡献大于 MCE 水准下填充墙的耗能贡献,虽然填充墙强度的增加不一定导致耗能能力的线性提升。无论是在 DBE 水准还是 MCE 水准下,SCPC-IW2 框架的耗能能力最强。

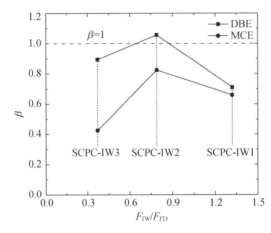

图 4-27　SCPC-IW 框架耗能贡献

4.7　装配式摩擦耗能框架抗震易损性分析

4.7.1　动力增量 IDA 分析

　　为了研究装配式摩擦耗能框架在随机地震激励下的易损性能,对 SCPC-IW 框架在 44 次地震动下进行了动力增量分析(图 4-20)[15]。使用加速度谱 $S_a(T_1,5\%)$ 作为强度测量的指标(IM),因为其较为稳定,与结构的响应吻合较好。使用最大层间位移比(θ_{max})和最大残余层间位移比($\theta_{r,max}$)作为损伤指标(DM)。对于每个地震动记录,重复执行非线性历程分析,记录的 $S_a(T_1,5\%)$ 从 0.1g 开始,以 0.1g 为增量步直至破坏。破坏点的曲线斜率为初始斜率的 20%。在破坏之后,IDA 曲线接近水平,地震动强度的进一步增加会导致层间位移比不受限制地增加。所有地震动分析结束后均施加了 20 s 的自由振动,以捕获结构的残余变形。

　　图 4-28 是基于 θ_{max} 的 SCPC-Bare 框架和三个 SCPC-IW 框架的 IDA 曲线,描述了 44 次地震动下的地面运动强度 $S_a(T_1,5\%)$ 和 θ_{max} 之间的关系。

　　为了定量地分析结构的抗震性能并直观比较 IDA 结果,首先计算得到了 16%、50% 和 84% 分位的 IDA 曲线。其次,选择了四种极限状态及其由 FEMA 356 定义的控制目标进行分析,即:极轻损伤、轻度损伤、中度损伤和重度损伤。HAUZS 提出了四种极限状态相应的 θ_{max} 值,分别为 0.33%、0.67%、2.0% 和 5.3%[16]。因此,在图 4-28 中标出了四种结构 16%、50% 和 84% 分位的 IDA 曲线及四条垂直线($\theta_{max}=0.33\%$、0.67%、2.0%、5.3%)。在表 4-9 中归纳了三条分位曲线与四条垂直线的交点。

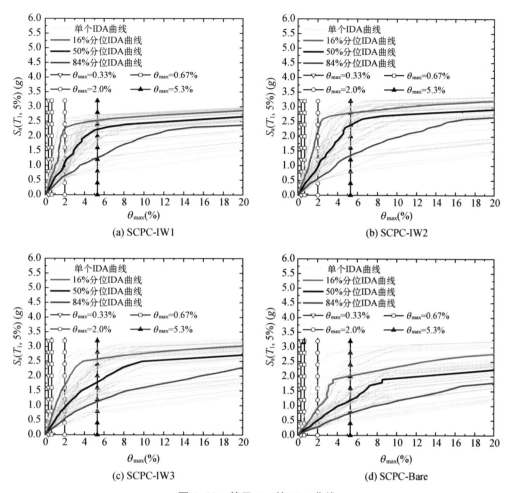

图 4-28　基于 $\theta_{\max}$ 的 IDA 曲线

表 4-9　基于 $\theta_{\max}$ 结构达到极限状态时的地震激励

	SCPC-IW1			SCPC-IW2			SCPC-IW3			SCPC-Bare		
	16%	50%	84%	16%	50%	84%	16%	50%	84%	16%	50%	84%
$\theta_{\max}=0.33\%$	0.29g	0.17 g	0.11g	0.31g	0.17g	0.11g	0.26g	0.16g	0.11g	0.15g	0.10g	0.07g
$\theta_{\max}=0.67\%$	0.65g	0.38g	0.23g	0.59g	0.37g	0.22g	0.61g	0.31g	0.20g	0.27g	0.19g	0.13g
$\theta_{\max}=2.0\%$	2.24g	1.09g	0.64g	2.16g	0.96g	0.56g	1.67g	0.93g	0.54g	0.92g	0.51g	0.28g
$\theta_{\max}=5.3\%$	2.53g	2.22g	1.26g	2.80g	2.39g	1.35g	2.57g	1.79g	1.14g	2.02g	1.20g	0.76g

　　图 4-28 和表 4-9 的结果表明,为了达到给定的地震响应 $\theta_{\max}$,三个 SCPC-IW 框架须要施加比 SCPC-Bare 框架更大的地震激励 $S_a(T_1,5\%)$。而对于给定的地震响应 $\theta_{\max}$,SCPC-IW 框架所需的地震激励 $S_a(T_1,5\%)$ 的值并不总是随着填充墙强度的增加而增加。当地震响应 $\theta_{\max}$ 达到极限状态 $\theta_{\max}=0.33\%$,$\theta_{\max}=0.67\%$,$\theta_{\max}=2.0\%$ 时,所需的地震激励 $S_a(T_1,5\%)$ 的值以 SCPC-IW3＜SCPC-IW2＜SCPC-IW1 的顺序排列[参见

图 4-28 中的 50％分位 IDA 曲线和表 4-9 中相应的 $S_a(T_1,5\%)$]，这表明只有当 $F_{IW}/F_{FD}<0.79$ 时，填充墙强度的提升才有助于在所有极限状态下增强 SCPC-IW 框架。当达到极限状态 $\theta_{max}=5.3\%$（严重损坏）时，顺序是 SCPC-IW3 ＜SCPC-IW1 ＜SCPC-IW2[参见图 4-28 中的 50％分位的 IDA 曲线和表 4-9 中相应 $S_a(T_1,5\%)$ 值]，这表明当 F_{IW}/F_{FD} 达到 1.32 时，填充墙可能导致 SCPC-IW 框架更为严重的损坏。

类似基于 θ_{max} 的 IDA 曲线，同样可以获取基于 $\theta_{r,max}$ 的 IDA 曲线及其 16％、50％和 84％的分位 IDA 曲线，用以研究填充墙对 SCPC-IW 框架的自复位和恢复能力的影响。根据 FEMA 356 的建议，Kam 等[14]提出了三种极限状态及其控制目标，包括即时占用极限状态（IOLS）、可修复极限状态（RLS）和生命安全极限状态（LSLS）。对应的 $\theta_{r,max}$ 值分别为 0.2％、0.4％和 1.0％。图 4-29 显示了基于 $\theta_{r,max}$ 的 IDA 曲线和 16％、50％和 84％分位的 IDA 曲线。表 4-10 总结了三条 IDA 曲线和四条垂直线之间的交点，表示达到三种极限状态所需的地震激励 $S_a(T_1,5\%)$ 的值（$\theta_{r,max}=0.2\%,0.4\%,1.0\%$）。

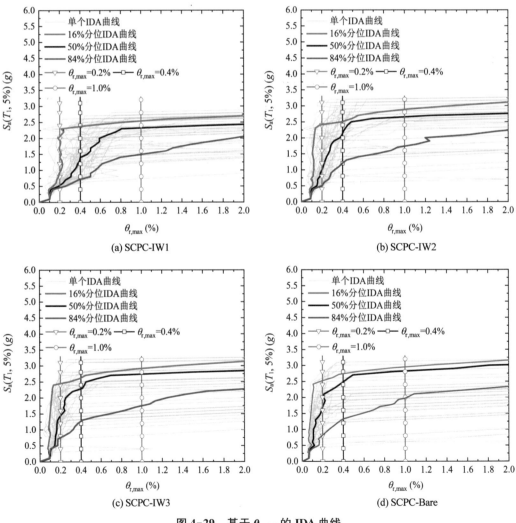

图 4-29　基于 $\theta_{r,max}$ 的 IDA 曲线

表 4-10　基于 $\theta_{r,max}$ 达到三种极限状态时地震激励 $S_a(T_1,5\%)$ 的值

	SCPC-IW1			SCPC-IW2			SCPC-IW3			SCPC-Bare		
	16%	50%	84%	16%	50%	84%	16%	50%	84%	16%	50%	84%
$\theta_{r,max}=0.2\%$	0.94g	0.53g	0.46g	2.41g	1.0g	0.50g	2.44g	1.44g	0.75g	2.51g	1.70g	0.83g
$\theta_{r,max}=0.4\%$	2.28g	1.40g	0.73g	2.51g	2.14g	1.20g	2.62g	2.28g	1.27g	2.73g	2.48g	1.33g
$\theta_{r,max}=1.0\%$	2.54g	2.32g	1.49g	2.88g	2.65g	1.74g	2.91g	2.74g	1.75g	2.94g	2.82g	1.98g

可以观察到,与随着填充墙强度的增加 θ_{max} 的变化趋势不同,基于 $\theta_{r,max}$ 的结果是单调增加的。达到相同的地震极限状态($\theta_{r,max}=0.2\%$, $\theta_{r,max}=0.4\%$, $\theta_{r,max}=1.0\%$)须要施加的地震激励 $S_a(T_1,5\%)$ 值以 SCPC-IW1＜SCPC-IW2＜SCPCIW3＜ SCPC-Bare 的顺序排列。

根据基于 θ_{max} 和 $\theta_{r,max}$ 的 IDA 结果可以认为:SCPC-IW2 和 SCPC-IW3 框架与 SCPC-Bare 框架相比,层间位移比较小;SCPC-IW2 和 SCPC-IW3 框架与 SCPC-IW1 框架相比,残余层间位移更小。这意味着 SCPC-IW 框架中过高强度的填充墙不一定会带来更好的结构性能,甚至会在大震或巨震时造成更严重的损坏。

4.7.2　地震易损性分析

易损性分析作为基于性能的地震工程最重要的内容之一,可用于预测不同地震强度下结构破坏的条件概率。易损性分析基于动力增量分析,定义为达到或超过给定边界的预期极限状态的条件概率。易损性分析的结果一般由易损性曲线规定。在给定结构抗力(C)和地震需求(D)的对数正态分布的情况下,易损性函数曲线定义为等式(4-7)[17]:

$$P(D>C/IM)=\Phi\left[\frac{\ln(S_d/S_c)}{\sqrt{\beta_c^2+\beta_m^2+\beta_{d/IM}^2}}\right] \tag{4-7}$$

其中, $\Phi[\ ]$ 是标准正态分布函数; S_d 是结构需求的中位数, S_c 是结构抗力的中位数,与极限状态相关; β_c 表示结构承载能力的不确定性,下限和上限状态可分别假设为 0.25 和 0.47[18]; β_m 是模拟的不确定性,可以假设为 0.2 [19-20]; $\beta_{d/IM}$ 是以 IM 为条件需求的不确定性(对数标准差),由对数变换空间中需求-强度的线性回归确定[20]。

结构的地震响应通常直接由 θ_{max} 反映,因此使用前一节中的四种极限状态以及相应的值($\theta_{max}=0.33\%,0.67\%,2.0\%,5.3\%$)和 IDA 结果,进行易损性分析以量化四种结构的抗震性能。 $\ln(\theta_{max})-\ln[S_a(T_1,5\%)]$ 的线性回归如图 4-30 所示。根据回归结果,计算出相应的 $\beta_{d/IM}$ 值,并在图 4-30 中给出。

基于等式(4-7)和图 4-30,四种结构的易损性曲线如图 4-31 所示,其中 x 轴是地震动强度 $S_a(T_1,5\%)$, y 轴是超越概率 P_f 。

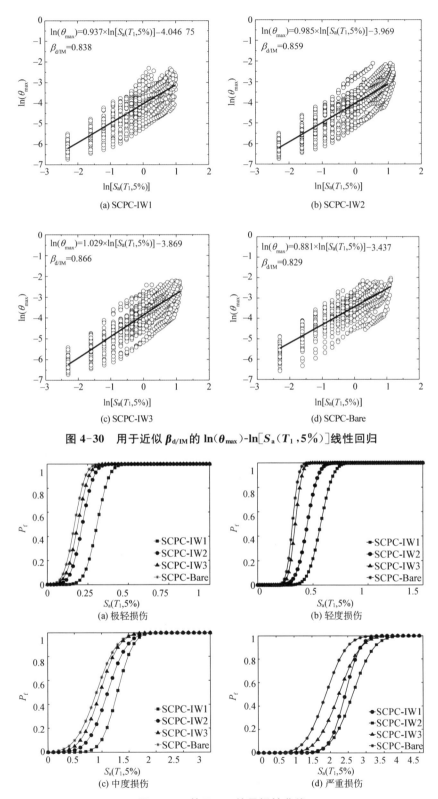

图 4-30　用于近似 $\beta_{d/IM}$ 的 $\ln(\theta_{max})$-$\ln[S_a(T_1,5\%)]$ 线性回归

图 4-31　基于 θ_{max} 的易损性曲线

极轻、轻度和中等极限状态下的易损性曲线具有相似的图形,仅是数值不同。但在严重损伤极限状态下有一些不同。图 4-31 中易损性曲线之间的差异说明,当损伤不超过严重极限状态时,随着填充墙强度的增加,SCPC-IW 框架失效的可能性降低。达到严重极限状态[图 4-31(d)] 时,当 $S_a(T_1,5\%)$ 超过 $1.74g$ 时,SCPC-IW1 框架的超越概率大于 SCPC-IW2 框架;且当 $S_a(T_1,5\%)$ 超过 $2.71g$ 时,SCPC-IW1 框架的超越概率大于 SCPC-IW3 框架。这表明带有过高强度填充墙的 SCPC-IW 框架在严重极限状态下可能表现出更高的超越概率。

近期对结构震后功能评估强调:残余层间位移角是建筑物的震后安全性,以及修复与重建经济性的重要因素[21]。本章还基于 $\theta_{r,max}$ 进行了易损性分析。利用上述三种极限状态和相应的 $\theta_{r,max}$ ($\theta_{r,max} = 0.2\%$,0.4% 和 1.0%),进行了地震易损性分析。$\ln(\theta_{r,max})$ — $\ln[S_a(T_1,5\%)]$ 的线性回归和基于四种结构的 $\theta_{r,max}$ 的地震易损性曲线如图 4-32、图 4-33 所示。可以看到,基于 θ_{max} 和 $\theta_{r,max}$ 的易损性分析存在显著差异。如图 4-33 所示,SCPC-Bare 框架在所有极限状态下的超越概率最低。在每个极限状态下,随着填充墙强度的增加,超越概率随之增加。这表明填充墙的存在显著降低了结构修复的可能性。随着填充墙强度的增加,SCPC-IW 框架被修复的可能性逐渐降低。

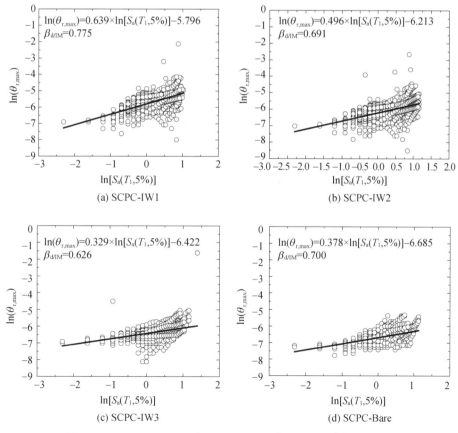

图 4-32 用于近似 $\boldsymbol{\beta}_{d/\mathrm{IM}}$ 的 $\ln(\boldsymbol{\theta}_{r,\,max})$ — $\ln[\boldsymbol{S}_a(\boldsymbol{T}_1,5\%)]$ 线性回归

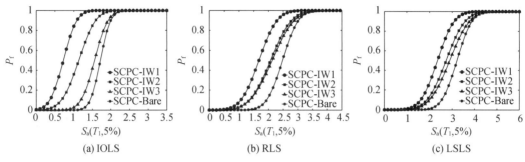

图 4-33　基于 $\theta_{r,\max}$ 的易损性曲线

　　为了对易损性曲线进行定量分析，表 4-11 列出了基于 $\theta_{\max}$ 的易损性结果的中值 (S_d)，对应于极轻、轻、中等极限状态的顺序是 SCPC-IW1 > SCPC-IW2 > SCPC-IW3 > SCPC-Bare；而对于严重损伤状态，顺序是 SCPC-IW2 > SCPC-IW1 > SCPCIW3 > SCPC-Bare。SCPC-IW1 框架具有最高强度的填充墙，与 SCPC-IW2 框架相比 S_d 的值较低。基于 $\theta_{r,\max}$ 的易损性结果的中值 (S_d) 如表 4-12 所示，对于三种极限状态，顺序是 SCPC-Bare > SCPC-IW3 > SCPC-IW2 > SCPC-IW1。

表 4-11　基于 $\theta_{\max}$ 的易损性结果的中值 (S_d)

建筑类型	极限状态			
	极轻	轻度	中等	严重
SCPC-IW1	$0.308g$	$0.572g$	$1.29g$	$2.42g$
SCPC-IW2	$0.217g$	$0.449g$	$1.11g$	$2.63g$
SCPC-IW3	$0.191g$	$0.341g$	$0.97g$	$2.24g$
SCPC-Bare	$0.172g$	$0.315g$	$0.90g$	$1.88g$

表 4-12　基于 $\theta_{r,\max}$ 的易损性结果的中值 (S_d)

建筑类型	极限状态		
	IOLS	RLS	LSLS
SCPC-IW1	$0.72g$	$1.68g$	$2.35g$
SCPC-IW2	$1.13g$	$2.07g$	$2.73g$
SCPC-IW3	$1.56g$	$2.13g$	$2.89g$
SCPC-Bare	$1.71g$	$2.48g$	$3.21g$

　　从基于 $\theta_{\max}$ 的易损性分析来看，SCPC-IW1、SCPC-IW2 和 SCPC-IW3 框架比 SCPC-Bare 框架抗震性能更好，SCPC-IW1 框架的抗震性能不如 SCPC-IW2 框架。从基于 $\theta_{r,\max}$ 的易损性分析来看，SCPC-IW1、SCPC-IW2 和 SCPC-IW3 框架的表现明显比 SCPC-Bare

框架差。随着填充墙强度的增加，SCPC-IW 框架的自复位能力逐渐降低。研究结果表明，填充墙的布置可以降低结构损伤的超越概率，但增加了 SCPC 框架的残余变形。只有当填充墙的载荷范围为腹板摩擦力的 37%～79%时，SCPC-IW 框架才能够实现自复位能力与结构损坏之间的良好平衡。

4.8　本章小结

本章首先介绍了装配式摩擦耗能框架的构造与机理，接着通过摩擦耗能器性能试验，验证了 NAO 摩擦材料的稳定性能。之后运用数值模拟研究了填充墙对 SCPC 框架在地震作用下的影响，进行了静力分析、动力分析、IDA 分析和易损性分析。根据分析结果，可以得出以下结论：

（1）填充墙的布置不仅可以增强结构刚度，还可以提高 SCPC 框架的耗能能力。但填充墙的存在会导致 SCPC-IW 框架的自复位能力降低，柱的轴向压比增大。当填充墙的承载能力为摩擦力的 37%～79%时，SCPC-IW 框架在强度、刚度、耗能和自复位能力等方面实现了良好的平衡。

（2）结构的地震响应分析表明，SCPC-IW 框架在 DBE 和 MCE 水准下的最大层间位移角显著降低。但随着填充墙强度的增大，最大残余层间位移角增加，且框架的最大层间位移角几乎超过了极限状态的值，甚至超过了 MCE 水准下可修复极限状态的值。

（3）基于最大层间位移的易损性分析表明，SCPC-IW 框架优于 SCPC-Bare 框架。基于最大残余层间位移比的易损性分析表明，SCPC-IW 框架在震后自复位能力降低。因此，在 SCPC-IW 框架的设计中，填充墙的载荷能力和腹板摩擦力应控制在合理的范围内，以保证结构在震后可修复。

（4）满布填充墙的 SCPC-IW 框架的抗倒塌能力大于 SCPC-Bare 框架。然而填充墙强度的增加与其抗塌陷能力不成正相关。SCPC 框架中高强度的填充墙，会导致不经济性，且结构的抗倒塌能力可能降低。

本章参考文献

［1］黄林杰，周臻，田会文，等. 可更换顶底摩擦耗能器的自复位预制混凝土梁柱节点装置：201810337352.4［P］.2018-10-09

［2］黄林杰，周臻，刘濠，等. 一种带暗牛腿-摩擦耗能的自定心预制混凝土梁柱节点装置：201810337521.4［P］. 2018-10-12

［3］SONG L L, GUO T, CHEN C. Experimental and numerical study of a self-centering pre-stressed concrete moment resisting frame connection with bolted web friction devices［J］. Earthquake Engineering & Structural Dynamics，2014，43(4):529-545

［4］黄小刚，周臻，蔡小宁.基于 NAO 材料的摩擦耗能器低周反复试验［J］. 东南大学学报（自然科学版），2016，46(5):1076-1081

［5］黄林杰,周臻.带填充墙自复位预应力混凝土框架结构的抗震性能分析［J］.工程力学,
2018,35(10):162-171

［6］KUNNATH S, HEO Y A, MOHLE J F. Nonlinear uniaxial material model for reinfor-
cing steel bars［J］. Journal of Structural Engineering, 2009, 135(4):335-343

［7］MAZZONI S, MCKENNA F. OpenSees command language manual, version 2.1.0［Z］.
Pacific earthquake engineering research center, 2009

［8］LANDI L, TARDINI A, DIOTALLEVI P P. A procedure for the displacement-based
seismic assessment of infilled RC frames［J］. Journal of Earthquake Engineering, 2016,
20(7):27

［9］FEMA. Prestandard and commentary for the seismic rehabilitation of building［M］. Wash-
ington, D C: FEMA, 2000

［10］TAWFIK S A, KOTP M R, ELZANATY A H. Effect of infill wall on the ductility and
behavior of high strength reinforced concrete frames［J］. HBRC Journal, 2014, 10(3):
258-264

［11］MORFIDIS K, KOSTINAKIS K. The role of masonry infills on the damage response of
R/C buildings subjected to seismic sequences［J］. Engineering Structures, 2017, 131:
459-476

［12］WANG D, WANG Z, SMITH S T, et al. Seismic performance of CFRP-confined circular
high-strength concrete columns with high axial compression ratio［J］. Construction and
Building Materials, 2017(134):91-103

［13］ASCE 7-05. Minimum design loads for buildings and other structures［M］. American So-
ciety of Civil Engineers. Virginia: Reston, 2005

［14］KAM W Y, PAMPANIN S, PALERMO A, et al. Self-centering structural systems with
combination of hysteretic and viscous energy dissipations［J］. Earthquake Engineering and
Structural Dynaics, 2010,39(10):1083-1108

［15］HUANG L J, ZHOU Z, ZHANG Z, et al. Seismic performance and fragility analyses of
self-centering prestressed concrete frames with infill walls［J］. Journal of Earthquake En-
gineering, 2018:1-31

［16］FEMA. HAZUS-MH MR4 technical manual, earthquake model［M］. Washington, D C:
Federal Emergency Management Agency, 2003

［17］JAMNANI H H, ABDOLLAHZADEH G, FAGHIHMALEKI H. Seismic fragility anal-
ysis of improved RC frames using different types of bracing［J］. Journal of Engineering
Science and Technology, 2017, 12(4): 913-934

［18］CELIK O C, ELLINGWOOD B R. Seismic risk assessment of gravity load designed rein-
forced concrete frames subjected to Mid-America ground motions［J］. Journal of
Structural Engineering, 2009, 135(4):414-424

［19］CELIK O C, ELLINGWOOD B R. Seismic fragilities for non-ductile reinforced concrete frames：Role of aleatoric and epistemic uncertainties[J]. Structural Safety，2010，32(1)：1-12

[20] JEON J S，DESROCHES R，BRILAKIS I，et al. Modeling and fragility analysis of non-ductile reinforced concrete buildings in low-to-moderate seismic zones[C]. Structures Congress，2012

[21] 韩建平,黄林杰.新旧规范设计RC框架地震易损性分析及抗整体性倒塌能力评估[J].建筑结构学报,2015,36(2):99-106

第5章

现浇主框架-装配式次框架结构

5.1 引言

主次结构体系是一种新型结构体系,适应了超高层建筑的特点和发展趋势。结构传力清晰,主框架承受全部的竖向荷载和侧向荷载,次框架承担小部分侧向荷载并将竖向荷载传递给主框架,主次框架受力分工明确[1],其结构布置形式合理。主次框架结构的施工顺序有别于普通的框架结构,可先施工主框架结构,再施工次框架结构。由于这种特殊的施工顺序,能够大大地缩短工期。如果能实现次结构的预制装配,那么这种主次框架结构体系即将是一种适合预制装配式建筑迅速发展的结构体系,能够实现住宅产业化和建筑工业化的需求。目前我国正在大力推进预制装配式建筑,其具有提高生产效率、缩短工期、提高建筑质量、便于管理、利于环保等优点[2-4],但是预制装配式结构存在的问题是在高烈度区的预制装配很难实现。传统装配式混凝土结构应用于 8 度区存在由于抗震需求过高引起的设计、施工方面的种种困难,造成装配式混凝土结构成本低、施工快、绿色环保等优势难以体现,且存在抗震安全隐患[5-10]。

因此,本章针对地震高烈度区装配式钢筋混凝土结构的设计施工难题,结合消能减震技术,研究现浇主框架-预制装配次框架结构体系,采用减隔震技术降低装配式次框架的抗震需求,提升整体结构的耗能能力,保护结构的地震安全性。

5.2 基于耗能铰节点的主次框架结构体系

主次框架的内力分布有显著的二级受力特征,主框架既要承担自身的荷载还要承担次框架传递的荷载,因此主框架梁柱内力远大于次框架梁柱内力。在地震作用下巨型框架的屈服机制是:次框架梁、次框架柱、巨型梁、巨型柱先后屈服[11],罕遇地震作用下次框架损伤严重。为实现高烈度区巨型框架-次框架结构的预制装配,必须降低次框架结构构件的地震损伤和延性需求。

本节采用可装配的往复弯曲耗能的铰节点[12],实现主框架和次框架的装配化连接,并偏心设置防屈曲支撑提高耗能铰节点的转动能力,使得结构的塑形耗能集中在铰节点,保护次框架处于弹性或轻微损伤阶段,通过弹塑性时程分析研究该结构体系损伤和耗能

分布,并进行耗能铰节点的参数化分析,给出基于耗能铰节点的巨型框架结构的设计
思路。

5.2.1　主次框架连接耗能铰节点

在次框梁和与次框架梁连接的巨型
柱内各预埋一个钢铰,钢铰通过销轴进行
连接,钢铰四周用两个槽型钢板进行螺栓
连接。销轴承担竖向荷载,槽型钢板提供
抗弯能力,并将耗能集中在钢板上。对节
点的设计即对销轴和四周槽型钢板的抗
转动能力进行设计。耗能铰节点的连接
如图 5-1 所示。

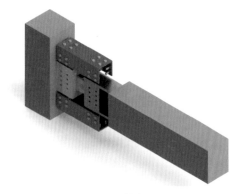

图 5-1　耗能铰节点连接

该体系中次框架梁与主框架柱的连
接采用耗能铰节点连接,其余次框架梁柱
的连接考虑为等同现浇。本节具体介绍
耗能铰节点的本构和参数设置,耗能铰节点的销轴主要承担剪力,弯矩由四周的槽型盖板
承担,设计时考虑销轴的抗剪能力是足够的,仅对槽型盖板的抗弯能力进行设计。

槽型盖板的弯矩-曲率关系基于单向均匀受压薄板屈曲理论进行计算,假设板的四边
为简支,耗能铰节点上下两块槽型盖板选用 Q235 钢材,组合成闭合的箱型截面。耗能铰
节点的设计可以根据次框架梁截面尺寸初步选定槽型盖板的截面尺寸,然后根据式
(5-1)计算腹板局部相关屈曲系数,根据式(5-2)计算临界屈曲应力,根据式(5-3)计算槽
型盖板的屈曲弯矩和屈曲曲率

$$\chi_{\mathrm{w}} = \frac{1}{k}\left[\frac{2}{\sqrt{1+15\,(b/h)^3}} + \frac{2+4.8b/h}{1+15\,(b/h)^3}\right] \tag{5-1}$$

$$\sigma_{\mathrm{cr}} = \frac{\chi_{\mathrm{w}}k\pi^2 E}{12(1-\upsilon)\,(b/t)^2} \tag{5-2}$$

$$M_{\mathrm{y}} = \frac{\sigma_{\mathrm{cr}}I}{b}, \theta_{\mathrm{y}} = \frac{M_{\mathrm{y}}}{EI} \tag{5-3}$$

式中:k 为屈曲系数,可取 4;χ_{w} 为局部相关屈曲系数;E 为钢材的弹性模量;υ 为钢材的
泊松比。

5.2.2　主次框架结构的算例模型

主框架柱和次框架梁通过装配式耗能铰节点连接,采用防屈曲偏心支撑,一方面提高
结构的抗震性能,另一方面将变形集中到耗能铰节点,降低内部次框架结构的地震损伤。
耗能铰节点结构的次框架进行预制装配,其中次框架梁与巨型柱的连接采用装配式耗能
铰节点连接,其余次框架梁柱的预制装配等同现浇。为了研究耗能铰节点结构的抗震性

能,与无支撑结构、钢支撑结构和 BRB 结构对比分析,其主次框架均是现浇,如图 5-2 所示。

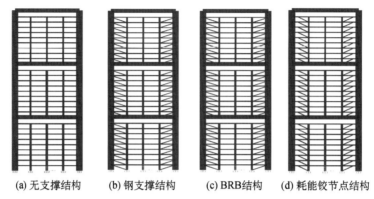

(a) 无支撑结构　　(b) 钢支撑结构　　(c) BRB结构　　(d) 耗能铰节点结构

图 5-2　算例结构模型

算例结构为 30 层的超高层钢筋混凝土巨型框架结构,高度为 123 m,普通层高 4 m,巨型梁层高 5 m,结构平面尺寸为 31.2 m×31.2 m,每边 4 跨,高宽比为 3.9,钢筋混凝土巨型柱位于结构平面的四个角上。根据现行《建筑抗震设计规范》(GB 50011—2010),地震设防烈度 8 度,地震设计基本加速度为 0.20g,Ⅱ类场地土,设计地震分组为第一组,框架抗震等级为一级。次框架柱在巨型梁下层断开,形成一个大开间楼层,结构底部与基础进行固接,巨型梁、巨型柱进行刚接。巨型梁分别在第 10 层、第 20 层、第 30 层布置。主框架采用 C60 级混凝土,主框架结构共 3 个巨型层,每层 41 m,分别是第 1~10 层、第 11~20 层、第 21~30 层,次框架层高 4 m,巨型梁层层高为 5 m,次框架柱柱距为 7.8 m,次框架均采用 C40 级混凝土,主次框架结构构件参数见表 5-1。

表 5-1　构件参数表

结构构件		尺寸(mm×mm)	钢筋型号
主框架	柱	3 000×3 000	HRB400
	主梁	3 000×1 500	
	次梁	3 000×1 500	
次框架	板	200	
	柱	900×900	
	梁	600×300	
	板	100	

采用 Perform-3D 有限元分析软件对钢筋混凝土主次框架进行弹塑性动力时程分析。梁柱单元采用塑性铰模型,用 XTRACT 截面计算软件,计算钢筋混凝土构件截面弯矩-曲率关系曲线和轴力-弯矩关系曲线。梁柱单元由弹性区域和塑性区域构成,柱单元考虑 P-Δ 效应。楼板考虑为刚性楼板,平面内刚度无限大。钢支撑的抗侧刚度取本层次

框架柱抗侧刚度的 2.4 倍,BRB 结构和耗能铰节点结构的 BRB 采用与钢支撑等抗侧刚度设计原则,为了使耗能铰节点结构中的 BRB 首先屈服,支撑的屈服轴力为 BRB 支撑屈服轴力的 0.6 倍。钢支撑结构、BRB 结构和耗能铰结构的基本周期相同,支撑单元本构关系如图 5-3 所示。

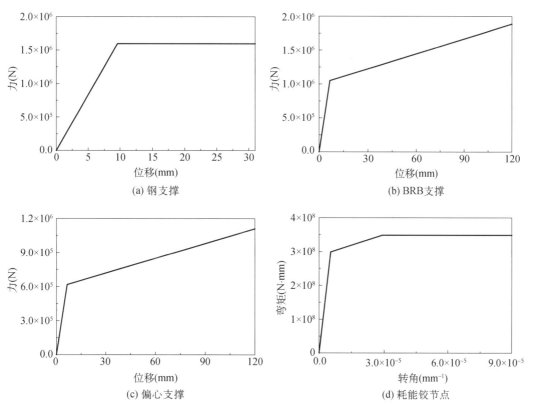

图 5-3　Perfrom-3D 中支撑单元本构关系

选取的地震动记录的加速度时程曲线如图 5-4 所示。

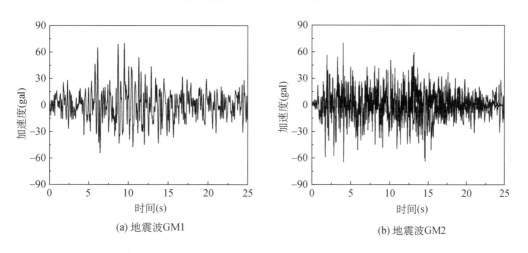

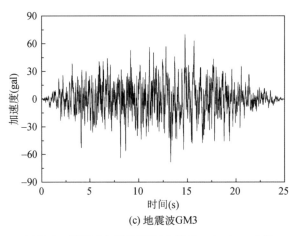

(c) 地震波GM3

图 5-4 地震动加速度时程曲线（1 gal＝1 cm/s²）

5.2.3 无支撑结构构件屈服状态和结构耗能分布

本节研究钢筋混凝土主次框架结构构件的屈服状态和结构的耗能分布，分析结构在小震、中震、大震和超大震作用下，次框架梁端弯矩-曲率塑性铰的时程包络值、主次框架的延性需求和主次框架的耗能百分比。

当结构的层间位移角最大时，视为该层次框架梁端受到的弯矩和梁端塑性铰的变形最大，即分析第 15 层与主框架柱相连次框架梁端的塑性铰如图 5-5(a)所示，主框架柱非连接的次框架梁端的塑性铰如图 5-5(b)所示，由图可见次框架梁端的屈服程度并不严重，超大震作用下延性系数均小于 3，与主框架柱非连接的次框架梁端相比，和主框架柱相连的次框架梁端屈服较轻。

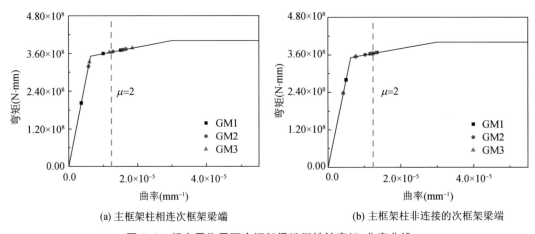

(a) 主框架柱相连次框架梁端   (b) 主框架柱非连接的次框架梁端

图 5-5 超大震作用下次框架梁端塑性铰弯矩-曲率曲线

为了分析次框架梁的屈服数量，统计分析梁端塑性铰延性系数大于 2（即 $\mu > 2$，图 5-5 的黄色直线）的结果，次框架梁在大震和超大震作用下达到 $\mu > 2$ 的数量百分比见表 5-2。

表 5-2 次框架梁 $\mu > 2$ 的数量百分比

延性系数	PGA	GM1	GM2	GM3	平均值
$\mu > 2$	400 gal	82.41%	77.96%	84.63%	81.67%
	510 gal	92.04%	87.04%	94.63%	91.23%

由表 5-2 可知,次框架梁 $\mu > 2$ 的数量百分比在大震和超大震下分别达到了 81.67% 和 91.23%,次框架梁大量屈服。与主框架柱连接的次框架梁和非连接的次框架梁的耗能占该榀次框架梁总耗能的百分比,见表 5-3 和表 5-4。

表 5-3 PGA=400 gal 时,次框架梁耗能百分比

次框架梁与 主框架柱关系	GM1	GM2	GM3	平均值
连接	32.61%	31.51%	34.14%	32.75%
非连接	67.39%	68.49%	65.86%	67.25%

表 5-4 PGA=510 gal 时,次框架梁耗能百分比

次框架梁与 主框架柱关系	GM1	GM2	GM3	平均值
连接	34.36%	33.52%	35.15%	34.34%
非连接	65.64%	66.48%	64.85%	65.66%

由表 5-3 和表 5-4 可知,大震和超大震作用下,与主框架柱连接的次框架梁的耗能小于非连接的次框架梁,内部次框架梁的损伤较严重。

主、次框架在中震时开始进入塑性,在中震、大震和超大震作用下,主框架和次框架的耗能百分比见表 5-5、表 5-6 和表 5-7。

表 5-5 PGA=220 gal 时,主、次框架结构耗能百分比

结构	GM1	GM2	GM3	平均值
次框架	91.97%	89.83%	93.04%	91.62%
主框架	8.03%	10.17%	6.96%	8.38%

表 5-6 PGA=400 gal 时,主、次框架结构耗能百分比

结构	GM1	GM2	GM3	平均值
次框架	88.28%	87.56%	89.74%	88.53%
主框架	11.72%	12.44%	10.26%	11.47%

表 5-7 PGA=510 gal 时,主、次框架结构耗能百分比

结构	GM1	GM2	GM3	平均值
次框架	82.46%	83.52%	83.13%	83.04%
主框架	17.54%	16.48%	16.87%	16.96%

由此可知，在中震、大震和超大震作用下，次框架结构的耗能百分比分别为91.62%、88.53%和83.04%，次框架结构是该体系的主要耗能构件，随着地震动峰值的增加，主框架的耗能百分比也增加，但次框架结构构件仍是主要的耗能构件，可见地震作用下次框架结构的损伤十分严重，这与次框架梁$\mu>2$屈服数量百分比的分析结果一致。

5.2.4 基于耗能铰的巨型框架结构减震性能

以下是耗能铰结构与无支撑结构、钢支撑结构和BRB结构在地震波GM1作用下延性系数$\mu=2$时的屈服极限状态，四种结构的屈服情况，如图5-6至图5-8所示。

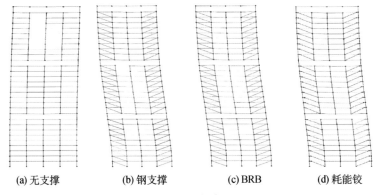

(a) 无支撑   (b) 钢支撑   (c) BRB   (d) 耗能铰

图5-6 结构的屈服极限状态（PGA=220 gal）

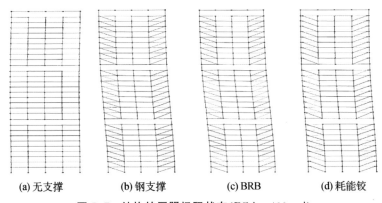

(a) 无支撑   (b) 钢支撑   (c) BRB   (d) 耗能铰

图5-7 结构的屈服极限状态（PGA=400 gal）

由图5-6至图5-8可知，中震作用下，无支撑结构第二巨型层的部分次框架梁和底层次框架柱开始屈服，钢支撑结构、BRB结构和耗能铰节点结构的次框架梁均未出现屈服，第二巨型层的底层次框架柱出现屈服；大震作用下，无支撑结构的次框架梁大量屈服，第三巨型层的次框架柱开始屈服，钢支撑结构、BRB结构和耗能铰节点结构的次框架梁逐渐开始屈服，耗能铰节点结构的非耗能梁段基本没有屈服；超大震作用下，无支撑结构的次框架梁基本全部屈服，钢支撑结构和BRB结构的次框架梁大量屈服，耗能铰节点结构除非耗能梁段以外的次框架梁也大量屈服。由此可见，次框架支撑能够将耗能集中在支

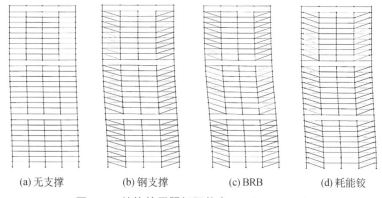

(a) 无支撑　　(b) 钢支撑　　(c) BRB　　(d) 耗能铰

图 5-8　结构的屈服极限状态（PGA＝510 gal）

撑上,有效地减小次框架梁柱在地震作用下的屈服程度,其中耗能铰节点结构将耗能集中在耗能铰节点和偏心支撑上,更大限度上减小了次框架结构在地震作用下的屈服。

为了分析次框架梁柱的屈服情况,在图 5-9 至图 5-11 中单独列出了次框架构件在中

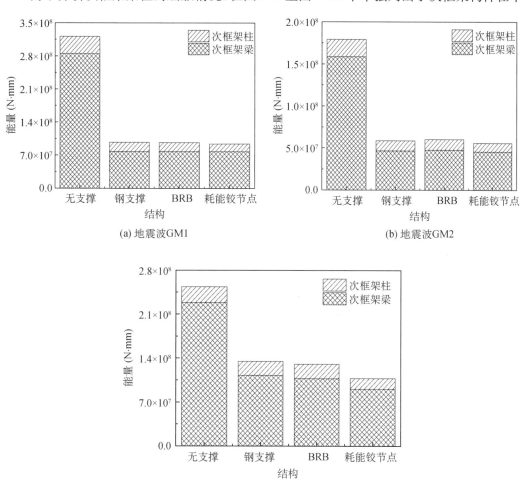

(a) 地震波GM1　　　　　　　　(b) 地震波GM2

(c) 地震波GM3

图 5-9　结构的次框架耗能比较（PGA＝220 gal）

震、大震和超大震下的耗能水平,以便比较次框架梁和次框架柱在地震作用下的屈服情况。

由图5-9至图5-11可知,与无支撑结构相比,钢支撑结构、BRB结构和耗能铰节点结构设置的次框架支撑均有效地减小了次框架结构的耗能,特别是次框架梁的耗能。其中耗能铰节点能够有效地减小非耗能梁段的屈服程度,耗能集中在耗能梁铰节点和偏心BRB,大部分构件处于弹性阶段;随着地震PGA的增大,钢支撑结构和BRB结构的次框架柱耗能大于无支撑结构和耗能铰节点结构,这是由于钢支撑和BRB的直接传力作用,将主框架的部分力传递到次框架柱中,从而增加了次框架柱的耗能,但偏心支撑没有直接与主框架柱连接,支撑的传力作用不明显,因此耗能铰节点结构的次框架柱耗能是最小的。由此可见,次框架结构在地震作用下的耗能控制效果为:耗能铰节点结构>BRB结构>钢支撑结构。

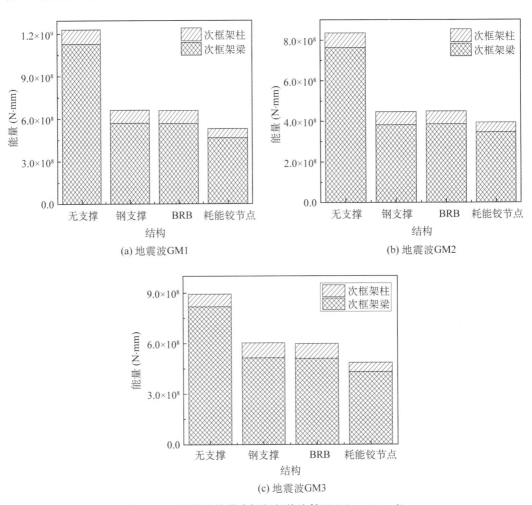

(a) 地震波GM1　　　　(b) 地震波GM2

(c) 地震波GM3

图5-10　四种结构的次框架耗能比较(PGA=400 gal)

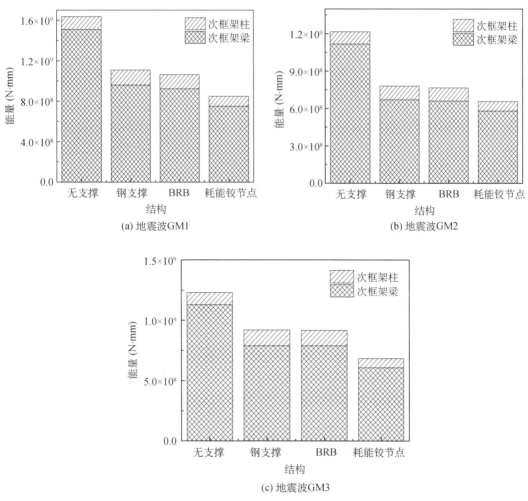

图 5-11　四种结构的次框架耗能比较（PGA＝510 gal）

表 5-8 和表 5-9 给出了大震和超大震作用下的次框架梁曲率延性系数 $\mu > 2$ 的数量百分比,由表可知,大震作用下,钢支撑结构、BRB 结构和耗能铰节点结构的次框架梁 $\mu > 2$ 的数量百分比控制效果分别为 54.49%、58.43% 和 62.36%;超大震作用下,钢支撑结构、BRB 结构和耗能铰节点结构的次框架梁 $\mu > 2$ 的数量百分比控制效果分别为 29.61%、32.62% 和 43.35%。由此可见,随着地震 PGA 的增加,支撑对次框架梁 $\mu > 2$ 的数量百分比的控制效果逐渐减小,其中控制效果为:耗能铰节点结构＞BRB 结构＞钢支撑结构。

表 5-8　PGA＝400 gal 时,次框架梁 $\mu > 2$ 的数量百分比

延性系数	结构	GM1	GM2	GM3	平均值	控制效果
$\mu > 2$	无支撑	62.04%	40.74%	62.04%	54.94%	—
	钢支撑	29.63%	12.04%	33.33%	25.00%	54.49%
	BRB	27.78%	11.11%	29.63%	22.84%	58.43%
	耗能铰	25.93%	9.26%	26.85%	20.68%	62.36%

表 5-9　PGA＝510 gal 时，次框架梁 μ＞2 的数量百分比

延性系数	结构	GM1	GM2	GM3	平均值	控制效果
μ＞2	无支撑	72.22％	69.44％	74.07％	71.91％	—
	钢支撑	50.00％	44.44％	57.41％	50.62％	29.61％
	BRB	48.15％	43.52％	53.70％	48.46％	32.62％
	耗能铰	42.59％	36.11％	43.52％	40.74％	43.35％

5.2.5　耗能铰节点参数分析

由上节的分析结果可知，耗能铰节点结构对于减小次框架结构在地震作用下的屈服程度上效果明显，本节考虑耗能铰节点和偏心 BRB 支撑的本构匹配关系，深入研究耗能铰节点对减小次框架屈服程度的影响。通过合理的设计耗能铰节点的参数弯矩-曲率（M-φ）曲线和偏心 BRB 支撑的本构，试图找到更优的耗能铰节点结构，从而大幅度减小次框架结构在地震作用下的屈服程度，降低次框架结构的设计标准，实现巨型框架次框架结构在高烈度区域的预制装配。为了清楚偏心 BRB 支撑在耗能上起的作用，本节增加了弹性支撑耗能铰节点结构，将 5.2.4 节耗能铰节点结构中的偏心 BRB 支撑用弹性支撑代替，其余参数保持不变，弹性支撑按照等抗侧刚度的原则进行设计，选用 Perform-3D 中的 elastic bar 单元，该构件不参与结构耗能。

在 5.2.4 节耗能铰节点结构的基础上，改变耗能铰节点的 M-φ 曲线和偏心 BRB 支撑的本构，本节新设计了五种相对薄弱的耗能铰节点结构（$1.0M_y$、$0.9M_y$、$0.8M_y$、$0.7M_y$、$0.6M_y$），其中 M_y 为次框架梁端屈服弯矩，按比例减小耗能铰节点 M-φ 曲线中的屈服弯矩 M_y 和极限弯矩 M_u，并保持初始刚度 K_0 和屈服后刚度 K_H 不变；BRB 本构中的屈服力 F_y 也依次减小，K_0 保持不变，图 5-12 为耗能铰节点的 M-φ 曲线图和偏心 BRB 支撑的本构关系图。

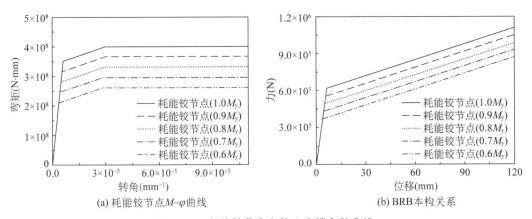

(a) 耗能铰节点 M-φ 曲线　　　　(b) BRB 本构关系

图 5-12　耗能铰节点和偏心支撑参数曲线

为了清楚次框架梁柱在地震作用下的屈服情况,在条形图 5-13～图 5-15 中分别列出了七种结构的次框架梁、柱和耗能铰节点在中震、大震和超大震作用下的耗能值,以便比较次框架梁、柱和耗能铰节点在地震作用下的屈服情况。

由图 5-13～图 5-15 可知,与无支撑结构相比,耗能铰节点结构均有效地减小了次框架结构的耗能,特别是次框架梁的耗能。随着对耗能铰节点 M-φ 曲线参数的削弱,次框架梁柱的耗能也逐渐减小。弹性支撑结构相比无支撑结构的次框架耗能减小效果明显,但弹性支撑的控制效果不如 BRB。随着地震 PGA 的增加,削弱耗能铰节点 M-φ 曲线参数对次框架梁柱耗能的控制效果逐渐减小。由此可见,削弱耗能铰节点 M-φ 曲线的参数,有利于进一步减小次框架梁柱在地震作用下的耗能,其控制效果还有待进一步研究。

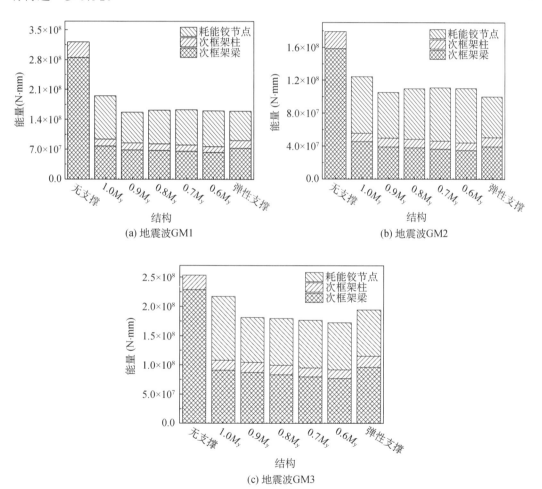

图 5-13　七种结构的次框架耗能条形图(PGA=220 gal)

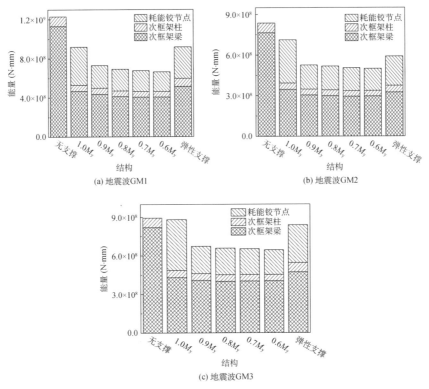

图 5-14　七种结构的次框架耗能条形图（PGA＝400 gal）

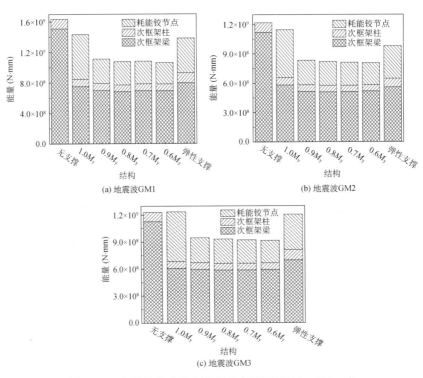

图 5-15　七种结构的次框架耗能条形图（PGA＝510 gal）

表 5-10 和表 5-11 给出了大震和超大震作用下的次框架梁曲率延性系数 $\mu > 2$ 的数量百分比,由表可知,大震作用下,随着耗能铰节点 $M\text{-}\varphi$ 曲线的削弱,次框架梁 $\mu > 2$ 的数量百分比减小,控制效果为 62.36%～66.58%,弹性支撑结构的次框架梁 $\mu > 2$ 的数量百分比控制效果为 50.0%;超大震作用下,随着耗能铰节点 $M\text{-}\varphi$ 曲线的削弱,次框架梁 $\mu > 2$ 的数量百分比减小,控制效果为 43.35%～47.21%,弹性支撑结构的次框架梁 $\mu > 2$ 的数量百分比控制效果为 39.06%。由此可见,随着地震 PGA 的增加,削弱耗能铰节点的 $M\text{-}\varphi$ 曲线对次框架梁 $\mu > 2$ 的数量百分比的控制效果逐渐减小,耗能铰节点($0.6M_y$)结构的控制效果始终最好,弹性支撑结构的控制效果不如耗能铰节点结构,可见 BRB 的耗能作用是显著的。

表 5-10 PGA＝400 gal 时,次框架梁 $\mu > 2$ 的数量百分比

延性系数	结构	GM1	GM2	GM3	平均值	控制效果
$\mu > 2$	无支撑	62.04%	40.74%	62.04%	54.94%	—
	$1.0M_y$	25.93%	9.26%	26.85%	20.68%	62.36%
	$0.9M_y$	22.22%	9.26%	26.85%	19.44%	64.61%
	$0.8M_y$	21.30%	9.26%	26.85%	19.14%	65.17%
	$0.7M_y$	21.30%	9.26%	25.93%	18.83%	65.73%
	$0.6M_y$	20.37%	8.33%	25.93%	18.21%	66.85%
	弹性支撑	35.19%	10.19%	37.04%	27.47%	50.00%

表 5-11 PGA＝510 gal 时,次框架梁 $\mu > 2$ 的数量百分比

延性系数	结构	GM1	GM2	GM3	平均值	控制效果
$\mu > 2$	无支撑	72.22%	69.44%	74.07%	71.91%	—
	$1.0M_y$	42.59%	36.11%	43.52%	40.74%	43.35%
	$0.9M_y$	42.59%	35.19%	43.52%	40.43%	43.78%
	$0.8M_y$	40.74%	34.26%	43.52%	39.51%	45.06%
	$0.7M_y$	38.89%	34.26%	43.52%	38.89%	45.92%
	$0.6M_y$	37.96%	33.33%	42.59%	37.96%	47.21%
	弹性支撑	44.44%	41.67%	45.37%	43.83%	39.06%

综上,在大震和超大震下,耗能铰节点结构最大层间位移角减小约 26%,中等损伤次框架梁数量减小约 62% 和 43%,耗能铰节点能够有效地减小次框架的地震损伤,当耗能铰节点的屈服弯矩是次框架梁端屈服弯矩的 0.6 倍时,结构的控制效果最好,易于实现次框架的预制装配。

5.3 现浇主框架-预制装配调谐隔震次框架体系

主次框架结构由于主框架为主要的抗侧力体系,改变主次框架连接方式对整体框架

结构的内力分布、变形等结构性能影响并不大,与主框架柱铰接连接的次框架梁的内力反而降低。而且基于耗能铰节点的主次框架结构体系抗震性能研究表明,耗能铰节点可以降低次框架的损伤程度,但是不能避免次框架的损伤,这是由于次框架与主框架的侧向变形协调导致的。在此基础上进一步探究改变次框架与主框架的侧向变形协调条件的结构体系,提出了通过滑板牛腿和可调液体阻尼器连接主框架和次框架梁的结构体系,调节次框架与主框架的侧向变形关系。

现浇主框架-预制装配调谐隔震次框架体系将次框架底层柱与主框架楼板通过隔震支座连接,形成调谐次框架结构;主框架柱通过牛腿和滑板支座与次框架边梁连接,并在牛腿与次框架梁之间附设粘滞阻尼器,在主框架柱上设置防碰撞装置,可以实现在高烈度地区超高层结构的预制装配,如图 5-16 所示。

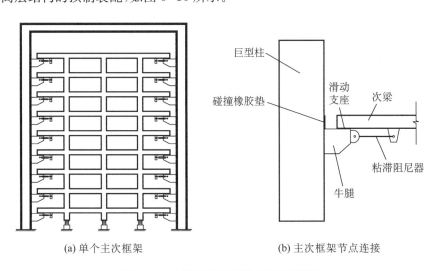

(a) 单个主次框架　　　　　　(b) 主次框架节点连接

图 5-16　调谐隔震次框架体系示意图

5.3.1　次框架隔震巨型框架简化计算模型

次框架隔震巨型框架的简化计算模型如图 5-17 所示。隔震后上部次框架基本发生整体平动,故可简化为单自由度,而底部次框架由于与主框架完全隔离而与主框架无任何相互作用,即为一个单独的多层框架隔震系统,故在简化计算模型中,不考虑底部次框架的影响。主框架由于梁柱尺寸较大,刚度较大,基本只发生平移运动,故可采用层间剪切计算模型。两端铰接连接主框架层等效质点的杆相当于主框架的楼面。

现浇主框架-隔震调谐次框架的运动方程为:

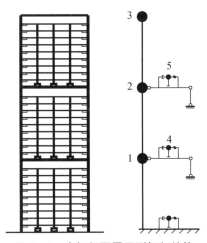

图 5-17　次框架隔震巨型框架结构简化计算模型图

$$[M]\{\ddot{X}\} + [C]\{\dot{X}\} + [K]\{X\} = -[M]\{I\}\ddot{x}_{g} \tag{5-4}$$

式中，$\{X\}$，$\{\dot{X}\}$ 和 $\{\ddot{X}\}$ 分别为主次框架各自由度相对于地面的位移、速度和加速度向量；$[M]$，$[C]$ 和 $[K]$ 分别为体系的质量矩阵、阻尼矩阵和刚度矩阵；$\{I\}$ 为单位为 1 的列向量；$\ddot{x}_{g}$ 为地面运动加速度记录。质量矩阵和刚度矩阵分别由下式给出

$$[M] = \begin{bmatrix} m_{p1} & & & & \\ & m_{p2} & & & \\ & & m_{p3} & & \\ & & & m_{s1} & \\ & & & & m_{s2} \end{bmatrix}$$

$$[K] = \begin{bmatrix} k_{p1}+k_{p2}+k_{s1} & -k_{p2} & 0 & -k_{s1} & 0 \\ -k_{p2} & k_{p2}+k_{p3}+k_{s2} & -k_{p3} & 0 & -k_{s2} \\ 0 & -k_{p3} & k_{p3} & 0 & 0 \\ -k_{s1} & 0 & 0 & k_{s1} & 0 \\ 0 & -k_{s2} & 0 & 0 & k_{s2} \end{bmatrix}$$

主框架结构的阻尼矩阵采用瑞利阻尼，隔震次框架的阻尼根据隔震层阻尼系数确定。

5.3.2 附设阻尼器的主次框架结构减震性能

为了减小巨型框架在地震激励下的响应，保护次框架，本节将首先分析次框架边梁与主框架巨型柱之间的阻尼器连接方式。阻尼器在地震作用下耗能，从而可以达到减少次框架损伤，保护主次框架的作用。图 5-18 和图 5-19 给出了附设阻尼器的主次框架和纯框架结构在地震波 GM1、GM2 和 GM3 的小震和超大震作用下的层间位移角。

由图 5-18 和图 5-19 可知，在小震和超大震作用下，安置粘滞阻尼器的主次框架结构较无阻尼器结构层间位移角明显减小。由于粘滞阻尼器为速度型阻尼器，在小震、中震、大震和超大震作用下均耗散能量，能在各种地震作用下均起到较为明显的减震效果，本节的粘滞阻尼器参数设计是基于超大震设计，故在小震作用下阻尼器未能完全发挥作用，小震、中震、大震和超大震作用下平均减震率分别为 4.85%、10.16%、16.31% 和 13.28%。此外，安置粘滞阻尼器的主次框架结构，无次框架柱的转换层第 10、20 层的上下相邻层层间位移角均明显减小，而转换层的层间位移角则会放大。另外，安置粘滞阻尼器后，主次框架层间位移角最大值出现在第 13 层，相较于无阻尼器的纯框架结构最大层间位移角楼层产生了下移。

表 5-12～表 5-14 给出了两种结构在不同地震波 PGA 强度下的次框架梁屈服数量百分比。粘滞阻尼器在中震、大震和超大震作用下对结构次框架梁构件屈服数量百分比的平均控制效果分别为 80.15%、41.66%、26.33%，可见随着地震作用的不断加大，粘滞阻尼器对次框架梁构件达到屈服的控制效果逐渐减小，这是由于粘滞阻尼器的速度指数

为 0.5,随着地震动峰值的增大,阻尼器的阻尼力增速变缓。

在地震作用下,与次框架柱连接的内部次框架梁先于通过阻尼器与主框架巨型柱连接的次框架梁达到屈服,甚至在超大震作用下,顶部主框架层与阻尼器连接的次框架梁构件仍未达到屈服,充分说明了粘滞阻尼器对次框架构件的保护作用。

随着地震作用的不断增大,中间主框架层不与阻尼器连接的次框架梁与底部主框架层的次框架梁最先达到屈服,顶部主框架层次框架梁稍后屈服。同时安置粘滞阻尼器对不与主框架柱连接的次框架梁的保护作用不如其对与其直接相连的次框架梁的保护作用明显,未能很好控制其达到屈服状态的情况,仍需进一步采取其他耗能减震措施加以保护。

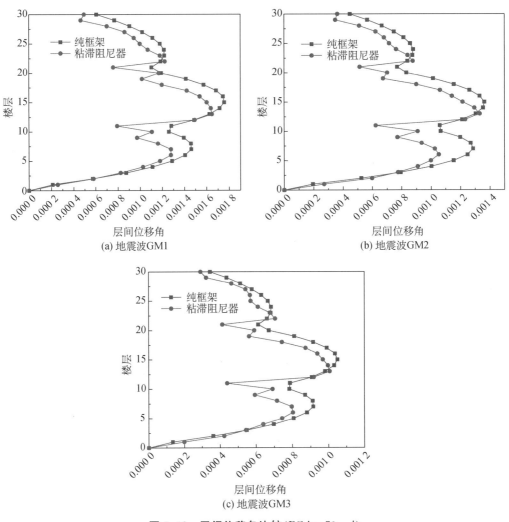

(a) 地震波GM1 (b) 地震波GM2

(c) 地震波GM3

图 5-18 层间位移角比较(PGA=70 gal)

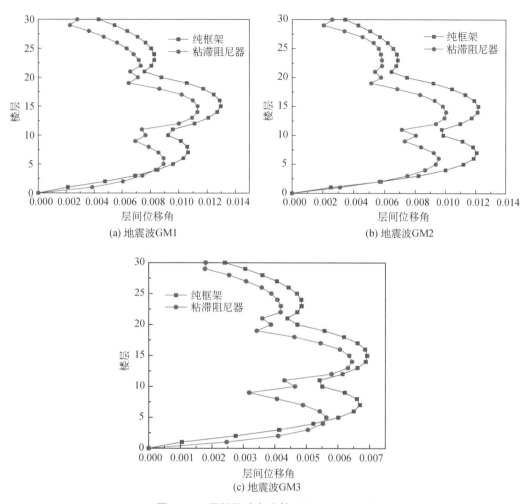

图 5-19　层间位移角比较(PGA=510 gal)

表 5-12　PGA=220 gal 时，次框架梁屈服数量百分比

结构	GM1	GM2	GM3	平均值	控制效果
纯框架	80.02%	76.14%	72.22%	76.13%	—
粘滞阻尼器	17.34%	15.03%	12.97%	15.11%	80.15%

表 5-13　PGA=400 gal 时，次框架梁屈服数量百分比

结构	GM1	GM2	GM3	平均值	控制效果
纯框架	95.36%	94.32%	93.51%	94.40%	—
粘滞阻尼器	59.04%	55.25%	50.93%	55.07%	41.66%

表 5-14　PGA=510 gal 时，次框架梁屈服数量百分比

结构	GM1	GM2	GM3	平均值	控制效果
纯框架	96.75%	95.58%	94.44%	95.60%	—
粘滞阻尼器	73.23%	70.43%	67.59%	70.42%	26.33%

5.3.3 次框架隔震的主次框架结构减震性能

由于底部次框架隔震之后与整体框架分离,相当于一个独立隔震结构,与整体框架之间彼此互不影响。故在本节中只需在底部隔震次框架底部布置合适参数的隔震支座,使其满足相应抗震要求即可。为了方便论述,在本书表达中不予考虑。改变上部隔震次框架的布置位置,可以有三种不同的方案。方案一采用顶层次框架隔震,方案二采用中间层次框架隔震,方案三采用顶层中间层次框架双隔震。分析时仅考虑 X 方向水平的地震动作用,时程分析时模态阻尼取 5%,三种主次框架隔震结构的立面图如图 5-20 所示。

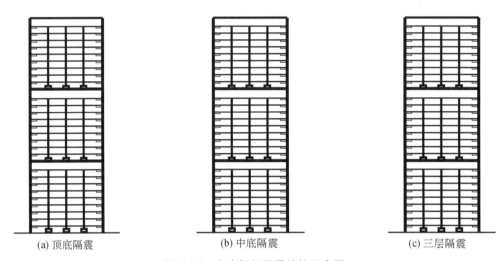

|(a) 顶底隔震|(b) 中底隔震|(c) 三层隔震|

图 5-20 主次框架隔震结构示意图

隔震次框架结构与主结构的调谐比为 0.98,顶层隔震结构的隔震层阻尼比为 0.3,中间层次框架隔震结构的隔震层阻尼比为 0.1。隔震次框架结构的阻尼集中在隔震层。

四种结构在大震作用下的最大层间位移角如图 5-21 所示。由图可知,在大震作用下,次框架隔震结构的最大层间位移角较纯框架结构的最大层间位移角显著减小。顶底次框架隔震结构、中底次框架隔震结构和三层次框架隔震结构的最大层间位移角较纯框架结构分别减小 38.32%、32.93% 和 46.11%,三种结构的减震效果是:三层次框架隔震结构>顶底次框架隔震结构>中底次框架隔震结构。由此可见,次框架隔震能够有效减小主次框架结构的最大层间位移角。

5.4 本章小结

本章基于巨型框架结构中主框架与次框架的两阶受力体系,分别提出了基于耗能铰节点的主次框架结构体系,以及现浇主框架-预制次框架的装配式结构体系,实现了 8 度区装配式框架结构次框架的低抗震需求和弱损伤。

(1)采用可装配的往复弯曲耗能铰节点,实现了主框架柱和次框架的装配化连接,使

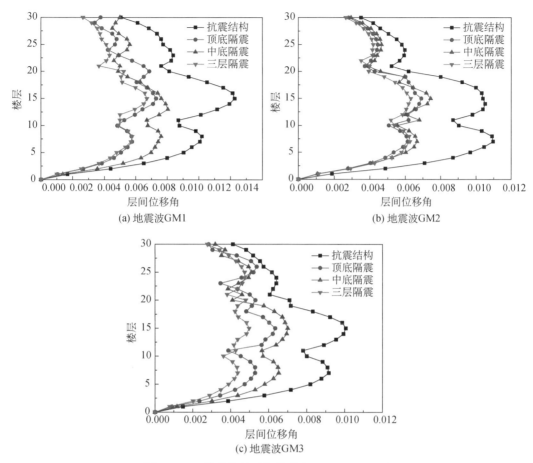

图 5-21　4 种结构的层间位移角（PGA＝400 gal）

得结构的塑形耗能集中在铰节点,保护次框架处于弹性或轻微损伤阶段。通过耗能铰节点的参数化分析,给出了基于耗能铰节点的巨型框架结构的设计思路。研究表明,在大震和超大震作用下,耗能铰节点结构的层间变形减小,中等损伤次框架梁比例减小,有效地减小次框架的地震损伤。

（2）采用滑板牛腿和可调液体阻尼器连接主框架柱和次框架梁,改变次框架与主框架的侧向变形协调关系,显著降低了次框架的损伤程度。同时,采用预制装配调谐隔震框架,将次框架底层柱与主框架楼板通过隔震支座连接,形成调谐次框架结构。研究表明,在大震作用下,次框架隔震能够减小现浇主框架-预制装配次框架结构体系的侧向变形,提高结构体系的抗震性能。

本章参考文献

［1］陈麟,张耀春. 巨型结构体系及发展趋势［J］. 哈尔滨工业大学学报,2003(11):
　　1307-1310

［2］ENGLEKIRK R E. Seismic design of reinforced and precast concrete buildings［M］.

Hoboken，N J：Wiley，Inc，2003

［3］ARDITI D，ERGIN U，GÜNHAN S. Factors affecting the use of precast concrete systems［J］. Journal of Architectural Engineering，2000，6(3)：79-86

［4］CHOI H K，CHOI Y C，CHOI C S. Development and testing of precast concrete beam-to-column connections［J］. Engineering Structures，2013，56(6)：1820-1835

［5］朱张峰，郭正兴. 预制装配式剪力墙结构节点抗震性能试验研究［J］. 土木工程学报，2012(1)：69-76

［6］朱张峰，郭正兴. 装配式混凝土剪力墙结构空间模型抗震性能试验［J］. 工程力学，2015，32(4)：153-159

［7］马军卫，潘金龙，尹万云，等. 全装配式钢筋混凝土框架-剪力墙结构抗震性能试验研究［J］. 建筑结构学报，2017，38(6)：12-22

［8］KORKMAZ H H，TANKUT T. Performance of a precast concrete beam-to-beam connection subject to reversed cyclic loading［J］. Engineering Structures，2005，27(9)：1392-1407

［9］PAMPANIN S，NIGEL M J，SRITHARAN S. Analytical modelling of the seismic behaviour of precast concrete frames designed with ductile connections［J］. Journal of Earthquake Engineering，2001，5(3)：329-367

［10］PEREZ F J，PESSIKI S，SAUSE R，et al. Lateral load tests of unbonded post-tensioned precast concrete walls［J］. Advances in Building Technology，2002，49(2)：423-430

［11］沈宵鹤，欧进萍. 超高层巨型钢框架结构失效模式分析［J］. 东南大学学报（自然科学版），2009(S2)：144-150

［12］王晨. 预制装配梁端钢板耗能铰节点及其弱梁强柱框架抗震性能［D］.哈尔滨:哈尔滨工业大学，2016

第**6**章
装配式摇摆墙结构

6.1　引言

地震灾害通常会对建筑物产生大的破坏,造成巨大的经济损失和社会损失。而传统建筑形式采用延性设计方法,以构件破坏为代价耗散地震能量,多次震害调查发现按照规范精细化设计的建筑往往损伤过大,无法满足修复或继续使用的要求。如何设计出地震中不发生破坏或仅发生可以迅速修复的破坏已成为可持续发展地震工程的重要研究方向之一,因此迫切需要寻找新的结构体系来满足建筑日益增长的抗震需求,而自复位摇摆结构正符合这样的设计理念。

摇摆结构的发现要追溯到 1960 年的智利地震中,有高位水槽结构因基础抬升产生摇摆从而避免结构的破坏,Housner[1] 在 1963 年据此提出摇摆使结构具有更稳定的特性,揭开了摇摆结构研究的序幕。自复位摇摆墙属于典型的摇摆结构,是一种新型的抗震结构体系。

自复位摇摆墙通过放松结构与基础交界面或结构构件交界面约束,让该截面仅能受压不能受拉,在地震作用下发生摇摆,结构本身残余变形小;预应力的施加(或竖向力的施加)使墙体实现自复位,进而减小结构残余变形;摇摆墙体本身不耗能,而墙体的摇摆使一些特定部位在地震作用下有了相对位移,为后续安装耗能元件、增强结构的耗能能力提供了可能。本书的叙述不严格区分有耗能装置的自复位摇摆墙和无耗能装置的自复位摇摆墙。

摇摆墙结构的研究始于 1996 年,Kurama 等[2]提出后张无粘结预应力混凝土墙的分析模型。随后,1999 年,Kurama 等[3]开始系统研究这种墙体的工作性能,该墙体放松了墙与基础之间的约束,通过施加预应力将基础和预制钢筋混凝土墙板连成一个整体,并在墙体底部两侧增设螺旋箍筋以约束该部位的混凝土,在水平荷载作用下墙体绕中轴转动,通过预应力钢绞线实现自复位。这种摇摆墙体在较大的侧向变形下几乎没有破坏,具有良好的自复位能力,表现出良好的抗震性能,如图 6-1 所示。2000 年,Kurama 等[4]基于之前的研究提出改进措施,增加了粘滞阻尼器耗能,研究表明:耗能阻尼的增加有效减小了最大层间位移,阻止了墙体过大的损伤,如图 6-2 所示。2001 年,Kurama[5]又在墙片与墙片之间尝试了摩擦型阻尼器。

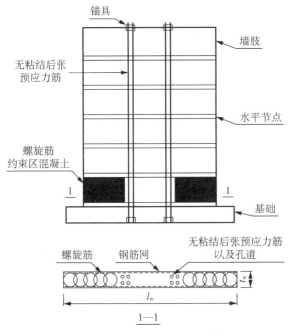

图 6-1 自复位摇摆墙结构[3]

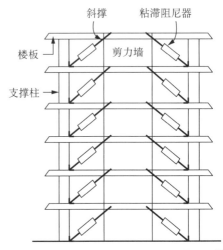

图 6-2 带粘滞阻尼器自复位摇摆墙结构[4]

2002 年,Perez 等[6]在 Kurama 等研究的基础上,设计了一个低周反复实验来与分析结果做对比,实验模型如图 6-3 所示,实验结果如图 6-4 所示。实验表明:这种墙体在低周反复荷载作用下的损坏很小,并可以实现自复位。

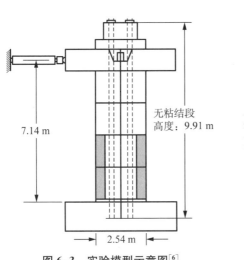

图 6-3 实验模型示意图[6]

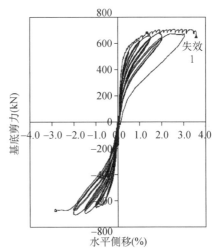

图 6-4 荷载位移曲线[6]

2003 年,Holden 等[7]进行自复位钢筋混凝土摇摆墙和一般的钢筋混凝土剪力墙的拟静力实验,并且在摇摆墙的内部设置了耗能钢筋。实验表明:自复位摇摆墙能有效控制墙体的残余位移,使墙体的损伤远小于一般的剪力墙,耗能钢筋的加入增加了自复位摇摆墙的耗能能力。而后 2007 年,Restrepo 和 Rahman[8]在此基础上进一步设计了三组对照实验,对比了有无耗能钢筋的区别和不同预应力水平的区别。实验表明:耗能钢筋越多耗能能力越好,滞回环越饱满;初始预应力越大,自复位效果越明显。

2004 年,Ajrab 等[9]首先提出摇摆墙框架结构的概念,将摇摆墙与拉索结合,在拉索的底端设置阻尼单元,并用基于性能的设计方法设计分析了一个六层的摇摆墙框架结构。如图 6-5 所示,这种形式的摇摆墙框架既可以减小结构在地震作用下的响应,又可以控制框架的变形模式。

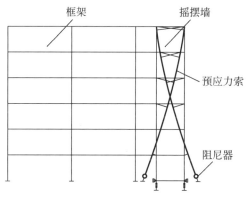

图 6-5　摇摆墙框架结构[9]

2008 年,Marriott 等[10]在振动台上进行了自复位摇摆墙的实验,分别对比了无阻尼、加软钢阻尼、加粘滞阻尼以及这两种耗能元件结合的四种构件,并且将耗能元件设计成可更换,并指出该墙体适用于既有结构和新建结构。

2009 年,Wiebe 和 Christopoulos[11]指出在摇摆墙上设置多个摇摆点可以释放弯矩,获得更好的性能,并给出了简化计算模型,如图 6-6 所示。后又有学者对此继续研究,2015 年,Khanmohammadi 等[12]针对多重摇摆点摇摆墙也提出自己的分析模型,如图 6-7 所示。该模型更加精细,与 Holden 等[7]的实验结果做对比,吻合良好。

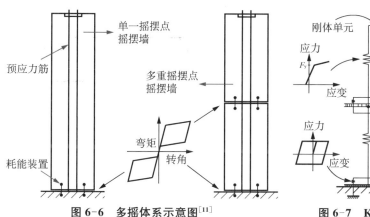

图 6-6　多摇体系示意图[11]

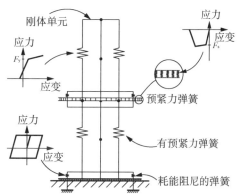

图 6-7　Khanmohammadi 等提出的
多摇体系简化模型[12]

2012 年，Nicknam 等[13]将 BRB 与摇摆墙结合，提出了分析模型，如图 6-8 所示；后续 Nicknam 等[14,15]对这种模型进行了振动台实验，并且对该体系进行深入分析，得到一些有益结果。2016 年，Yooprasertchai 等[16]也进行了 BRB 与摇摆墙结合的拟静力实验分析，区别于前面的是该模型为单边加 BRB，如图 6-9 所示。

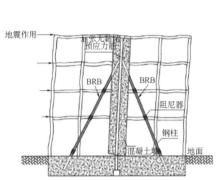

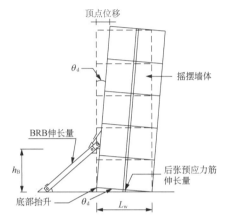

图 6-8　两边带有 BRB 的自复位摇摆墙[13]　　图 6-9　单边带有 BRB 的自复位摇摆墙[16]

2012 年，Preti 和 Meda[17]进行足尺钢筋混凝土摇摆墙的低周反复加载试验，摇摆墙实验过程中角部混凝土逐渐受损剥落，随后用高性能纤维增强混凝土修复摇摆墙角部，并试验修复后的墙体。结果表明：这种修复确实有效，修复后的墙体性能稳定，角部损坏少。

2014 年，Belleri 等[18]将预制 7.01 m 的摇摆墙沿纵向布置于一个 1∶2 缩尺的三层四跨预制混凝土框架结构的两侧，进行了振动台实验分析，如图 6-10 所示。

图 6-10　框架摇摆墙振动台实验图[18]　　　　图 6-11　Loo 等设计的摇摆木墙转动节点[19]

2014 年，Loo 等[19]设计了带有滑动钢节点的摇摆木墙（无预应力），并进行了低周反复加载试验，如图 6-11 所示。2014 年，Moroder 等[20,21]针对摇摆木墙在摇摆过程中与楼板相接处位移不协调带来的楼板破坏问题,提出了改进的设计方法,即在摇摆墙与梁的节点设置连接点,并且进行了实验验证。

2016 年,Qureshi 等[22]提出了预测摇摆墙在峰值加速度下的动态性能的有限元模型;同年,Buddika 等[23]对自复位框架摇摆墙结构和框剪结构进行了抗震性能评估的研究,研究表明在地面加速度作用下框架摇摆墙的结构损伤更明显;此外还指出竖向地震分量不是影响这两类结构在地震作用下峰值响应的关键因素。

2009 年,Wada 和曲哲等[24]对东京工业大学津田校区 G3 楼采用摇摆墙和钢阻尼器联合加固技术,其加固前后示意图如图 6-12 所示。曲哲等[25]对此进行了有益的总结分析,计算分析表明:经摇摆墙和钢阻尼器加固后,结构在不同地震输入的平均响应得到有效降低;且文章指出在 2011 年日本东北太平洋地震中,距离震中约 400 km 的 G3 楼在经历了一定程度的地面运动后,其摇摆墙性能表现良好。

（a）加固前的 G3 楼 　　　　　　　　　（b）加固后的 G3 楼

图 6-12　G3 楼加固前后的 3D 效果图[24]

摇摆墙在该工程中的成功应用,掀开了国内研究摇摆墙的热潮。2010—2011 年,曲哲[26,27]开展了关于摇摆墙-框架结构的一系列研究,对于摇摆墙-框架的损伤机制控制和设计方法进行了理论分析和数值模拟分析。结果表明:与纯框架结构相比,摇摆墙-框架结构可以有效控制整体结构的侧移变形模式,使框架结构各楼层变形分布更加均匀,从而可防止出现层屈服机制,并充分发挥各个楼层的抗震承载能力,提高整体结构的抗震性能;与框架-剪力墙结构相比,摇摆墙-框架结构具有更大的变形能力,且可以避免墙体底部因同时承受很大的弯矩和剪力而带来的设计困难,能够有效避免墙底发生脆性剪切破坏,如图 6-13 所示。2012 年,曹海韵等[28]提出了一种摇摆墙与框架的连接节点,并且进行了相关试验研究证明其有效性。此外,2015 年,吴守君和潘鹏[29]还提出摇摆填充墙-框架结构,该结构将部分填充墙通过现浇形成刚性填充墙体,沿结构全高布置,刚性填充墙两侧框架柱柱底与基础断开,两者接触但不连接。2016 年,吴守君等[30]提出了框架-摇摆墙结构的分布参数模型,并研究了摇摆墙在国内的一个抗震加固改造应用,利用通用有限元软件 ABAQUS 进行了弹塑性时程分析。

2011 年,吕西林等[31]提出可恢复功能结构概念,该结构指地震后不需修复或者稍加修复即可恢复使用功能的结构。2011 年,周颖和吕西林[32]对摇摆结构及自复位结构进

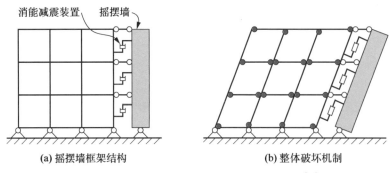

图 6-13　摇摆墙框架结构体系及其破坏机制[26]

行了较为详尽的研究综述,为后续的研究指明了方向。2013 年,陈凯和吕西林[33]对框架自复位墙抗震性能进行了有限元对比分析,包括了框架-剪力墙结构、框架-自复位墙结构和纯框架结构的对比,模型如图 6-14 所示。结果表明,框架-自复位墙结构具有更加均匀的层间位移角;但其耗能能力较弱,结构变形较大,计算表明,引入阻尼器可有效提高其耗能能力,从而减少框架-自复位墙的各层位移。同年,徐佳琦[34]进一步用基于能量的方法对比分析了框架-摇摆墙和框架-剪力墙结构的地震反应。有限元结果证明了框架-摇摆墙结构的耗能更多依靠于摇摆墙整体摆动的动能、势能和阻尼器的滞回耗能,框架-摇摆墙结构抗震性能优于框架-剪力墙结构。此外,2013—2014 年,党像梁等[35-38]还开展了针对自复位剪力墙的有限元分析和试验分析,试验结果表明:底部开水平缝预应力自复位剪力墙既有和普通剪力墙相当的抗侧承载力,又有较好的自复位能力。自复位剪力墙模型如图 6-15 所示。

图 6-14　框架自复位墙的有限元模型图[33]

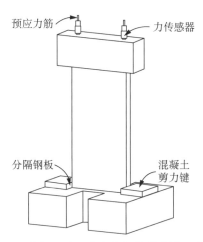

图 6-15　底部开缝预应力自复位剪力墙示意图[35]

2014 年,杨树标等[39]提出了一种框架-摇摆墙结构的简化计算方法,展开了针对框架-摇摆墙结构的相应研究,随后研究了摇摆墙连接方式[40]、摇摆墙的刚度[41]等对结构抗震性能的影响。此外,杨树标等[41]还进行了内嵌式框架-摇摆墙结构的振动台试验研究。同年,贾剑辉等[42]针对不同层数框架摇摆墙结构的抗震性能进行了数值模拟分析。

2015 年,赵彦波[43]针对双肢摇摆墙结构的抗震性能进行了有限元模拟。而后 2016 年,杨树标等[44]又将型钢阻尼器引入双肢摇摆墙结构中,并做了相应有限元分析。

2015 年,冯玉龙等[45]提出连续摇摆墙-屈曲约束支撑框架的结构形式,并利用 Opensees 软件进行了数值模拟,对比了连续摇摆墙-屈曲约束支撑框架(CRW-BRBF)、摇摆墙-屈曲约束支撑框架(RW-BRBF)和屈曲约束支撑框架(BRBF),结果表明:连续摇摆墙可以减少屈曲约束支撑结构的层间位移角不均匀系数;相比于摇摆墙-屈曲约束支撑框架,连续摇摆墙的使用可以降低摇摆墙的弯矩和剪力需求。

本书提出一种新型损伤可控摇摆墙,这种摇摆墙属于内嵌式自复位摇摆结构的范畴,它布置于楼层内,是一种在结构内部的竖向摇摆构件,通过放松墙体端部的连接,使墙体在地震中的变形集中在摇摆界面;利用结构自重及预应力的施加使结构在震后实现自复位,减少残余位移;墙体中部附加可更换耗能构件,在地震中进行耗能从而保护结构的主体,该耗能装置在震后可进行快速更换;墙体角部采用高延性弹性材料,实现墙体自身的损伤可控。从而使其具有地震作用下破坏小、耗能能力高、结构损伤可控、震后可快速修复等特点。如图 6-16 和图 6-17 所示。

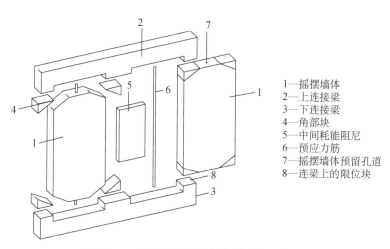

1—摇摆墙体
2—上连接梁
3—下连接梁
4—角部块
5—中间耗能阻尼
6—预应力筋
7—摇摆墙体预留孔道
8—连梁上的限位块

图 6-16　新型损伤可控摇摆墙分解示意图

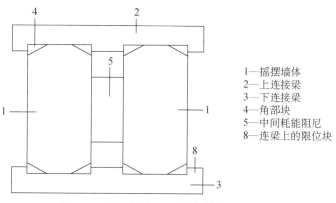

1—摇摆墙体
2—上连接梁
3—下连接梁
4—角部块
5—中间耗能阻尼
8—连梁上的限位块

图 6-17　新型损伤可控摇摆墙合并示意图

6.2 装配式新型损伤可控摇摆墙研究

6.2.1 单调加载曲线

本书提出的新型损伤可控摇摆墙,几何尺寸如图6-18所示。假定剪切型耗能阻尼为理想弹塑性,在摇摆过程中两片摇摆墙与上下连接梁无相对滑动,忽略剪切阻尼轴压力的影响,当摇摆墙转动 θ 角度时,各几何关系如图6-19所示,其中:

$$s = L + t + 2a \tag{6-1}$$

$$l = H\sin\theta + L(1-\cos\theta) \tag{6-2}$$

$$h = L\sin\theta - H(1-\cos\theta) \tag{6-3}$$

$$t' = s\cos\theta - L - 2a \tag{6-4}$$

$$\Delta H_t = s\sin\theta \tag{6-5}$$

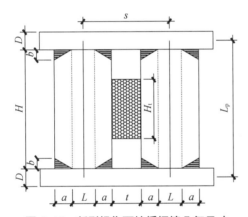

图 6-18 新型损伤可控摇摆墙几何尺寸

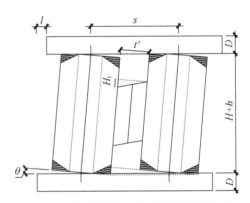

图 6-19 新型损伤可控摇摆墙摆动状态

摇摆墙受力情况如图6-20所示,可求解出:

$$F = F_1 = F_2 \tag{6-6}$$

$$F = \frac{1}{H+h}\left[(N_1 + G_1 + G_2 + N_A)(L-l) + 2N_M a + 2PL\cos\frac{\theta}{2} + Ts\cos\theta\right] \tag{6-7}$$

式(6-7)中:

$$P = P_0 + ES_p\frac{2L\sin\dfrac{\theta}{2}}{L_p} \tag{6-8}$$

$$N_A = K_A h \tag{6-9}$$

$$N_M = K_M\theta \tag{6-10}$$

$$T = \begin{cases} K_T \Delta H_t & \theta < \arcsin[T_y/(sK_T)] \\ T_y & \theta \geqslant \arcsin[T_y/(sK_T)] \end{cases} \qquad (6-11)$$

其中，K_A 为摇摆体升高单位高度时结构对其约束力的增量；K_M 为摇摆体旋转单位角度时角部接触面的正应力合力；K_T 为剪切阻尼产生单位相对位移时的剪力；T_y 为阻尼屈服力，如图 6-21 所示。损伤可控摇摆墙的 F-θ 关系如图 6-22 所示，图中 1 点为摇摆启动点，2 点为阻尼屈服点，3 点为加载终止点（卸载起始点）。

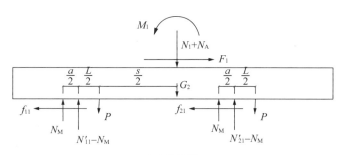

(a) 上连接梁

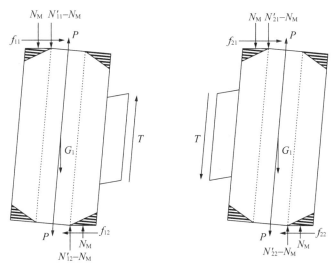

(b) 左侧摇摆体　　　　　　　　　　　(c) 右侧摇摆体

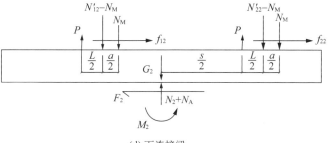

(d) 下连接梁

图 6-20　新型损伤可控摇摆墙受力分析

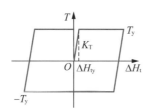

图 6-21　阻尼滞回曲线

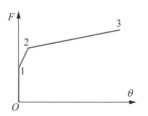

图 6-22　摇摆墙 F-θ 曲线

6.2.2　滞回曲线

损伤可控摇摆墙的加载路径可由式(6-7)求得,卸载路径则与加载时的结束位置 θ_r 相关,卸载时水平推力公式与加载公式基本相同,不同的是式(6-7)中阻尼力表达式变为:

$$T = \begin{cases} T_y - K_T s\sin(\theta_r - \theta) & \theta_r - 2\arcsin(T_y/(sK_T)) < \theta \leqslant \theta_r \\ -T_y & \theta \leqslant \theta_r - 2\arcsin(T_y/(sK_T)) \end{cases} \quad (6\text{-}12)$$

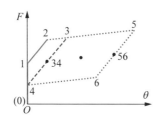

图 6-23　新型损伤可控摇
摆墙滞回曲线

如图 6-23 所示,当加载结束位置 2 点的 $\theta_r =$ $\arcsin[T_y/(sK_T)]$,加载卸载路径为 0-1-2-1-0。当加载结束位置 3 点的 $\theta_r = 2\arcsin[T_y/(sK_T)]$,加载卸载路径为 0-1-2-3-34-4-0,其中阻尼力 T 在 2 点屈服,阻尼力方向在 34 点反转并在 4 点反向屈服。当加载结束位置 5 点的 $\theta_r > 2\arcsin[T_y/(sK_T)]$,加载卸载路径为 0-1-2-5-56-6-4-0,其中阻尼力 T 在 2 点屈服,阻尼力方向在 56 点反转并在 6 点反向屈服。滞回曲线 0-1-2-5-6-4-0 包络的面积为:

$$S_{0125640} = \int_0^{\theta_5} F_{0125} \mathrm{d}\theta - \int_0^{\theta_5} F_{0465} \mathrm{d}\theta \quad (6\text{-}13)$$

6.2.3　实现自复位条件

根据上文分析,实现损伤可控摇摆墙自复位后无残余变形,即实现旗帜型滞回曲线,需满足图 6-23 中滞回曲线的 4 点在原点上方:

$$F = \frac{1}{H}\left[(N_1 + G_1 + G_2 + 2P_0)L - T_y s\right] \geqslant 0 \quad (6\text{-}14)$$

即:

$$N_1 + G_1 + G_2 + 2P_0 \geqslant \frac{sT_y}{L} \quad (6\text{-}15)$$

实际工程中考虑到钢筋混凝土的开裂屈服和墙体滑移等因素,应考虑一个大于 1 的安全系数 K_s,式(6-15)变为:

$$N_1 + G_1 + G_2 + 2P_0 \geqslant K_s\frac{sT_y}{L} \quad (6\text{-}16)$$

6.3 新型损伤可控摇摆墙试验分析

6.3.1 试验设计

为了验证所提出新型损伤可控摇摆墙切实可行,本书通过低周反复加载试验对其抗震性能进行研究。本次试验由三套新型损伤可控摇摆墙组成。设计试件的总高度为 2.8 m,摇摆墙单片小墙体的宽×高×厚尺寸为 800 mm×2000 mm×150 mm。试验将对 3 个试件进行低周反复加载试验,分别为中间设置耗能阻尼器但没有面外限位块的新型摇摆墙(RW-D-NL)、中间设置耗能阻尼器且设有面外限位块的新型摇摆墙(RW-D-L)、中间不设置耗能阻尼器但面外设有限位块的新型摇摆墙(RW-ND-L),试验试件基本示意如图6-24。其中,新型损伤可控摇摆墙通过设置不同的参数进行比较,参数设置见表6-1。试验过程中,仅对耗能阻尼进行拆卸、更换,每次试验后重新张拉预应力。

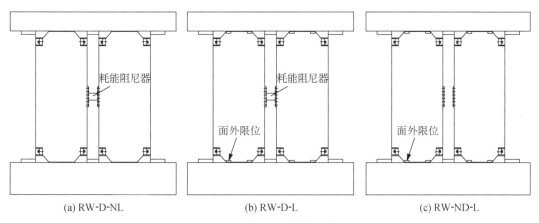

(a) RW-D-NL   (b) RW-D-L   (c) RW-ND-L

图 6-24　试验试件基本示意图

表 6-1　模型试件参数

试件编号	单片墙初始预应力(kN)	阻尼	面外限位
RW-D-NL	300	有	无
RW-D-L	350	有	有
RW-ND-L	350	无	有

6.3.2 试验装置

摇摆墙加载装置示意图如图 6-25 所示。本次试验采用多通道电液伺服结构试验系统进行加载,参照《建筑抗震试验规程》(JGJ/T 101-2015)制定加载方案。

本次试验均采用位移加载,试验开始之前预加载 0.5 mm 的位移,以消除试件内部不均匀性同时检查试验设备及各测量仪器是否正常。对于新型损伤可控摇摆墙,不进行破坏性试验,以摇摆墙体高度的 1/50,即 40 mm 为最大位移加载点。分 10 级进行加载,分别为 0.5 mm、1 mm、1.5 mm、2 mm、4 mm、8 mm、16 mm、24 mm、32 mm、40 mm,后面每级循环 3 次,如图 6-26 所示。

最终试验加载前的试件如图 6-27 所示,需要说明的是脚手架的搭设仅为防止试验过程中的意外产生,并没有参与受力。

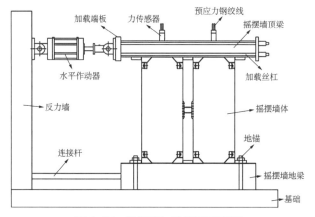

图 6-25 摇摆墙加载装置示意图

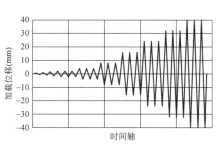

图 6-26 摇摆墙加载制度

(a) RW-D-NL

(b) RW-D-L

(c) RW-ND-L

图 6-27 试件加载前实物图

6.3.3 试验分析

试验所得的滞回曲线如图 6-28 所示。

图 6-28(a)中 RW-ND-L 为无阻尼的一个基本参照组,可以看到新型损伤可控摇摆墙有很好的自复位性能,曲线没能完全回到加载原点,是因为加载过程中存在滑移,产生滑移的主要原因有摇摆墙各部件制作、拼装误差以及作动器不均匀性。此外,摇摆墙几乎没有耗能,从侧向说明墙体没有损坏。

图 6-28(b)中 RW-D-L 在进行正向加载,即第一象限区域,+32 mm 位移加载出现平面外整体侧翻,水平抗侧承载力下降,而反向加载相对稳定,表现出较好的耗能能力。加载至 2 mm 左右,曲线开始出现拐点;进行 4 mm 反复加载时,阻尼开始出现明显的耗能;进行 8 mm 位移加载时,第三象限曲线出现第二个拐点,第一象限的曲线则出现倒 S 形滞回环,刚度有一个较明显的增大过程,这一点看图 6-28(c)更直观,判断该阶段结构在消除滑移空隙;从 24 mm 位移加载开始,结构出现了明显的残余位移,一方面是阻尼力比较大,预应力不足以将其完全拉回去,同时从力传感器记录的数据来看,预应力在每级位移加载回到起点时均会有所损失,另一方面阻尼屈服后的变形会影响摇摆墙试件本身的间隙。

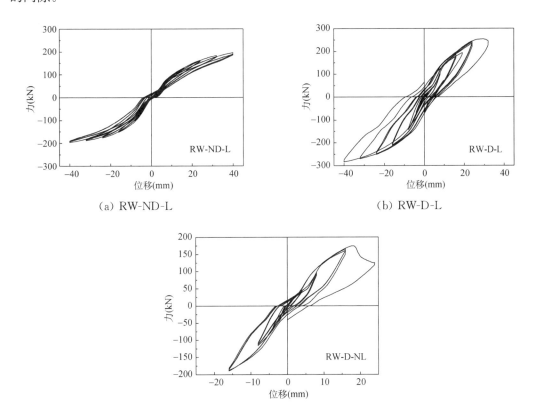

（a）RW-ND-L   （b）RW-D-L

（c）RW-D-NL

图 6-28 滞回曲线

对比摇摆墙和传统剪力墙,可以看出摇摆墙较传统剪力墙具有更好的自复位能力,同时摇摆墙自身的损坏程度远小于传统剪力墙。无阻尼摇摆墙耗能远小于剪力墙,可通过合理增加阻尼装置来改善。

对比图 6-28(a)和(b),如图 6-29 所示,可以看出增加阻尼后,摇摆墙耗能显著增加,承载力和后期刚度也相应增大。

对比图 6-28(b)和(c),如图 6-30 所示,仅对 16 mm 加载位移进行对比,RW-D-L 模型初始预应力值为 350 kN,RW-D-NL 初始预应力值为 300 kN。可以看出增大初始预应力,新型损伤可控摇摆墙的侧向承载力增大,摇摆起始点所需的水平力增大,但从最外圈滞回上看,耗能能力改变并不明显。

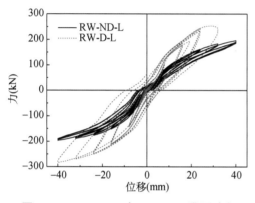

图 6-29 RW-ND-L 与 RW-D-L 滞回对比

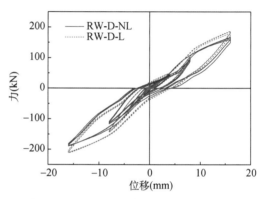

图 6-30 RW-D-NL 与 RW-D-L 滞回对比

6.4 损伤可控摇摆墙有限元模拟

6.4.1 有限元模型建立

新型损伤可控摇摆墙 ABAQUS 有限元模型如图 6-31 和图 6-32 所示。模型主要包括摇摆墙体及其配筋、上下连接梁、角部弹性体、中间剪切耗能部件、预应力筋及其锚具。其中,混凝土、角部弹性体、中间剪切耗能部件以及锚具均采用三维实体模块建立,选取八节点六面体线性减缩积分单元 C3D8R 单元进行网格划分;普通钢筋和预应力筋采用三维实体线中的桁架模块建立,选取 T3D2 单元进行划分。混凝土选用 C40,钢筋选用 HRB400,预应力钢绞线选用公称直径 $d=15.2$ mm。

ABAQUS 进行实体单元计算时,一般采用面-面接触实现不同部位之间接触的模拟。接触面之间的相互作用包含两个部分:一部分是接触面之间的法向作用;另一部分是接触面之间的切向作用。切向作用还包括接触面之间的相对运动和可能存在的摩擦力。本章中摇摆墙体和上下梁之间无粘结,仅通过中间的预应力连在一起,所以摇摆墙体和上、下梁均为面面接触。其中法向接触行为采用"硬"接触,当两个表面之间的接触间隙为零

时,施加接触约束;当接触面之间的接触压力变为零或负值时,两接触面分开,接触约束被
移开。对于切向行为,由第 2 章的理论分析可知,摇摆墙体接触界面的摩擦力是保证其不
产生滑动的关键,所以摩擦系数的选取不应太小,本书采用"friction"(罚)摩擦接触,摩擦
系数取 0.4。

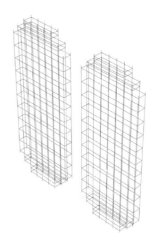

图 6-31　新型损伤可控摇摆墙模型　　　　图 6-32　摇摆墙体钢筋模型

　　本章的预应力模拟方法采用降温法,即在预应力筋施加温度荷载(降温),使预应力筋
收缩,进而产生预应力。模型使用后张无粘结预应力,布置在每片墙体中间,预应力筋选
用预应力钢绞线,其屈服强度为 1 860 MPa,弹性模量为 $1.95×10^5$ MPa。模型中预应力
筋和锚具直接采用 MPC 进行连接,即将预应力筋两个端点分别锚固到对应的锚具中,锚
具与上、下梁的接触面采用"tie"(绑定)连接,这样通过降温施加的预应力即可通过锚具
传到结构中去。

6.4.2　试验与理论和有限元结果的对比

　　以 RW-ND-L 和 RW-D-L 试件模型的参数为依据进行理论计算和 ABAQUS 模拟。
主要参数设置如下:上连接梁高度 0.3,下连接梁高度 0.5,摇摆体高度 2,接触宽度 0.4,
角部宽度 0.2,两个摇摆墙体预应力筋间距,预应力筋长度 3.33,预应力筋面积 556,预应
力筋弹性模量 195,初始预应力 350,阻尼宽度 0.2,角部刚度 7091,摇摆体重力 6.0,连接
梁重力 4.8。RW-D-L 模型剪切阻尼刚度 120,阻尼屈服力 185;RW-ND-L 不设置阻尼,
阻尼屈服力 0。需要说明的是试验中在锚杯下加了力传感器及一些扩孔装置,使得实际
预应力筋长度达到 3.33 m。

　　由图 6-33 可以看出三者的滞回曲线较为吻合。理论计算的后期承载力略大于试验
试件的承载力,而模拟的初期刚度大于试验值。产生这些现象的原因从三方面进行总结,
一是墙体刚性假定,使理论计算没有考虑摇摆墙前期的弹性变形段;二是试验试件因存在
制作、拼装的误差而产生滑动;三是每级位移加载后还存在预应力损失,这很大程度上降

低了新型损伤可控摇摆墙的承载力。

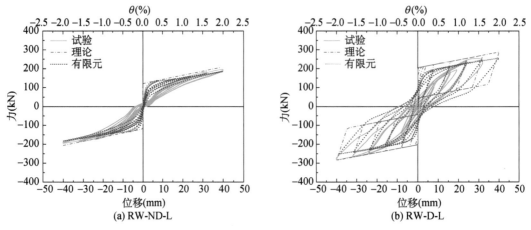

图 6-33　理论和有限元与试验对比

6.5　本章小结

　　伴随着可持续发展地震工程的研究,本章通过前期文献的梳理总结,提出了一种新型损伤可控摇摆墙,通过结构形式及易损部位的设计使其具有地震作用下耗能能力高、结构损伤可控、震后可快速修复等特点。

　　新型损伤可控摇摆墙的主要设计参数包括摇摆墙体高宽比(几何尺寸)、阻尼参数、角部材料特性、预应力筋面积和初始预应力。理论分析中,滞回性能几个关键点为:摇摆起始点、阻尼屈服点、加载结束点、卸载中阻尼反向位置的屈服点、卸载回到原点与纵轴的交点。

　　试验结果表明,新型损伤可控摇摆墙实现了损伤控制,三组试验后墙体仍没有损坏。角部橡胶块的设计改善了以往混凝土摇摆墙墙脚应力集中的现象;摇摆墙体角部预埋件以及墙侧预埋钢板的设置有效限制了墙体的损伤。试验中进行了中间耗能阻尼的快速更换,角部橡胶块若有需要也可实现快速更换。

本章参考文献

[1] HOUSNER G W. The behavior of inverted pendulum structures during earthquakes [J].
　　　Bulletin of the Seismological Society of America,1963,53 (2):403-417

[2] KURAMA Y, PESSIKI S, SAUSE R, et al. Analytical modeling and lateral load
　　　behavior of unbonded post-tensioned precast concrete walls[R]. Research Report No. EQ-
　　　96-02. Bethlehem:Department of Civil and Environmental Engineering, Lehigh Univer-
　　　sity,1996

[3] KURAMA Y, SAUSE R, PESSIKI S, et al. Lateral load behavior and seismic desiqn of

unbonded post-tensioned precast concrete walls[J]. ACI Structural Journal, 1999, 96(4): 622-632

[4] KURAMA Y C. Seismic design of unbonded post-tensioned precast concrete walls with supplemental viscous damping[J]. ACI Structural Journal, 2000, 97(4): 648-658

[5] KURAMA Y C. Simplified seismic design approach for friction-damped unbonded post-tensioned precast concrete walls[J]. ACI Structural Journal, 2001, 98(5): 705-716

[6] PEREZ F J, SAUSE R, PESSIKI S, et al. Lateral load behavior of unbonded post-tensioned precast concrete walls [M]//Advances in Building Technology. Amsterdam: Elsevier, 2002: 423-430

[7] HOLDEN T, RESTREPO J, MANDER J B. Seismic performance of precast reinforced and prestressed concrete walls[J]. Journal of Structural Engineering, 2003, 129(3): 286-296

[8] RESTREPO J I, RAHMAN A. Seismic performance of self-centering structural walls incorporating energy dissipators[J]. Journal of Structural Engineering, 2007, 133(11): 1560-1570

[9] AJRAB J J, PEKCAN G, MANDER J B. Rocking wall-frame structures with supplemental tendon systems[J]. Journal of Structural Engineering, 2004, 130(6): 895-903

[10] MARRIOTT D, PAMPANIN S, BULL D, et al. Dynamic testing of precast, post-tensioned rocking wall systems with alternative dissipating solutions[J]. Bulletin of the New Zealand Society for Earthquake Engineering, 2008, 41(2): 90-103

[11] WIEBE L, CHRISTOPOULOS C. Mitigation of higher mode effects in base-rocking systems by using multiple rocking sections[J]. Journal of Earthquake Engineering, 2009, 13(S1): 83-108

[12] KHANMOHAMMADI M, HEYDARI S. Seismic behavior improvement of reinforced concrete shear wall buildings using multiple rocking systems[J]. Engineering Structures, 2015(100): 577-589

[13] NICKNAM A, FILIATRAULT A. Seismic design and testing of propped rocking wall systems[C]. Lisbon: the 15th World Conference on Earthquake Engineering, 2012

[14] NICKNAM A. Seismic analysis and design of buildings equipped with propped rocking wall systems[D]. Buffalo: State University of New York at Buffalo, 2015

[15] NICKNAM A. FILIATRAULT A. Seismic Fragility Analysis of Buildings Equipped With Propped Rocking Wall Systems[C]. Cambridge UK: SECED 2015 Conference, 2015.

[16] YOOPRASERTCHAI E, HADIWIJAYA I J, WARNITCHAI P. Seismic performance of precast concrete rocking walls with buckling restrained braces[J]. Magazine of Concrete Research, 2015, 68(9): 462-476

[17] PRETI M, MEDA A. RC structural wall with unbonded tendons strengthened with high-performance fiber-reinforced concrete[J]. Materials and Structures, 2015, 48(1-2): 249-260

[18] BELLERI A，SCHOETTLER M J，RESTREPO J I，et al. Dynamic behavior of rocking and hybrid cantilever walls in a precast concrete building[J]. ACI Structural Journal，2014，111(3)：661-671

[19] LOO W Y，KUN C，QUENNEVILLE P，et al. Experimental testing of a rocking timber shear wall with slip – friction connectors[J]. Earthquake Engineering & Structural Dynamics，2014，43(11)：1621-1639

[20] MORODER D，SARTI F，PALERMO A，et al. Seismic design of floor diaphragms in post-tensioned timber buildings[C]. Quebec City：World Conference on Timber Engineering，2014

[21] MORODER D，SARTI F，PALERMO A，et al. Experimental investigation of wall-to-floor connections in post-tensioned timber buildings[C]. Auckland：2014 NZSEE conference.

[22] QURESHI I M，WARNITCHAI P. Computer modeling of dynamic behavior of rocking wall structures including the impact-related effects[J]. Advances in Structural Engineering，2016，19(8)：1245-1261

[23] BUDDIKA D S，WIJEYEWICKREMA A C. Seismic performance evaluation of posttensioned hybrid precast wall-frame buildings and comparison with shear wall-frame buildings[J]. Journal of Structural Engineering，2016，142(6)：04016021

[24] WADA A，QU Z，MOTOYUI S，et al. Seismic retrofit of existing SRC frames using rocking walls and steel dampers[J]. Frontiers of Architecture and Civil Engineering in China，2011，5(3)：259

[25] 曲哲，和田章，叶列平. 摇摆墙在框架结构抗震加固中的应用[J]. 建筑结构学报，2011(09)：11-19

[26] 曲哲. 摇摆墙框架结构抗震损伤机制控制及设计方法研究 [D]. 北京：清华大学，2010

[27] 曲哲，叶列平. 摇摆墙-框架体系的抗震损伤机制控制研究[J]. 地震工程与工程振动，2011(04)：40-50

[28] 曹海韵，潘鹏，吴守君，等. 框架摇摆墙结构体系中连接节点试验研究[J]. 建筑结构学报，2012(12)：38-46

[29] 吴守君，潘鹏. 摇摆填充墙框架结构抗震性能研究[J]. 建筑结构学报，2015(10)：81-87

[30] 吴守君，潘鹏，张鑫. 框架摇摆墙结构受力特点分析及其在抗震加固中的应用[J]. 工程力学，2016(06)：54-60

[31] 吕西林，陈云，毛苑君. 结构抗震设计的新概念：可恢复功能结构[J]. 同济大学学报(自然科学版)，2011(07)：941-948

[32] 周颖，吕西林. 摇摆结构及自复位结构研究综述[J]. 建筑结构学报，2011，32(9)：1-10

[33] 陈凯，吕西林. 框架自复位墙结构抗震性能的研究[J]. 结构工程师，2013(04)：118-124

[34] 徐佳琦，吕西林. 基于能量的框架摇摆墙结构与框架-剪力墙结构地震反应分析对比[J]. 建筑结构，2013(S2)：418-422

［35］党像梁,吕西林,周颖. 底部开水平缝摇摆剪力墙抗震性能分析［J］. 地震工程与工程振动,2013（05）：182-189

［36］党像梁,吕西林,钱江,等. 自复位预应力剪力墙抗震性能实体和平面单元有限元分析［J］. 建筑结构学报,2014（05）：17-24

［37］党像梁,吕西林,周颖. 底部开水平缝预应力自复位剪力墙试验设计及结果分析［J］. 地震工程与工程振动,2014（06）：103-112

［38］党像梁,吕西林,周颖. 底部开水平缝预应力自复位剪力墙试验研究及数值模拟［C］.哈尔滨:第九届全国地震工程学术会议,2014

［39］杨树标,余丁浩,贾剑辉,等. 框架摇摆墙结构简化计算方法研究［J］. 工程抗震与加固改造,2014（02）：94-99

［40］杨树标,魏志涛,谢波涛. 摇摆墙连接方式对结构抗震性能的影响［J］. 工业建筑,2014（11）：99-103

［41］杨树标,闫路路,贾剑辉,等. 摇摆墙刚度对框架摇摆墙结构抗震性能的影响分析［J］. 世界地震工程,2014（04）：27-33

［42］贾剑辉,闫路路,杨树标,等. 不同层数框架摇摆墙结构抗震性能研究［J］. 地震工程与工程振动,2014（02）：97-103

［43］赵彦波. 双肢摇摆墙结构抗震性能研究［D］. 邯郸：河北工程大学,2015

［44］杨树标,张轩,朱晓楠,等. 型钢阻尼器在双肢摇摆墙结构中的作用研究［J］. 建筑科学,2016（09）：108-113

［45］冯玉龙,吴京,孟少平. 连续摇摆墙-屈曲约束支撑框架抗震性能分析［J］.工程力学,2016.33（21）：90-94

第7章
装配式混凝土盒式结构

7.1 引言

盒式结构体系(图7-1)是一种由我国自主研发的新型空间结构体系[1]。不同于传统的框架梁柱体系及梁板体系,盒式结构体系主要由"空腹夹层板"及"网格式框架墙"组成(图7-2)。空腹夹层板的构造为密肋楼板,力学模型为"夹芯板"并考虑剪切变形[2];网格式框架墙构造类似于框架,但是在层间添加了立柱和层间梁。新结构体系整体自重轻,跨越能力强,刚度大,现已广泛应用于多层大跨度建筑中。较为有代表性的建筑为黑龙江中医药大学文体中心体育馆、山东潍坊市多层市体育馆(图7-3、图7-4)、四川绵阳市富乐国际学校多层体育馆等,通过实践表明,盒式结构可以节约20%以上的材料用量,且可以通过较小的板厚(跨度的1/30~1/25)达到很大的跨度(30 m以上)[2]。

图7-1 盒式结构体系实物图

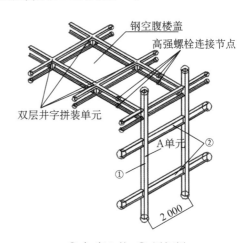

① 加密立柱;② 层间梁

图7-2 装配式盒式结构基本构造

随着我国发展得越来越好,大城市人口集中度极高,高层结构已经极为常见了,但在所有的结构中,还是以传统框架结构及框架核心筒结构为主。由于结构自重及荷载通常较大,根据现有的设计规范,高层及超高层结构的构件尺寸通常会极大,既影响建筑使用和美观,还浪费建筑材料,经济性能较差。为解决现有高层结构中传统梁柱结构体系存在的问题,现在正着力于将一直用于多层大跨空间结构中的盒式结构体系运用于高层结构中,通过发挥新结构体系整体刚度大、自重轻、跨越能力好的特点,力求在保证结构各项性能的同时,将结构自重降低 20% 以上,同时大幅度降低结构构件尺寸及结构层高,提高结构的使用功能及经济性能。同时,在国家大力发展建筑工业化的背景之下,由于盒式结构体系构件截面小,易于运输,十分适合建筑工业化的发展,同时建筑工业化也可以解决空腹夹层板结构节点多、模板需求量大,现浇费时费力的问题,两者结合相得益彰[3]。

图 7-3　体育馆立面图　　　　　　　图 7-4　体育馆空腹夹层板

目前,关于盒式结构体系的研究基本集中于多层大跨结构方面,对其在高层及超高层结构中的受力、破坏模式及最佳适用高度鲜有涉及,极大地制约了盒式结构体系在高层及超高层结构中的发展。

本书在现有研究和工程实践基础上,通过对盒式结构体系的滞回性能分析、抗震性能分析、经济性能分析等,研究了盒式结构体系在高层结构中的应用,为今后的研究及实践提供了参考。

7.2　盒式结构体系发展历史

盒式结构体系的发展经历了三个阶段:(1) 马克俭院士于 1984 年首次提出了"钢筋混凝土空腹网架屋盖和楼盖结构",结构为双向空腹桁架正交组成,为空腹夹层板结构的前身。(2) 1995 年,马克俭院士在空腹网架的基础上提出了"钢筋混凝土空腹夹层板楼盖结构"。通过在结构中增设剪力键,使得结构刚度大幅增加,厚度减少(一般为跨度的1/35~1/30)。(3) 2007 年,马克俭院士又提出了竖向承重结构"网格式框架墙",空腹夹层板和网格式框架墙共同组成"盒式结构"[1]。

7.3　盒式结构体系的组成

盒式结构体系主要由两部分组成:作为横向楼板体系的空腹夹层板以及作为竖向抗侧构件的网格式框架墙(图 7-5)。

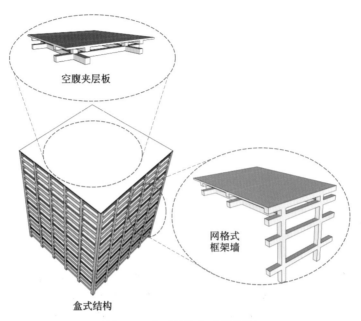

空腹夹层板

网格式
框架墙

盒式结构

图 7-5 盒式结构组成示意图

7.3.1 空腹夹层板

空腹夹层板的结构形式如图 7-6 及图 7-7 所示。

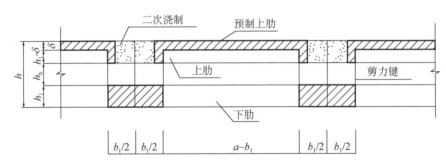

图 7-6 空腹夹层板楼盖构造

图 7-7 空腹夹层板实物图

空腹夹层板作为盒式结构的水平向承重构件,其结构构造类似于密肋井字楼板,但将梁腹挖空,形成空腔,保留对受力贡献大的部分,提高受力效率,减少结构自重。同时,为了保证结构的共同工作性能,在上下肋之间添加长细比小于1的剪力键单元,通过极大的刚度来保证上下肋共同工作。为了保证结构的竖向刚度,每个网格的尺寸一般在1.5～2 m之间,通常不大于4 m。通过优化结构受力性能,空腹夹层板楼板可比传统梁板结构降低20%以上的自重,可节约大量材料,且跨越能力强(最大跨度可达40 m),整体结构高度低(结构高度为跨度的1/35～1/30),同时由于梁中空,所有消防管线、设备均可布置于空腔内,相较于传统结构,在相同跨度下,至少可以节约0.5 m的层高,结构的受力和经济性能良好[4]。

7.3.2 网格式框架墙

网格式框架墙实物图及构造见图7-8、图7-9,其原理是将传统框架梁柱体系的柱距缩小(一般柱距不大于4 m),在传统框架结构中加入内柱和层间梁,整个结构为密柱密梁布置。通过构件加密,使得在一层结构中出现多个反弯点,大大降低了结构构件中最大弯矩的幅值,结构受力更加均匀,材料利用率大幅度提高,在同样材料用量情况下,网格式框架墙的抗侧刚度大大高于传统

图 7-8 网格式框架墙实物图

框架结构,其受力模式如图7-10所示,当在传统3层框架结构中加上两根内柱,每层加上两根层间梁后,结构受力均匀合理,抗侧刚度大幅度上升。

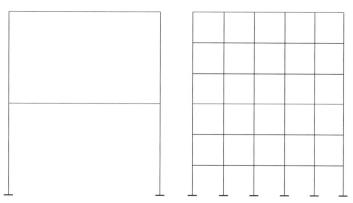

图 7-9 普通框架和网格式框架墙

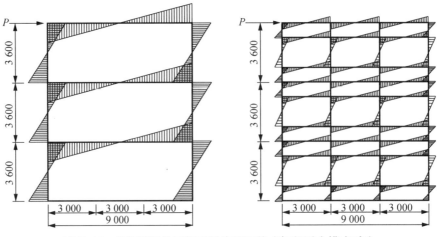

图 7-10　传统梁柱体系同密柱密梁网格式框架受力模式对比

7.4　盒式结构与高层结构及建筑工业化技术的结合

通过多年的研究及工程实践,盒式结构体系由于其结构及受力方面的特性,相较于传统的大跨结构而言,有着结构自重轻、跨越能力好、结构刚度大、受力均匀合理、节省建筑材料及土地的优势。在我国,高层结构越来越多,但由于结构体系的限制,高层结构还是以框架、框架剪力墙、框架筒中筒结构为主,结构构件大,构件占用的净高多,且由于构建布置要求,结构功能划分固定单一,使得结构的建筑使用功能及经济性较差。因此,本书着眼于将盒式结构体系应用于高层及超高层结构中,通过发挥其结构自重轻、刚度大的特点,改善现有高层结构体系的受力及抗震性能;同时,由于新结构跨越能力强,且可将消防、空调等设备管线均匀布置于空腹层内,使得整个建筑内无内柱,以满足大空间灵活划分居室的建筑要求,并可以极大地压缩结构层高要求,改善结构的建筑功能及经济性能。

但是,由于新结构体系整体网格化,结构构件较多,节点数量相较于传统结构而言大幅度增加,现浇时模板需求量大,这给结构的施工带来了一定的困难。在目前国家大力发展装配式结构的背景下,盒式结构体系十分切合发展要求,一方面,建筑工业化技术可以有效解决新结构体系现浇时的困难,同时,新结构体系由于构件截面小,可以很好地解决现有结构建筑工业化工程中存在的运输及吊装问题,两者结合相得益彰。

由于现有的关于盒式结构体系的研究及应用均集中于大跨空间结构中,因此急需了解其在高层及超高层结构中的受力及破坏模式。本书通过静力及静力弹塑性分析,对比分析了 8 栋不同高度的空腹夹层板结构、空腹夹层板筒体结构、框架结构、框架筒体结的静力性能及抗震性能,研究新结构体系在高层中的最佳适用高度及其相较于传统结构的性能优劣[5]。

7.5 盒式结构试验研究

如前所述,盒式结构主要由空腹夹层板和网格式框架墙组成[6]。其中空腹夹层板的静力性能、微分方程、试验研究、设计方法等已由贵州大学马克俭院士团队做了深入的研究,本书主要阐述对网格式框架墙的试验研究[7]。

7.5.1 网格式框架墙的滞回性能特点

分别对单榀混凝土框架结构和单榀混凝土网格式框架墙结构施加低周往复荷载,两种不同类型构件的破坏模式及裂缝分布如图 7-11 所示:

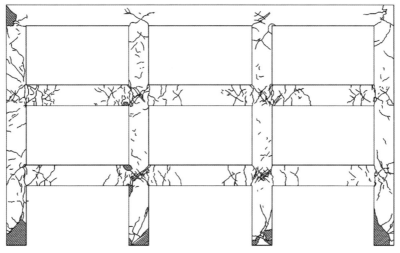

（a）网格式框架裂缝图

（b）普通框架裂缝图

图 7-11 实验构件损伤及混凝土裂缝分布图

从开始施加荷载直到结构破坏,两种不同类型的混凝土构件均先后经历了四个阶段,包括线弹性阶段、试件开裂后应力重分布阶段、屈服阶段和最后的破坏阶段。

网格式框架:在试件屈服前,试件正、反向一次往复作用后形成的滞回曲线呈弓形,中部内凹,存在"捏拢"现象,但捏拢不明显,表明构件受到一定程度的钢筋粘结滑移影响,但此时粘结滑移尚不明显。试件屈服以后的滞回曲线呈现倒 S 形,存在明显的"捏拢"现象,表明试件存在较大的剪力和滑移的影响。网格构件位移沿高度并不严格呈线性关系,沿楼层梁位置有收紧的现象。

普通框架:与网格式框架相比,普通混凝土框架试件的屈服位移和屈服荷载都较小。试件正、反向一次往复作用后形成的滞回曲线基本呈稳定的弓形,刚度和强度退化比较小,中部有一定程度内凹,存在"捏拢"现象,但捏拢不明显,表明构件受到一定程度的钢筋粘结滑移影响,但此时粘结滑移尚不明显。相对而言,普通框架滞回环的形状更加饱满。与网格式框架试件不同,普通混凝土框架试件屈服以后的滞回曲线仍然保持了弓形,且下降段非常平缓。

7.5.2 滞回曲线及骨架曲线分析

构件的滞回曲线如图 7-12 所示。对比分析可知,普通框架构件的极限承载力约为网格构件的 70%,弹性阶段的刚度约为网格构件的 80%。从滞回环的形状来看,网格式框架墙构件在试件屈服前,正、反向一次往复作用后形成的滞回曲线呈弓形,中部存在"捏拢"现象,但捏拢不明显。试件屈服以后的滞回曲线呈现倒 S 形,"捏拢"现象表现得更加明显,表明试件受到较大的剪力和滑移的影响。原因为网格式框架墙的梁柱间距和跨度较小,也就是说梁柱的剪跨比较小,为短梁、短柱。而普通框架构件正、反向一次往复作用后形成的滞回曲线基本呈稳定的弓形,刚度和强度退化比较小,相对而言,普通框架滞回

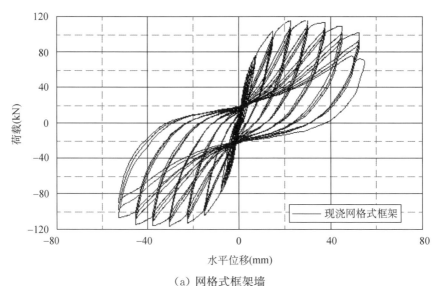

（a）网格式框架墙

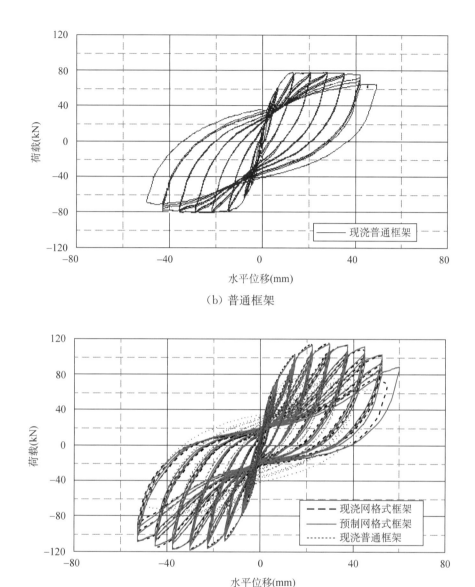

（b）普通框架

（c）对比分析

图 7-12　网格式框架墙/普通框架滞回曲线图

环的形状更加饱满。

　　在构件低周反复荷载实验的滞回曲线中(图 7-12),将每一次加载的峰值点依次相连得到的滞回曲线的外包络线称为骨架曲线。对于钢筋混凝土构件来说,其骨架曲线通常和单调加载得到的荷载位移曲线相近。因此通过骨架曲线可以对构件的初始刚度、开裂荷载、极限荷载进行直观地分析。同时滞回曲线和骨架曲线统称为恢复力曲线,可以表示试件恢复力和变形的关系。

　　图 7-13 给出了三个试件的骨架曲线,从骨架曲线可以看出,每个试件都经历了线弹性、弹塑性和破坏三个阶段。荷载较小时,试件都处于线弹性阶段,骨架曲线基本为直线。

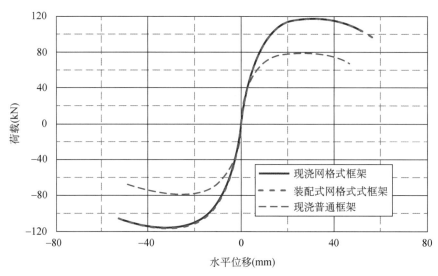

图 7-13　实验构件的骨架曲线

随着荷载的增大,试件出现开裂,曲线开始偏转,斜率变小。荷载进一步增大,骨架曲线从直线变为曲线,构件进入弹塑性阶段。达到极限荷载之后,刚度退化速度放缓,下降段曲线平缓,构件在破坏前经历了较大的变形。

7.5.3　延性和变形能力对比分析

模型构件的延性系数 μ 按下式计算:

$$\mu = \frac{\Delta_u}{\Delta_y} \tag{7-1}$$

式中,Δ_u 为试体的极限变形;Δ_y 为试体的屈服变形。

其中,试体的极限变形 Δ_u 是当每级加载第一次循环时承载力下降到极限承载力的 85% 时对应的水平位移。而本实验选取边柱纵向钢筋受拉屈服时的水平位移作为试体的屈服变形 Δ_y。破坏时的层间位移角 θ 也是一个衡量结构变形能力的重要指标,θ 为试件的极限变形与试件高度的比值。

由式 7.1 计算得出两种构件的延性系数,延性系数越大表明延性越好,各模型水平位移参数及延性系数计算结果见表 7-1。

表 7-1　实验模型延性系数

实验模型	屈服变形(mm)	极限变形(mm)	延性系数 μ	极限位移角
网格式框架	7.5	52.5	7	3.5/100
普通框架	7	42	6	2.8/100

由表 7-1 可知网格式框架墙的延性比普通框架更好,其中:网格式框架的延性系数为 7,表明其延性较好;普通混凝土框架模型延性系数为 6,延性稍弱。

7.5.4　刚度退化

模型的刚度可用割线刚度来表示,割线刚度 K_i 按下式计算

$$K_i = \frac{|+F_i| + |-F_i|}{|+X_i| + |-X_i|} \tag{7-2}$$

式中,$+F_i$、$-F_i$ 为第 i 次正、反向峰值点的荷载值;$+X_i$、$-X_i$ 为第 i 次正、反向峰值点的位移值。

根据式 7-2 计算得出两种构件的刚度退化曲线(即刚度随加载位移变化曲线)如图 7-14 所示。由图可知,普通框架的刚度则明显低于网格式构件。

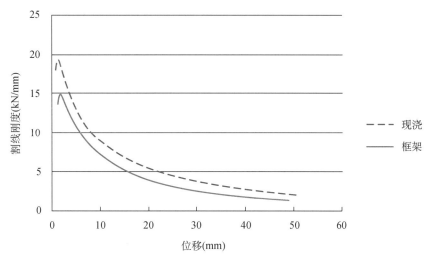

图 7-14　实验构件的刚度退化曲线

7.5.5　耗能能力

从能量耗散的角度来看,地震作用是对结构输入能量,而结构部分构件在地震过程中进入非线性阶段,通过材料的弹塑性变形来耗散地震能量。因此,除了要关注结构的刚度和承载力,对于理想的延性设计来说,耗能能力也是评价结构抗震性能的一个重要因素。

在现代工程抗震中,经常用等效粘滞阻尼系数的大小来判断结构在地震中的耗能能力。等效粘滞阻尼系数 h_e 的计算方法如图 7-15 所示:

$$h_e = \frac{S_\Delta(ABC+CDA)}{S_\Delta(OBE+ODF)} \tag{7-12}$$

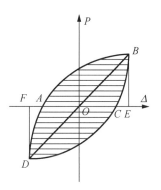

图 7-15　等效粘滞阻尼系数的计算

$S_\Delta(ABC+CDA)$ 表示滞回环面积,代表每次循环的耗

能;$S_\triangle (OBE+ODF)$ 表示滞回环上下顶点连线与 $\triangle$ 轴围成的三角形面积,代表每次循环的变形能。根据试件的滞回曲线包络图,根据上式计算出网格式框架试件的等效粘滞阻尼系数为 0.28,而普通框架的等效粘滞阻尼系数为 0.31。

由于位移与受力的乘积是能量,所以滞回曲线所围成的面积就是所消耗的总能量。滞回环包裹的面积越大,表明结构在往复水平荷载的作用下吸收和消耗了更多的地震能量。虽然从滞回环的饱满程度来看,网格式框架墙构件略差于普通框架构件,但是由于前者的刚度和承载力相比于后者都有了极为显著的提升,因此从整体耗能能力来说,网格式构件要强于普通框架构件。经过计算,网格式构件滞回曲线包围的面积为普通框架构件的 1.3 倍。

7.6 高层盒式结构抗震性能分析

基于上述试验研究可知,网格式框架墙相较于传统框架而言有很好的刚度及延性,因此是一种很好的可替代传统框架的结构体系。但是在实际应用中,由于不同高度的结构其受力模式有很大的不同,因此必须要研究盒式结构的最佳适用高度及其考虑地震随机性后的响应情况。本书通过 8 个不同高度的模型进行静力 Pushover 分析及 IDA 分析,详细研究了盒式结构在高层结构中的受力模式、适用高度及抗震性能。

7.6.1 模型设计

本书选取了 3 个不同高度(50 m、90 m、145 m)共 8 个模型进行 Pushover 分析,相同高度模型的盒式结构材料用量为框架结构的 85%。50 m 结构的平面图及轴侧图如图 7-16 所示。从平面图中可以看出,盒式结构的跨度为 18 m,空腹夹层板厚度为 600 mm,结构内没有额外的柱子。反观框架结构,由于梁的高度不能太高,为了保证建筑的使用高度,结构中必须添加柱子,结构跨度为 6 m。结构其余构件的尺寸见表 7-2、表 7-3。

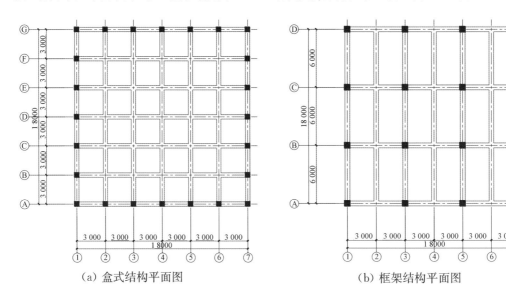

(a) 盒式结构平面图　　　　　　　　　(b) 框架结构平面图

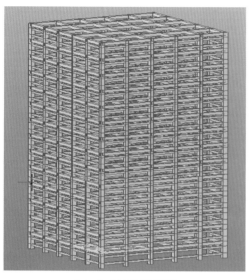
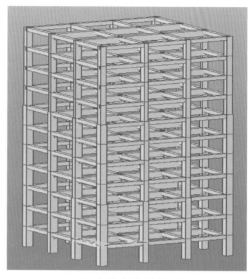

（c）盒式结构轴侧图　　　　　　　　　　　（d）框架结构轴侧图

图 7-16　50 m 结构的分析模型示意图

表 7-2　盒式结构构件尺寸

楼层	层高（mm）	柱（mm×mm）	空腹夹层板（mm×mm）	层间梁（mm×mm）
1～5	3 650	600×600/600×450	600×300	400×300
6～14	3 650	550×550/550×400	600×300	400×300

表 7-3　框架结构构件尺寸

楼层	层高（mm）	柱（mm×mm）	主梁（mm×mm）	次梁（mm×mm）
1～5	3 900	800×800/800×600	700×450	500×350
6～13	3 700	750×750/750×550	700×450	500×350

　　90 m 结构的平面图如图 7-17,其中盒式结构筒中筒为在普通盒式结构中添加核心筒,楼板使用空腹夹层板,周边使用网格式框架墙,结构内无柱子。框架筒中筒结构为传统梁柱体系,同时为避免梁跨度过大,添加了柱子。空腹夹层板筒中筒为对照结构,即单独使用空腹夹层板,周边还是使用传统的大柱网,由于空腹夹层板跨越能力强,因此不需要额外布置柱子,平面布置与盒式筒中筒结构类似,仅周边柱网不同。结构其余构件尺寸见表 7-4～表 7-6。145 m 结构的平面布置与 90 m 模型基本相同,仅构件尺寸略有增大,在此不再赘述。

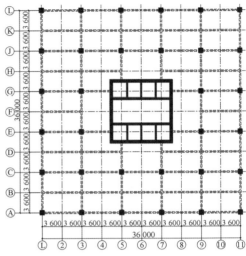

（a）盒式筒中筒平面图　　　（b）框架筒中筒平面图

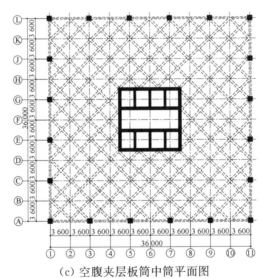

（c）空腹夹层板筒中筒平面图

图 7-17　90 m 结构模型平面图

表 7-4　90 m 盒式筒中筒结构

楼层	层高（mm）	柱（mm×mm）	空腹夹层板（mm×mm）	层间梁（mm×mm）	核心筒（mm）
1～5	3 550	650×650/650×500	550×300	300×200	300
6～15	3 350	550×550/600×450	550×300	300×200	250
16～27	3 350	500×500/550×400	550×300	300×200	200

表 7-5　90 m 空腹夹层板筒中筒结构

楼层	层高(mm)	柱(mm×mm)	空腹夹层板(mm×mm)	核心筒(mm)
1～5	3 550	800×800/800×650	550×300	300
6～15	3 350	750×750/750×600	550×300	250
16～27	3 350	700×700/700×550	550×300	200

表 7-6　90 m 框架筒中筒结构

楼层	层高(mm)	柱(mm×mm)	主梁(mm×mm)	次梁(mm×mm)	核心筒(mm)
1～5	3 800	800×800/800×650	700×550	500×300	300
6～15	3 600	750×750/750×600	700×550	500×300	250
16～25	3 600	700×700/700×550	700×550	500×300	200

7.6.2　静力 Pushover 分析

三种不同高度的 Pushover 结果见图 7-18 所示。在 50 m 高度范围内,盒式结构相较

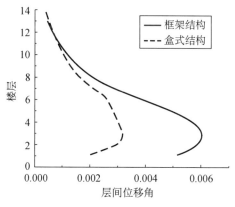

（a）50 m Pushover 结果

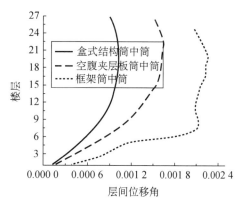

（b）90 m Pushover 结果

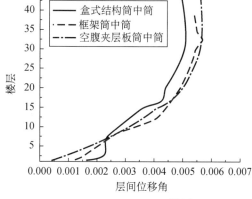

（c）145 m Pushover 结果

图 7-18　Pushover 结果

于框架结构而言有非常明显的优势。在相同混凝土及钢材用量条件下,框架结构在性能点处的位移比盒式结构大了一倍,充分表明盒式结构刚度大的特点。观察 90 m 及 145 m Pushover 结果可以明显看到,随着结构高度逐渐上升,结构的侧移曲线逐渐由典型的剪切型变为弯曲型;同时可以观察到在 90 m 高度范围内,盒式筒中筒结构的响应还是最小的,框架筒中筒结构最大,但当结构高度达到 145 m 时,3 种结构的最大层间位移角相差不多。这是由于盒式结构的优势在于抗弯刚度大,因此当结构高度较低,高宽比不大(小于 4),结构变形以弯曲型为主时,盒式结构的抗侧性能非常明显。但随着结构高度上升,高宽比慢慢变大后,结构变形主要由构件的轴向变形为主,此时盒式结构抗弯刚度大的优势难以体现,在这种情况下,单独使用空腹夹层板是一种较好的选择。如在模拟的 145 m 高度范围内,单独使用空腹夹层板可以使得整体结构多出 2 层,节省 15% 的建筑材料,且结构内无内柱,实现大开间灵活划分居室的建筑功能。

综上,当结构高度不高,高宽比较小时,使用盒式结构替代框架结构可以大幅度提高结构的刚度、降低材料用量,并可以实现结构大开间灵活划分居室的建筑要求,优势明显;当结构高度较高时,使用盒式结构的意义不大,但单独使用空腹夹层板依然可以为结构功能和经济性的改善带来显著的优势。

7.6.3 IDA 分析

通过上一节的分析可知,盒式结构在层高较低、高宽比不大的结构中优势比较明显,因此本节将通过动力增量法(IDA)分析在小高层中盒式结构的性能。通过 IDA 分析可以较为真实地反映结构在随机地震作用下的响应,因此此法广泛应用于结构抗震分析中[8]。

在本书中选取了 18 条 FEMA 推荐的近场地震波进行 IDA 分析(表 7-7),在本次 IDA 分析中,强度指标(IM)选用 PGA 和 PGV,损伤指标(DM)选用层间位移角和顶层位移。分析模型选用上一节 Pushover 分析中使用的 50 m 结构,同时使用纤维模型来模拟结构构件。

通过 IDA 得到结构的增量动力曲线后,通过概率统计来分析结构的性能。由于 IDA 曲线有很大的离散性及不确定性,因此使用 16%、50%、84% 分位曲线来衡量结构的性能,50% 分位值为数据的平均值,而 16% 和 84% 分位值为结构平均值加/减一倍方差后的统计值。

表 7-7 IDA 时程数据

编号	名称	日期	站点	PGA(g)
1	Imperial Valley 06	1979	EI Centro Array #6	0.44
2	Irpinia, Italy 01	1980	Sturno	0.31
3	Superstition Hills-02	1987	Parachute Test Site	0.42
4	Loma Prieta	1989	Saratoga-Aloha	0.38

编号	名称	日期	站点	PGA（g）
5	Cape Mendocino	1992	Erzican，Turkey	0.63
6	Landers	1992	Luceme	0.79
7	Northridge	1994	Rinaldi Receiving Sta	0.87
8	Kocaeli，Turkey	1999	Lzmit	0.22
9	Chi-Chi，Taiwan	1999	TCU065	0.82
10	Duzce，Turkey	1999	Duzce	0.52
11	Gazli USSR	1979	Karakyr	0.71
12	Imperial Valley 06	1979	Bonds corner	0.76
13	Imperial Valley 06	1989	Chihuahua	0.28
14	Loma Prieta	1989	BRAN	0.64
15	Loma Prieta	1989	Corralitos	0.51
16	Cape Mendocino	1992	Cape Mendocino	1.43
17	Northridge-01	1994	LA-Sepulveda VA	0.73
18	Chi-Chi，Taiwan	1999	TCU067	0.56

IDA 分析结构如图 7-19～图 7-21 所示。从图中可以看出，IDA 分析的基本趋势与 Pushover 结果相同，盒式结构体现出了明显的优势。从两结构的对比中可以看出，当结构处于弹性阶段时，盒式结构的平均层间位移角仅为框架结构的 70%。当结构开始进入塑性阶段时，盒式结构的优势开始有所丧失，层间位移角达到了框架结构的 85%，这是由于盒式结构的构件尺寸较小，塑性发展比较快，因此会比框架结构先进入塑性，使得刚度有较快的下降。但当结构完全进入塑性后，由于盒式结构节点多、刚度大，可以较好地耗散地震能量，因此其在高 PGA 地震下的表现有非常明显的优势，层间位移角及顶层位移都仅为框架结构的一半。

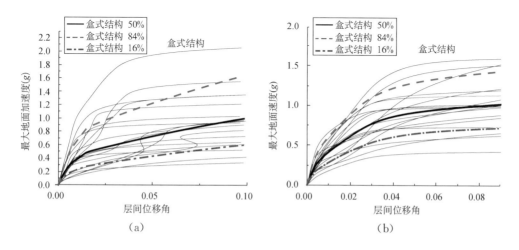

图 7-19　盒式结构 IDA 曲线

　　同时观察以 PGA 和 PGV 为 IM 的 IDA 曲线可以发现 PGV 曲线的离散程度要明显小于 PGA 曲线,但即便使用 PGA 作为 IM 指标也可以看出盒式结构明显的优势,因此虽然以 PGV 作为评价指标可以有效地降低结果的离散程度,但以 PGA 作为 IM 指标也不会影响结果的有效性。

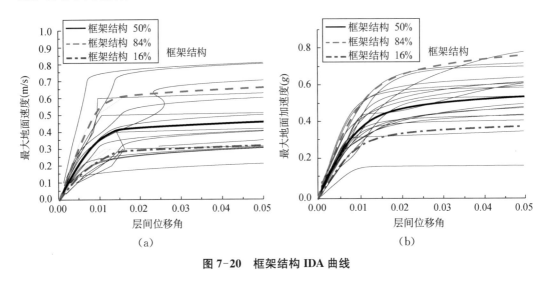

图 7-20　框架结构 IDA 曲线

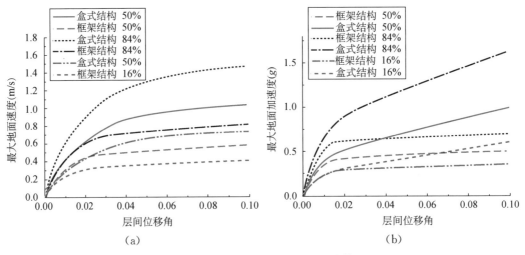

图 7-21　两结构 IDA 分析结果比较

7.6.4　地震易损性分析

　　根据上一节的 IDA 分析可以得出两结构的易损性曲线。易损性曲线的限值采用美国 FEMA440 和我国《高层建筑混凝土结构技术规程》(JGJ 3—2010)中的规定,采用三水准,分别为小震(直接居住极限状态,IO)、中震(生命安全极限状态,LS)、大震(防止倒塌极限状态,CP)。其限值分别为 1/550、1/100 和 1/25 层间位移角。由前节所述,以 PGV 作为 IM 指标的离散性较小,因此使用 PGV 和层间位移角作为易损性曲线的评价参数。

易损性曲线见图 7-22。

通过易损性曲线可以看出盒式结构在弹性阶段一开始相较于框架结构有较为明显的优势,但随着结构进入塑性后,其优势丧失,趋势同 IDA 分析的一致。但当结构完全进入塑性后(LS、CP 曲线),盒式结构的优势变得非常明显,表明在地震作用下,盒式结构多节点、大刚度的优势可以很好地耗散地震能量、保证结构的使用功能。

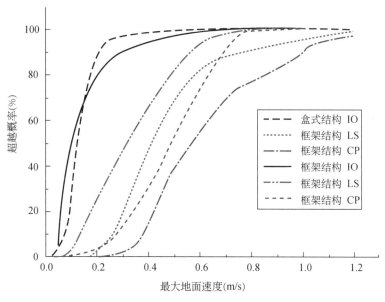

图 7-22　两结构易损性曲线

7.7　盒式结构同框架结构在实际工程中的对比

通过上一节的研究表明盒式结构相较于传统框架结构而言有非常明显的优势,因此本节将一栋实际已建框架高层结构改为盒式结构,比较其力学性能及经济性能。

7.7.1　结构介绍

实际结构为一栋在江苏盐城的办公楼,共 11 层,总高 46.6 m,结构平面图见图 7-23。实际结构平面尺寸为 58.5 m×22 m,主要的构件尺寸见表 7-8。结构的恒载为 5 kN/m² ,活载为 2 kN/m² 。同时考虑到隔墙和窗子的自重,周边梁上需加上 22 kN/m² 的荷载,同时截面尺寸相较于结构中部的主梁也需适当扩大。

由于框架结构自身的限制,其跨度不可能太大,需在结构内添加两排柱子,因此根据之前几节的阐述,将结构重新设计为盒式结构,设计的控制条件为两结构材料消耗量相同。重新设计的盒式结构平面图如图 7-24 所示,构件尺寸如表 7-9 所示。结构的恒荷载为 5 kN/m² ,活荷载为 3.6 kN/m² ,增加的活荷载为考虑到盒式结构中可以自由布置的轻质隔墙的重量。

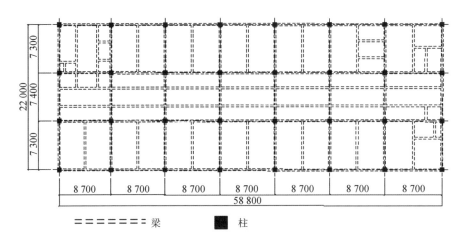

图 7-23　实际框架结构平面图

表 7-8　框架结构构件尺寸

楼层	层高 （mm）	柱尺寸 （mm×mm）	周边梁尺寸 （mm×mm）	主梁尺寸 （mm×mm）	次梁尺寸 （mm×mm）
1～3	5 400	1 000×800	950×300	900×300	650×300
4	3 800	800×800	950×300	650×350	550×250
5～6	3 800	700×700	950×300	650×350	550×250
7～11	3 800	600×600	950×300	650×350	550×250

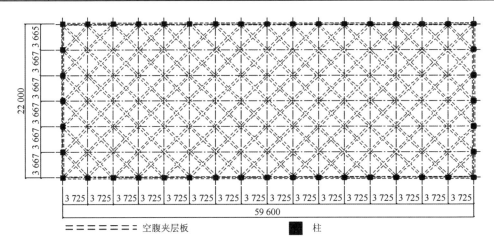

图 7-24　盒式结构平面图

表 7-9　盒式结构结构构件尺寸

楼层	层高（mm）	柱尺寸（mm×mm）	空腹夹层板高度（mm）	层间量尺寸（mm×mm）
1～3	5 400	800×700	1 500	300×200
4～6	3 800	700×500	900	300×200
7～11	3 800	650×450	900	300×200

7.7.2 抗震性能分析

为了比较重新设计的盒式结构同原结构之间抗震性能的差异,选取了前面章节中提到的18条 FEMA 推荐的近场地震波对两结构进行动力时程分析。为了更好地符合我国规范的要求,本次分析将所有的时程曲线拟合了规范规定的反应谱(图7-25),并根据我国规范规定的7度区三水准反应谱进行各条地震波的调幅。同时,为了较为充分地检验结构的抗震性能,在7度区三水准之外又添加了一个8度大震水准,以此来检验结构在塑性阶段的性能。

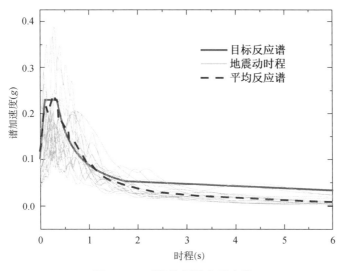

图7-25　时程数据拟合反应谱

时程分析的结果如图7-26所示,从图中可以看出四个水准下盒式结构均有非常明显的优势。在较小地震烈度下,盒式结构的地震响应大约为框架结构的70%左右,当结构进入完全塑性(8度大震水准),盒式结构的优势进一步扩大,如图7-26(d)所示,在此水准下框架结构的层间位移角已超过了规范限值,但盒式结构依然可以保证结构的安全性。

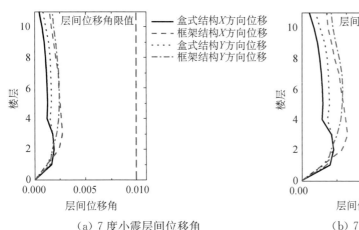

（a）7度小震层间位移角

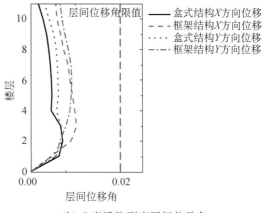

（b）7度设防烈度层间位移角

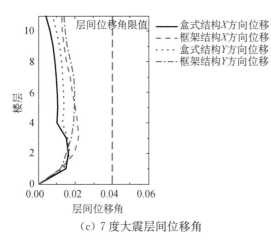
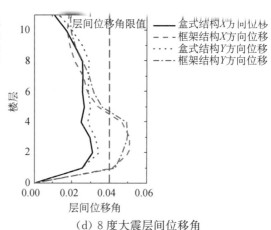

（c）7度大震层间位移角　　　　　　（d）8度大震层间位移角

图7-26　时程分析结果

　　两结构在地震下的塑性铰发展如图7-27所示。从图中可以非常明显地看到盒式结构的塑性铰发展要远远落后于框架结构,虽然盒式结构的塑性铰较多,但是塑性铰的发展程度不高,特别是当两结构在8度大震情况下时,框架结构整体已经进入了完全塑性,但盒式结构仅在结构下半部受力较大的地方进入了完全塑性,其余构件虽然进入塑性,但发展程度较浅,结构还可以保持整体的完整性。

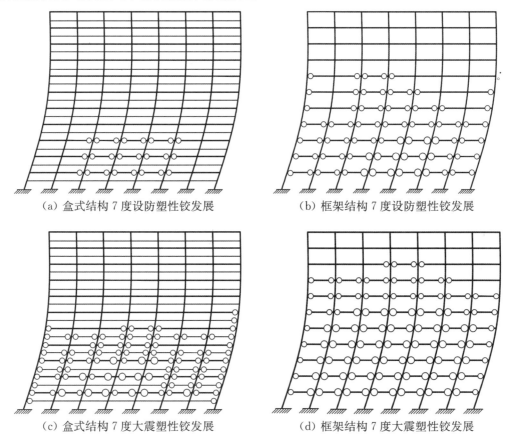

（a）盒式结构7度设防塑性铰发展　　　（b）框架结构7度设防塑性铰发展

（c）盒式结构7度大震塑性铰发展　　　（d）框架结构7度大震塑性铰发展

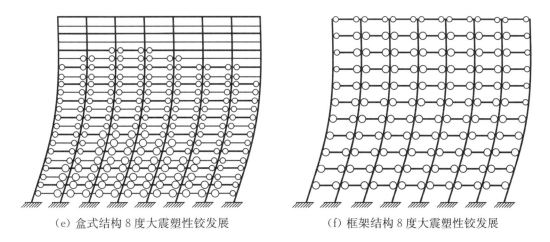

（e）盒式结构 8 度大震塑性铰发展 　　　　（f）框架结构 8 度大震塑性铰发展

图 7-27　结构塑性铰发展

从两结构的能量图中（图 7-28）也可以看到相似的结论。在 4 个水准中，盒式结构的塑性能量都要明显低于框架结构，表明盒式结构的塑性发展远低于框架结构，即便在大震中也可以较好地保证结构的使用功能和结构整体的完整性。

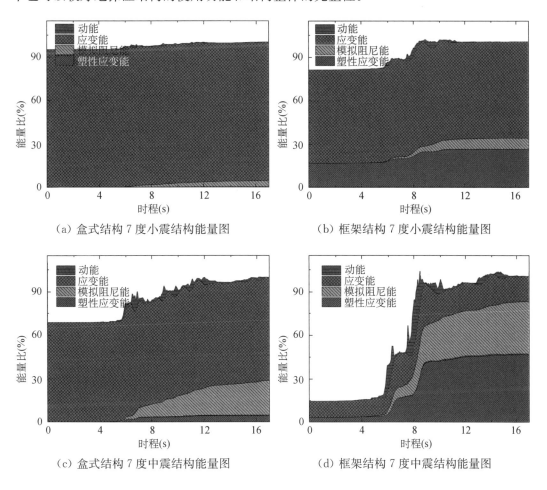

（a）盒式结构 7 度小震结构能量图 　　　（b）框架结构 7 度小震结构能量图

（c）盒式结构 7 度中震结构能量图 　　　（d）框架结构 7 度中震结构能量图

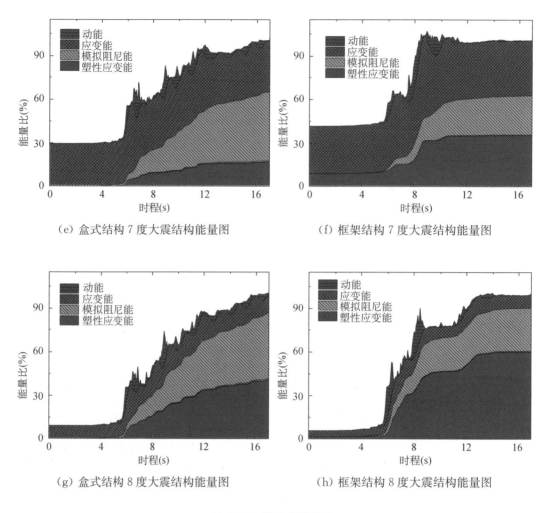

图 7-28　结构能量发展

7.7.3　Park-Ang 损伤分析

Park-Ang 损伤参数是一种被广泛使用的结构损伤判别的参数,通过结构构件的极限位移、层间位移、能量消耗等参数来判断结构在外荷载下的损伤。损伤参数 D 的计算公式如下所示

$$D = \frac{X_m}{X_u} + \beta \frac{\varepsilon}{F_y X_u} \tag{7-2}$$

式中,X_m 为构件在地震荷载下的最大位移;X_u 为构件的极限位移;β 为拟合参数,对框架及盒式结构而言取 0.15;ε 是能量耗散;F_y 是结构的屈服剪力。

两结构的 Park-Ang 损伤参数及参数时程见图 7-29,从图中可以看出损伤参数的趋势同层间位移角相似,盒式结构均有明显优势。特别是当结构处于 8 度大震水准时,框架结构的损伤参数已接近 1,表明结构已基本丧失了功能及整体性,处于倒塌的边缘,而反观盒式结构,其损伤参数为 0.8,虽然也有严重的破坏,但是还能基本保证结构的完整性,达到了我国"大震不倒"的性能要求,抗震能力较强。

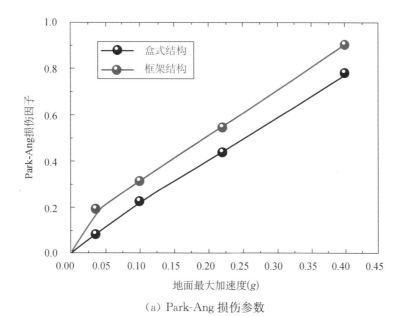

（a）Park-Ang 损伤参数

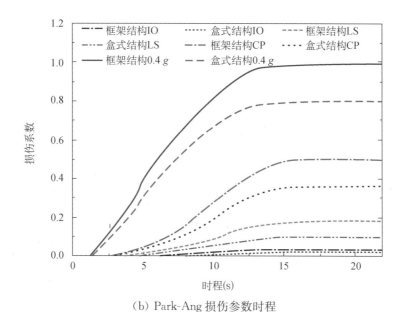

（b）Park-Ang 损伤参数时程

图 7-29 Park-Ang 损伤参数

7.7.4 经济性能分析

除了上述分析的抗震性能外,经济性能也是实际工程中一个非常重要的考量指标,因此当把框架结构重新设计为盒式结构后,必须比较两结构的经济性能,否则重新设计就没有实际意义。在本书中,经济性比较的参照指标为我国实际工程中应用的定额(表7-10),同时本书将整个结构的建造费用构成划分为了材料费用、模板费用、运输费用及组装费用,并进行了全过程的计算。

表 7-10 我国梁柱施工定额

构件	项目	单位	单价(元)
梁	混凝土	m³	497
	模板	m²	10 354
柱	混凝土	m³	508
	模板	m²	10 314

由于本次重新设计的盒式结构采用的控制条件为等材料用量设计,因此两结构的材料用量基本相同,盒式结构共使用混凝土 2 472.4 m³、钢材 276.8 t,框架结构共使用混凝土 2 422.9 m³、钢材 282.1 t,费用几乎完全相同。

由于本次结构需要全部在工厂中进行预制,因此制作的模板费用是制作费用中非常重要的组成部分。盒式结构虽然构件较多,但是由于其结构比较规整,可以将整个结构划分为四种单元进行预制(图 7-30),因此最终仅需要四种不同的模板即可制作结构所需的全部构件;反观框架结构,由于其构件种类较多,并不能划分成简单的几种不同构件进行预制,模板使用量相较于盒式结构而言大幅度上升,两结构的具体模板用量见表 7-11、表7-12。从表中可以看出盒式结构每层需用模板 110.75 m²,而框架结构需用 152.6 m²,因此盒式结构模板总价为 114.7 万元,而框架结构为 158 万元。

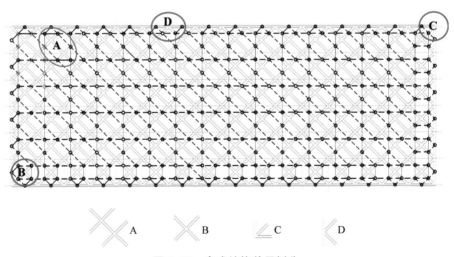

图 7-30 盒式结构单元划分

在运输费用上,由于盒式结构较轻,因此一辆车上可以运送多个构件;反观框架结构,由于构件较大,自重大,因此每个构件需要单独运输,因此运输费用大体相同。

当在现场浇筑时,由于盒式结构的节点小、构造简单,且仅需在跨中拼接,工序简单,虽然其拼接节点总数为框架结构的 4 倍,但根据工程实践,盒式结构节点拼接仅需用框架结构 1/5 的时间。因此根据现有的定额,完成整个 11 层结构的装配,盒式结构可比框架结构节省 22 个工日。

表 7-11 框架结构模板用量

构件(mm×mm)	长度(mm)	数量	模板用量(mm²)
950×300	8 700	20	$1.97×10^7$
650×300	8 700	28	$1.43×10^7$
750×350	8 700	15	$1.66×10^7$
900×300	7 400	18	$1.61×10^7$
400×200	9 075	7	$9.23×10^7$
550×250	9 200	3	$127×10^7$
1 000×800	5 400	32	$1.67×10^7$

表 7-12 盒式结构模板用量

单元	数量	模板用量(mm²)
A	75	$1.22×10^7$
B	21	$6.1×10^6$
C	4	$4.25×10^6$
D	40	$5×10^6$
800×700 柱	44	$1.56×10^7$

两结构的总花费见图 7-31。从图中可以看出,在整个建造过程中,盒式结构可以节省 43 万元(总造价的 7%),可节省 22 个工日,同时可以实现结构抗震性能和建筑使用功能的大幅度提升,是一种较好的框架结构替代体系。

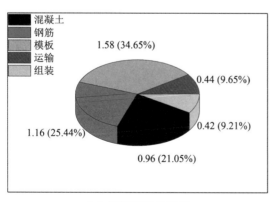

（a）框架结构总开销

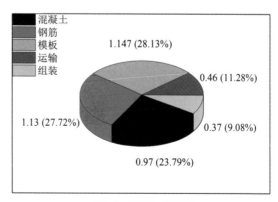

（b）盒式结构总开销

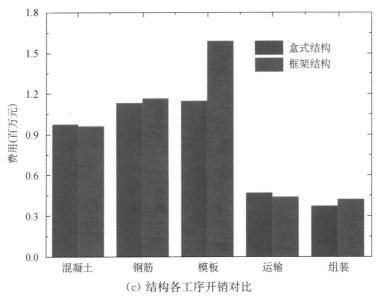

（c）结构各工序开销对比

图7-31 不同结构总开销

7.8 本章小结

本章通过静力分析、往复加载实验、抗震 IDA 分析、易损性分析、与实际结构对比分析等方法，系统全面地分析比较了盒式结构相较于传统框架结构的性能优势。分析结果显示盒式结构在抗震性能、建筑使用功能、经济性方面均有优势，是一种比较好的传统框架结构替代体系。

本章参考文献

［1］MA K J，ZHANG H，HANG Y. Research and application of large span concrete open-web sandwich slab[J]. Journal of Building Structures，2000，21(6)：16-23

［2］MA K J，ZHANG H，XIAO J. Concrete space grid structure[J]. Journal of Building Structures，2008(S)：239-245

［3］ZHANG H，HU L，MA K J. Analysis on static behavior of open-web sandwich plate and a practical method[J]. Journal of Guizhou University of Technology(Natural Science Edition)，2006，35(3)：83-87

［4］ZHANG H，HU L，MA K J. Analysis on static behavior of open-web sandwich plate and a practical method[J]. Journal of Guizhou University of Technology(Natural Science Edition)，2006，35(3)：83-87

［5］CAO S，MA K J，WEI Y，et al. Application of large span precast cassette structure in industrial architecture[J]. Building Structure，2013，43(4)：38-41

［6］XU X，MA K J，ZHANG H. Comfort analysis of large span precast cassette structure [J]. Spatial Structures，2014，20(1)：4-17

［7］HU L，MA K J. Research and Application of U-shaped steel plate-concrete composite open-web sandwich slab structure with high strength bolts[J]. Journal of Building Structures，2012，33(7)：61-69

［8］LU X，LI M，GUAN H，et al. A comparative case study on seismic design of tall RC frame-core-tube structures in China and USA[J]. The Structural Design of Tall and Special Buildings，2015，24(9)：687-702

第**8**章

装配式模块化悬挂结构

8.1 引言

20 世纪中叶,悬挂建筑结构开始得到工程应用,为了方便施工,在悬挂结构体系中采用预制件,如预制悬挂件、预制楼板等,是常用的做法。采用高集成的预制模块作为被悬挂件,旨在进一步提高悬挂结构的减震性能,并弥补模块建筑中的固有缺点,是笔者目前的研究。本节从模块建筑与悬挂结构两方面提供背景介绍,并讨论其优势组合。

8.1.1 装配式模块建筑及其优势与不足

模块建筑是一种高度集成的预制装配体系,其特点是在类似于集装箱的三维预制单元中,集成建筑外墙、装修、管线设备等,内部集成度很高。在厂家生产完毕后,直接运往现场进行吊装拼接,不仅结构部分施工便捷,还免去了后期的装修等工作[1, 2],如图 8-1 所示。

图 8-1　模块建筑体系[2]

模块技术的不同实现形式,已经广泛存在于建筑行业中。移动式的建筑、临时集装箱建筑、个性化定制的预制别墅,甚至是功能性的预制单元,例如预制厨房单元、厕所单元和浴室单元等,都具备模块建筑技术"高集成的三维的预制单元"的特点。本节重点介绍的是在一项永久的建筑工程中大规模应用,且空间上占主体地位并提供大多数建筑功能的一类模块建筑技术与结构体系[1-6]。此类模块建筑起源于英国、爱尔兰,在过去的 15～20 年间,逐步在欧美、日韩、澳大利亚等国家和地区的预制装配式民用建筑中推广应用[2,3]。近年来,我国也在推广模块建筑,出现了一些优秀的工程实例。

模块建筑的预制装配不仅体现在结构层面,还体现在非结构层面、使用功能层面,这是模块建筑相对于其他预制装配技术的最大不同。因而模块建筑在行业中的定位主要是高速度、高品质与极低的现场工作量。具体而言,相对于其他预制装配结构,模块建筑的优点主要有以下方面[2,6]:(1) 由于高度整合,免去了后续的装修、设备管线安装等工序,进一步缩短建造时间(图 8-2)、节省现场人力,甚至能适应恶劣的现场环境。(2) 每个模块自成结构体系,无论是运输、吊装还是就位,都无需额外的支撑件,可以采用较为便捷的堆放式就位。(3) 工厂流水线式装修、安装设备的方式,进一步提高室内品质,更符合商品住宅的市场要求。(4) 从结构到装修,所有环节的污染物和噪声得以集中处理,高度环保。

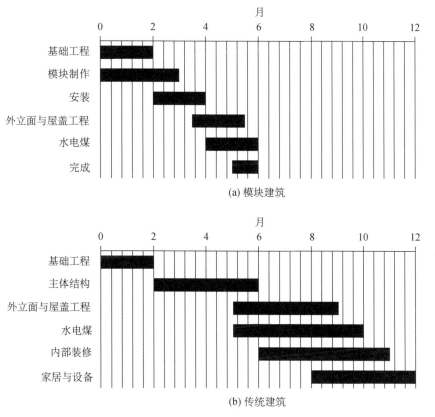

(a) 模块建筑

(b) 传统建筑

图 8-2　施工进度横道图

起初,出于生产线和运输的方便,生产商参考集装箱的结构与模数,结合模块住宅在建筑功能方面的考虑,例如设备与采光等,形成了一系列模块产品。随着应用场合的多样化,具有不同结构性能的模块逐步出现,包括大开间但较柔的框架模块,以及较封闭但较刚的密柱框架模块等,如图8-3所示。

(a) 框架模块　　　　　　　　　　　　(b) 密柱框架模块

图8-3　模块内部结构的部分类型示例[2]

当设计侧向力较小而模块本身较强时,无须采用外加抗侧力体系。例如,在欧美国家,非抗震区采用模块自带抗侧力体系[4,7,8],可建成6～8层纯模块建筑[2,3],如图8-4(a)所示;一般情况下,需要外加抗侧力体系[5,9],尤其在高层模块建筑中多数采用外加混凝土核心筒的方案,如图8-4(b)所示。

(a) 模块自带抗侧力体系[2]　　　　　　　(b) 外加抗侧力体系

图片来源:http://www.amsgroup.com.
cn/en/aboutus.asp

图8-4　模块建筑抗侧力体系选择

模块建筑中的传力问题主要有三大类,一是层内传力,二是层间传力,三是模块与基础之间的传力,其中层内传力是关键。现有的层内传力组织方案大致可分为以下四类,(1)如图8-5(a)所示,通过叠合楼板的后浇,或焊接、螺栓连接、采用预制咬合键加上预应力拼接等,经整块楼板进行层内传力;(2) 如图 8-5(b)所示,通过外加底部桁架进行层内传力,在下层模块与上层模块之间设置一个水平的桁架,层内的每个模块均与桁架相连,通过桁架把水平力传递给抗侧力体系;(3) 如图 8-5(c)所示,通过人为设定路径,如特殊的走廊模块或是在模块的走廊部分预设底部水平桁架,传力给抗侧力体系;(4) 各模块均与抗侧力体系相连。

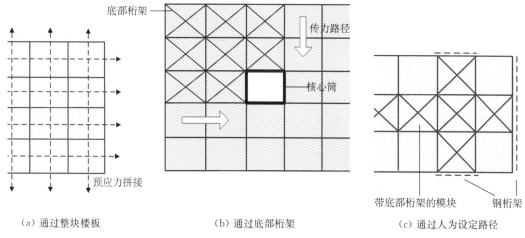

(a) 通过整块楼板　　　　　(b) 通过底部桁架　　　　　(c) 通过人为设定路径

图 8-5　模块建筑层内传力组织形式

在堆放式的高层模块建筑中,现有的模块内部结构以及传力方案始终存在以下两个待解决的问题:(1) 外加的混凝土核心筒承受大部分甚至接近全部的水平荷载,负荷过大,结构形式欠合理,单凭核心筒难以形成足够的耗能;而在模块组中布设阻尼器将对模块间节点连接和层内传力连接提出高要求,难以实现。(2) 模块所受竖向荷载是累积性的,低层模块的构件受压稳定问题突出,必须加大构件截面,严重影响模块的轻量化和标准化。

8.1.2　悬挂减震结构体系及其优势与不足

悬挂减震结构是一种主次结构减震体系(Mega-substructure Control System)[10-21];然而,并非所有的悬挂结构均具有减震功能,也并非所有的主次结构减震体系均采用悬挂的形式。本小节首先介绍一般的悬挂建筑结构,再延伸到其减震功能。

广义上的悬挂结构可如下定义:"依附于某一载体而悬于空中的部分称为被悬挂体,连接被悬挂体与载体的竖向传力构件称为悬挂件,载体、被悬挂体和悬挂件共同构成的抵抗重力的结构体系称为悬挂结构"。悬索桥、斜拉桥、大跨度索网结构等均符合此广义定义。然而,本章所讨论的是其狭义定义,即"一般用作住宅、酒店或办公室的多高层悬挂建筑结构"。

此类悬挂建筑结构中,载体(即主结构)可以采用单核心筒、多筒体、巨型框架、拱等结构形式,可选择设置转换层以便实现垂直悬挂减小额外水平力,一般由竖向延续若干层的被悬挂体(即次结构)承担主要的建筑功能,除了传递竖向荷载的悬挂件以外,或许存在水平连接可以在主次结构之间传递水平荷载[10]。

此类结构优势如下：(1) 由于次结构竖向构件受拉，能充分发挥钢材性能，减小构件尺寸和重量，并形成空间通透的良好建筑效果。(2) 次结构不占用底层或底部若干层空间，可以形成完全开阔的大堂，并给人以独特的力学感受；或可用于在既有低层建筑物上方的加层建设。

以上建筑效果的充分发挥有赖于各部分的良好配合，即主结构高度、结构形式、悬挂段数，须与面积、用途、平立面效果等有机结合。著名的工程案例包括德国慕尼黑宝马总部大厦、中国香港汇丰银行总部大厦、南非约翰内斯堡总部银行大厦、美国明尼阿波利斯联邦储备银行大楼等。其中汇丰银行总部大厦悬挂效果如图 8-6 所示。核心筒悬挂体系是在单段悬挂中采用较多的方案，其悬挂方式分类如图 8-7 所示，能形成各种不同的建筑效果。

(a) 多段悬挂　　　(b) 通透的建筑效果　　　　　(c) 开阔的底层大堂

图 8-6　汇丰银行总部大厦（中国香港）

图片来源：https://zh.wikipedia.org/w/index.php? title＝％E6％BB％99％E8％B1％90％E7％B8％BD％E8％A1％8C％E5％A4％A7％E5％BB％88&-oldid＝55089236

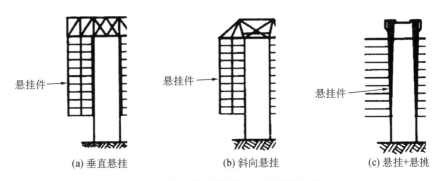

(a) 垂直悬挂　　　　(b) 斜向悬挂　　　　(c) 悬挂+悬挑

图 8-7　核心筒悬挂体系不同悬挂方式

如果允许悬挂结构的主次结构之间形成相对运动，配合阻尼器或耗能件，可以形成减震体系，如图 8-8 所示。一方面，主次结构的连接刚度不同带来不同的调频效果，次结构如同主结构的调频质量阻尼器(Tuned Mass Damper，TMD)减小其在特定频段的响应，而次结构质量远比一般 TMD 更大，因而其工作频段更宽；另一方面由于次结构具有建筑功能[12, 14]，其存在实际上是分摊了原结构的质量，这点避免了普通 TMD 需要引入额外质量的缺点；最后，合理设置参数能使次结构加速度响应得到控制。这样的减震方案对于高层核心筒式结构尤其有利：首先，核心筒以弯曲型变形为主，不利于常规阻尼器发挥耗能效率。而且，单独加入常规阻尼器擅长控制力响应而不擅控制加速度响应。其次，无法采用底部隔震技术，因为过高的结构将引起二阶倾覆弯矩，以及支座受拉等问题。综上，单段悬挂减震是现阶段针对 20 层左右的单核心筒结构体系最为有效可行的方案之一。

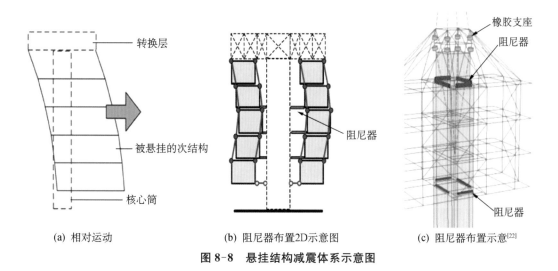

(a) 相对运动   (b) 阻尼器布置2D示意图   (c) 阻尼器布置示意[22]

图 8-8　悬挂结构减震体系示意图

然而，主次结构的设计响应之间存在矛盾妥协的关系。对于主结构而言，良好的振动控制有赖于主次结构相对运动充分开展[13]，以保证调频和耗能效果，而次结构在此情况下将产生较大的层间位移，容易导致非结构构件损伤（甚至包括玻璃幕墙等）。通常采用提高次结构刚度以控制其层间位移，但这并不利于体系充分发挥其减震效果。

8.1.3　模块建筑与悬挂结构的优势互补

模块结构的主流组织形式是"模块组＋抗侧力体系"的形式，而悬挂结构可以作为一种带有减震效果的抗侧力体系，由主结构提供抗侧力，但主次结构的连接形式减小了抗侧力的需求；另一方面，悬挂结构的工程应用中，被悬挂的次结构绝大多数采用预制件，而模块可以作为被悬挂的三维预制单元。可见两者的结合有可行性，两者之间存在优势互补的空间。

一方面，对于模块，悬挂使其竖向荷载仅在悬挂件中累积，因而大大减轻了底部模块的负荷，使其轻量化、标准化，有利于其推广；另一方面，对于悬挂结构，三维的预制模块单元使非结构构件处于各模块内部而不再连接于相邻楼盖之间，当模块被离散式地悬挂时，其次结构层间位移不引起损伤，因而其限值可被明显放松，进一步发挥整个体系的减震效果。

实际工程中，可以采用核心筒滑模施工，模块堆放就位，最后连接悬挂件，并撤去底层垫块的方案，充分发挥模块建筑快速便捷的特点。

本章重点介绍的装配式模块化悬挂结构体系是笔者根据上述优势互补的思路提出的新型结构体系,经一系列研究证实了其减震效果的优越性。

8.2　模块建筑结构体系特点

模块建筑结构体系由预制三维子结构相互连接而成,具有独特的结构特点。当模块之间的连接有效,其刚度强度满足一定要求时,钢结构模块建筑与普通的钢框架结构具有一定的相似性,然而两者之间的不同点也较为突出。此外,模块建筑面临着一些较为独特的结构任务和挑战。本节将解释说明以上问题。

8.2.1　钢结构模块建筑结构与钢框架结构的不同点

为保证运输、吊装、堆放式就位过程中的结构稳定性,单个模块具有完整的结构体系,就位之后的模块相互连接,形成更大的结构体系。局部结构体系与整体结构体系之间的分与合的关系,导致钢结构模块建筑结构存在以下与普通钢框架结构的不同之处:

(1) 模块组合之后的梁、柱构件,是由组合之前若干个模块的梁柱构件组成。这样的若干个分构件或通过有效连接形成格构式的构件,或较为独立地工作。举例而言,长度为6 m 的模块,上下堆放就位、有效连接之后,上模块的楼面梁和下模块的天花梁,形成一根"簇梁",两者在 6 m 跨度中间,并没有进行连接。

(2) 模块之间的连接,一定程度上参照预制装配式钢结构的连接。但是,由于预制的隔墙和楼面将模块就位后的空间划分为若干个子空间,进行连接操作的空间非常有限,尤其是相邻的若干个模块中,最后就位的模块与其他模块的连接往往具有难度。这种操作上的难度,使得模块结构的连接形式趋于小型、分散,技术上往往集合螺栓、预应力、销轴等若干构造,因而,目前流行的模块连接形式与钢结构常用连接形式有明显不同。

(3) 模块在楼面高度处,每个模块内部的平面内刚度很大,然而由于楼板的不连续,楼面处水平连接的刚度明显小于其内部的平面内刚度,具有半刚性楼板的特点,并伴随着十分明显的摇摆机制。以上特点如图 8-9 所示。

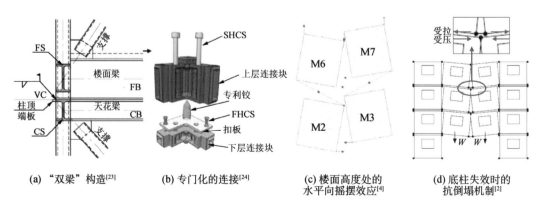

(a) "双梁"构造[23]　　(b) 专门化的连接[24]　　(c) 楼面高度处的水平向摇摆效应[4]　　(d) 底柱失效时的抗倒塌机制[2]

图 8-9　钢结构模块建筑的结构特点示例

8.2.2 模块建筑结构面临的挑战

模块建筑由于其特殊性,面临着结构层面上的独特挑战。首先,堆放式的高层模块建筑,其模块所承受的竖向荷载是累积性的,底部模块面临相当大的竖向荷载,需要加大截面,因而在结构效率和标准化之间存在一定矛盾。假如采用整个建筑沿高度方向变截面的方案,则失去了预制结构中标准化的优点;假如采用沿全高统一的结构,则增加材料和自重,降低结构效率。其次,模块建筑除了前述的半刚性楼板带来的摇摆机制,在竖向平面内,还存在由于钢板剪力墙等构件所提供的面内刚度而导致的竖向摇摆机制。这样的摇摆机制对模块之间的连接强度提出了更高的要求。最后,在抗连续倒塌方面,一方面,由于上述的竖向面内刚度,形成了特殊的抗倒塌机理,如图 8-9(d)所示;另一方面,由于某些模块建筑并不需要在整个楼面内进行水平向有效连接,而仅需要将模块水平向连接到走廊单元和核心筒等核心部分,限制了连结效应和荷载路径,导致了与普通结构体系不同的抗倒塌机制。

8.2.3 模块建筑结构的结构层次

模块结构从局部到整体,分为模块连接—模块内部结构—荷载路径—外加抗侧力结构共四个层次。每一个层次的性能都对结构总体性能起到显著的影响。本节主要对模块连接和模块内部结构进行介绍。

表 8-1 展示了具有代表性的模块连接方式。其中 L4 是天津大学的陈志华教授提出的一种新型的模块连接方式,此方式由中部的销轴体保证层内传力,由模块梁端的螺栓连接保证层间传力,同时在模块墙体角部预留操作空间,保证现场拼接的速度[25]。该研究针对此连接方式的十字节点,变换轴压比、梁高和是否有腋撑等参数,进行一系列单调及低周往复试验。结果显示:(1)滞回曲线饱满,具有良好的耗能能力;(2)破坏模式是综合性的,包括销轴体附近出现竖向空隙、销轴体裂缝、梁裂缝、腋撑端部的撕裂或断裂,以及柱端的局部屈曲等;(3)出现以上现象时,由于连接的冗余度较高,节点仍有良好的整体性;(4)腋撑的存在能明显提高节点承载力。此项技术适用于多层纯模块结构体系。

L6 是韩国建筑科学研究院的 Park 等人,针对模块建筑体系的"簇柱"特点,提出了将底层簇柱底端的外沿焊接于同一块端板上,并放置于带有波纹管内壁的预留基础杯口中进行后浇,这样一种适用于各种模块结构的基础连接形式[27]。该研究针对杯口深度、端板形状和是否带有栓钉等参数,对底层柱顶端水平加载进行一系列低周往复试验。结果表明:(1)杯口深度对承载力起到显著的正面影响;(2)栓钉能提高此节点的延性,而端板形状没有对结果产生显著影响;(3)破坏模式是基础混凝土的 45°角冲切破坏,分别形成两个冲切面,第一个从端板边缘到杯口内壁波纹管,第二个从波纹管底部到混凝土表面;(4)滞回曲线饱满,耗能良好。由于试验未考虑轴压比影响,其结果适用于低层纯模块体系。

表 8-1 代表性的模块连接方式

编号	示意图	连接方式	编号	示意图	连接方式
L1[23]		焊接	L4[25]		螺栓＋销轴
L2[24]		螺栓＋销轴	L5[26]		定位块＋预应力
L3[4]		螺栓＋连接板	L6[27]		后浇混凝土

表 8-2 展示了具有代表性的模块内部结构。其中 M3 是韩国首尔国立大学的 Hong 等人提出了一种带有高细长比夹心波纹钢板的模块,旨在为模块体系增加首道防线,提高其滞回耗能能力及冗余度,适用于多层的纯模块结构[28]。双层钢板与内芯波纹板采用焊接连接,上下模块层间连接部位分别在四片夹心板端部和模块柱端部的位置。试验包括夹心板面内滞回性能,单层纯模块、两层纯模块与两层带夹心钢板模块的滞回性能。结果显示:(1)夹心板性能特点基本与普通钢板吻合,失效模式为面板与内芯板脱开后的局部屈曲,而面板与内芯波纹板的焊接起到了一定加强效果;(2)纯模块的失效模式是模块柱端出铰;(3)带夹心钢板模块中,钢板端部出铰在模块柱端出铰之前,实现了其第一道防线的作用,钢板端部脱粘与屈曲的区域逐步扩大,滞回曲线饱满显示了良好的耗能与延性。

表 8-2　代表性的模块内部结构

编号与参考文献	示意图	结构形式	编号与参考文献	示意图	结构形式
M1[2]		钢框架	M3[28]		钢板-波纹板剪力墙
M2[2]		密柱钢框架	M4[29,30]		波纹板集装箱

表 8-10 展示了模块建筑结构四个结构层次的组合,目前,这样的组合是在高层商品房中最为流行的组合方式,很好地适应了建筑和结构两方面的需求。在施工方面,混凝土核心筒可以通过滑模方式,领先堆放式的模块若干层进行施工,两者不会相互影响。

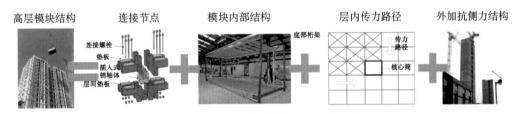

图 8-10　模块建筑结构的四个结构层次

8.2.4　工程案例

澳大利亚墨尔本的 9 层 Little Hero 住宅仅用 20 天就完成全部安装过程(在原有的一层框架上加建 8 层模块),且其地点位于狭窄的街区。这得益于其全预制的体系:模块＋预制核心筒。值得一提的是,为了建筑效果需要,本项目采用了一部分双层模块单元。我国已有相当数量的企业与科研机构密切推进模块建筑的工程应用,主要应用在多高层住宅。较为瞩目的工程有建成于 2015 年的镇江港南路公租房,本工程地上 18 层,地下 2 层,建筑高度 56.50 m,抗震设防烈度为 7.5 度,采用混凝土核心筒＋模块的形式,每个住宅套型由 2～3 个模块构成,如图 8-11 所示。

（a）澳大利亚墨尔本 Little Hero 住宅[31]　　　（b）中国镇江港南路公租房[7]

图 8-11　著名工程案例

8.3　主次结构减振机理

装配式模块化悬挂结构体系从结构布置上可分为主结构和悬挂模块次结构两部分。其中,主结构一般为核筒或者巨型框架,在外界干扰包括地震和风振作用下,主结构第一振型响应通常占总响应很大部分,当主结构响应以第一振型为主时,通过振型分解法可近似将悬挂减振结构体系的主结构近似为单自由度系统。特别对于单段悬挂减振结构体系而言,如将悬挂模块次结构同时也简化为单自由度系统,那么整个结构可近似简化为一个两自由度系统。此外,装配式模块化悬挂结构的主结构和悬挂模块次结构间安装的阻尼器,又可以简化为刚度单元和阻尼单元,这样简化后的单段悬挂减振结构与常规的单自由度单 TMD 系统(Single Degree of Freedom, Single Tuned Mass Damper, SDOF-STMD)的简化模型和运动方程一致。

悬挂减振结构的简化计算模型与常规 TMD 系统表面一致下也存在本质的区别:常规 TMD 系统的研究是减振理论研究的基础,其调频质量块与主结构的质量比通常为 1%～5%,本章称之为小质量比单自由度单 TMD 系统(SDOF-STMD with Small-Mass-Ratio, SDOF-STMD-SMR);悬挂减振结构中主结构与悬挂次结构的质量比通常为 0.5～1.5,比常规 TMD 系统大得多,现有 TMD 减振理论尚未对此有针对性研究,称为大质量比单自由度单 TMD 系统(SDOF-STMD with Large-Mass-Ratio, SDOF-STMD-LMR)。

本节首先从 SDOF-STMD 系统的计算模型和运动方程出发,分别将地震和风荷载简化为复简谐地面加速度激励和外加荷载激励作用于 SDOF-STMD 系统,有针对性地分析大质量比和小质量比两类 SDOF-STMD 系统的位移和加速度响应的变化规律及减振效果评价指标,这部分内容可作为 TMD 理论扩展,也可作为本章研究装配式模块化悬挂结构体系的理论基础。

8.3.1　系统计算模型及运动方程

SDOF-STMD 系统实际为一个两自由度体系,其计算模型如图 8-12 所示。图中, m_p、k_p、c_p 分别为主结构的质量、刚度和阻尼系数;m_s、k_s、c_s 分别为次结构的质量、刚度和阻尼系数；x_p 和 x_s 分别为主结构和次结构相对于地面的位移。其中下标 p 表示主结构参量，而下标 s 表示次结构参量。

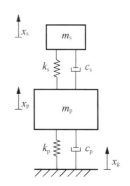

图 8-12　SDOF-STMD 系统
计算模型

如图 8-12 所示计算模型，在外力作用下系统的运动方程可表示为

$$\boldsymbol{M}\ddot{\boldsymbol{X}} + \boldsymbol{C}\dot{\boldsymbol{X}} + \boldsymbol{K}\boldsymbol{X} = \boldsymbol{F}(t) \tag{8-1}$$

其中，

$$\boldsymbol{M} = \begin{bmatrix} m_p & 0 \\ 0 & m_s \end{bmatrix}, \quad \boldsymbol{C} = \begin{bmatrix} c_p + c_s & -c_s \\ -c_s & c_s \end{bmatrix},$$

$$\boldsymbol{K} = \begin{bmatrix} k_p + k_s & -k_s \\ -k_s & k_s \end{bmatrix}, \quad \boldsymbol{X} = \begin{Bmatrix} x_p \\ x_s \end{Bmatrix}, \quad \boldsymbol{F}(t) = \begin{Bmatrix} F_p \\ F_s \end{Bmatrix} \tag{8-2}$$

为了便于分析，定义主结构和次结构的固有频率分别如式(8-3)所示，主结构和次结构的阻尼比分别如式(8-4)所示，次结构与主结构的质量比和圆频率比分别如式(8-5)所示，则式(8-2)中阻尼矩阵和刚度矩阵又可表示为式(8-6)。

$$\omega_p = \sqrt{k_p/m_p}, \quad \omega_s = \sqrt{k_s/m_s} \tag{8-3}$$

$$\xi_p = c_p/2\sqrt{k_p m_p}, \quad \xi_s = c_s/2\sqrt{k_s m_s} \tag{8-4}$$

$$\mu = m_s/m_p, \quad f = \omega_s/\omega_p \tag{8-5}$$

$$\boldsymbol{C} = \begin{bmatrix} 2m_p\omega_p\xi_p + 2m_s\omega_s\xi_s & -2m_s\omega_s\xi_s \\ -2m_s\omega_s\xi_s & 2m_s\omega_s\xi_s \end{bmatrix}, \quad \boldsymbol{K} = \begin{bmatrix} m_p\omega_p^2 + m_s\omega_s^2 & -m_s\omega_s^2 \\ -m_s\omega_s^2 & m_s\omega_s^2 \end{bmatrix} \tag{8-6}$$

8.3.2　复简谐激励下结构动力响应

假设激励为复简谐地面加速度，可表示为 $\ddot{x}_g = Ge^{i\omega t}$（$G$ 为激励幅值；ω 为激励频率；i 为虚数单位），且令激励频率与主结构频率比为 $\lambda = \omega/\omega_p$。则式(8-1)中的外力可表示为

$$\boldsymbol{F}(t)/k_p = \frac{1}{k_p}\begin{Bmatrix} F_p \\ F_s \end{Bmatrix} = -\begin{Bmatrix} m_p \\ m_s \end{Bmatrix}\frac{\ddot{x}_g}{k_p} = -\begin{Bmatrix} 1 \\ \mu \end{Bmatrix}\frac{G}{\omega_p^2}e^{i\omega t} \tag{8-7}$$

假定主结构和次结构相对于地面的位移表示为

$$\boldsymbol{X} = \begin{Bmatrix} x_p \\ x_s \end{Bmatrix} = \begin{Bmatrix} H_{\ddot{x}_g}^{x_p}(\omega) \\ H_{\ddot{x}_g}^{x_s}(\omega) \end{Bmatrix}e^{i\omega t} \tag{8-8}$$

其中，频率响应函数 $H_{\ddot{x}_g}^{x_p}(\omega)$ 的下标 $\ddot{x}_g$ 表示地面加速度激励，上标 x_p 表示主结构相对于地面位移，下文中频率响应函数的命名规则相同。

将式(8-2)~式(8-8)代入方程(8-1)中，可得 SDOF-STMD 系统的位移频率响应函

数为

$$\left\{ \begin{matrix} H_{\ddot{x}_g}^{x_p}(\omega) \\ H_{\ddot{x}_g}^{x_s}(\omega) \end{matrix} \right\} = \frac{G}{\omega_p^2} \left\{ \begin{matrix} H_{\ddot{x}_g}^{x_p}(\lambda) \\ H_{\ddot{x}_g}^{x_s}(\lambda) \end{matrix} \right\} = \frac{G}{\omega_p^2} \left\{ \begin{matrix} \Pi_{\ddot{x}_g}^{x_p}(\lambda)/\Omega(\lambda) \\ \Pi_{\ddot{x}_g}^{x_s}(\lambda)/\Omega(\lambda) \end{matrix} \right\} \tag{8-9}$$

$$\Omega(\lambda) = \left[1 + \mu f^2 - \lambda^2 + 2i(\xi_p + \mu f \xi_s)\lambda \right](f^2 - \lambda^2 + 2if\xi_s\lambda) - \mu(f^2 + 2if\xi_s\lambda)^2 \tag{8-10}$$

$$\Pi_{\ddot{x}_g}^{x_p}(\lambda) = -(1+\mu)f^2 + \lambda^2 - 2i(1+\mu)f\xi_s\lambda \tag{8-11}$$

$$\Pi_{\ddot{x}_g}^{x_s}(\lambda) = -1 - (1+\mu)f^2 - 2i\xi_p\lambda - 2i(1+\mu)f\xi_s\lambda + \lambda^2 \tag{8-12}$$

由式(8-8)和式(8-9)可得次结构相对于主结构的位移为

$$x_{s-p} = x_s - x_p = H_{\ddot{x}_g}^{x_{s-p}}(\omega)e^{i\omega t} \tag{8-13}$$

其中,

$$H_{\ddot{x}_g}^{x_{s-p}} = G/\omega_p^2 H_{\ddot{x}_g}^{x_{s-p}}(\lambda) = G/\omega_p^2 \Pi_{\ddot{x}_g}^{x_{s-p}}(\lambda)/\Omega(\lambda) \tag{8-14}$$

$$\Pi_{\ddot{x}_g}^{x_{s-p}}(\lambda) = -1 - 2i\xi_p\lambda \tag{8-15}$$

其中, $H_{\ddot{x}_g}^{x_p}(\lambda)$、$H_{\ddot{x}_g}^{x_s}(\lambda)$、$H_{\ddot{x}_g}^{x_{s-p}}(\lambda)$ 和 $\Omega(\lambda)$ 为无量纲参量。进一步推导得到:

$$\Pi_{\ddot{x}_g}^{\ddot{x}_p}(\lambda) = -2i\xi_p\lambda^3 - (1 + 4f\xi_p\xi_s)\lambda^2 + 2if(f\xi_p + \xi_s)\lambda + f^2 \tag{8-16}$$

$$\Pi_{\ddot{x}_g}^{\ddot{x}_s}(\lambda) = -4f\xi_p\xi_s\lambda^2 + 2if(f\xi_p + \xi_s)\lambda + f^2 \tag{8-17}$$

其中, $H_{\ddot{x}_g}^{\ddot{x}_p}(\omega)$ 和 $H_{\ddot{x}_g}^{\ddot{x}_s}(\omega)$ 为主结构和次结构的绝对加速度频率响应函数,且为无量纲量。

8.3.3 主结构无阻尼时参数解析

实际工程中安装的常规 TMD 系统质量比通常在 $1\% \sim 5\%$,其设计目标为优化主结构的动力响应,即主结构动力响应最大值最小;而次结构 TMD 质量块的动力响应为限制目标,即满足主结构减振要求的同时,质量块的动力响应在可控范围内。

主结构位移响应的优化目标根据式(8-9)可定义为无量纲参量,

$$N_{\ddot{x}_g}^{x_p} = \min_{f,\xi_s} \left[\max_\lambda \left(\left| \frac{\omega_p^2 H_{\ddot{x}_g}^{x_p}(\omega)}{G} \right| \right) \right] = \min_{f,\xi_s} \left[\max_\lambda (|H_{\ddot{x}_g}^{x_p}(\lambda)|) \right] \tag{8-18}$$

对于上述主结构位移响应的优化方法一般可分为解析法和数值法,其中对于主结构无阻尼的 SDOF-STMD 系统,可通过不动点法得到系统最优参数的近似解析表达式。图 8-13(a)给出了当 $\mu=0.05$, $f=0.94$, $\xi_p=0$ 时 SDOF-STMD 系统的主结构位移幅值变化趋势。图 8-13(a)可知,对于主结构无阻尼系统,当质量比和频率比一定时,变化次结构阻尼比得到的曲线族通过 P_1 和 P_2 两公共点,或称为不动点。Den Hartog 等人提出:

当两个不动点的幅值相等且为峰值响应时,可近似认为系统参数最优。其主要步骤是通过不动点的幅值相等得到最优频率比 f_{opt},然后假定不动点为峰值响应点,得到两个次结构阻尼比,令其均值为次结构最优阻尼比 $\xi_{s,opt}$。 这一方法被称为 Den Hartog 法。图 8-13(b)给出了当 $\mu=0.05$, $f=0.94$, $\xi_p=0.05$ 时 SDOF-STMD 系统的主结构位移幅值变化趋势。显然,对于主结构有阻尼的 SDOF-STMD 系统,变化次结构阻尼比得到的曲线族不存在公共点,所以不能通过 Den Hartog 法求其近似解析解,因此对于主结构有阻尼 SDOF-STMD 系统一般采用数值法优化。

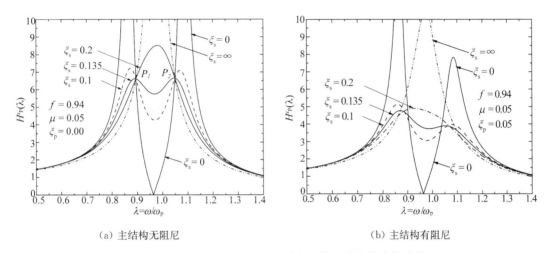

（a）主结构无阻尼   （b）主结构有阻尼

图 8-13 SDOF-STMD-SMR 系统主结构位移幅值变化趋势

针对复简谐地面加速度激励下 SDOF-STMD 系统,当主结构无阻尼时,采用不动点法以主结构的位移响应为优化目标,可得最优参数及相应的位移动力响应为

$$f_{opt} = (1-\mu/2)^{1/2}/1+\mu \tag{8-19}$$

$$\xi_{s,opt}^2 = 3\mu[8(1+\mu)(1-\mu/2)] \tag{8-20}$$

$$N_{\ddot{x}_g,opt}^{x_p} = (1+\mu)\sqrt{2/\mu} \tag{8-21}$$

图 8-14 给出了 SDOF-STMD 系统最优参数随质量比变化趋势,其中 $\xi_p=0$ 和 $\xi_p=0.05$ 的系统最优参数值是通过数值法求得。由图 8-14(a)可知:随着质量比 μ 的增大,最优频率比 f_{opt} 逐渐减小,当主结构无阻尼时,解析解和数值解吻合,表明公式(8-19)具有良好的精度;当主结构阻尼比 $\xi_p=0.05$ 时,f_{opt} 相对主结构无阻尼时有所降低,当 $\mu \leqslant 0.05$ 时,ξ_p 对 f_{opt} 影响较小,所以可采用公式(8-19)的计算值作为常规 TMD 结构的设置参数,当 $\mu \geqslant 0.5$ 时,ξ_p 对 f_{opt} 影响不可忽略。由图 8-14(b)可知:随着质量比 μ 的增大,次结构最优阻尼比 $\xi_{s,opt}$ 逐渐增大,当主结构无阻尼时,解析解和数值解在 μ 较小时基本吻合,在质量比较大时有一定误差,且解析解偏大,这是由于 Den Hartog 法取均值的解析过程所致;当 $\xi_p=0.05$ 时,$\xi_{s,opt}$ 相对主结构无阻尼时有所增大,当 $\mu \leqslant 0.05$ 时,ξ_p 对 $\xi_{s,opt}$ 影响较小,所以可采用公式(8-20)的计算值作为常规 TMD 结构的设置参数,当 $\mu \geqslant 0.5$

时,ξ_p 对 f_{opt} 影响不可忽略。

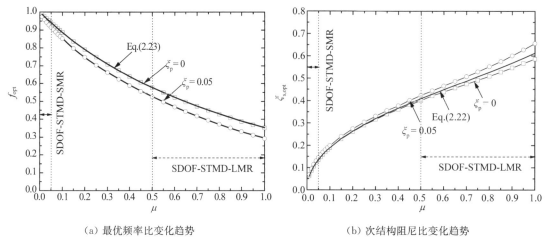

(a) 最优频率比变化趋势　　　　　　　　(b) 次结构阻尼比变化趋势

图 8-14　SDOF-STMD 系统最优参数随质量比变化趋势

综合图 8-14(a)和图 8-14(b),对于 SDOF-STMD-LMR 系统,采用常规 TMD 系统参数设置的经典公式来计算得到系统参数会带来较大的误差,所以有必要对 SDOF-STMD-LMR 系统的减振机理进行探讨。

8.3.4　大质量比系统减振效果评价

地面加速度激励下 SDOF-STMD 系统的结构动力响应的减振效果可定义为

$$\delta = 1 - |N_{TMD}|_{max} / |N_p|_{max} \tag{8-22}$$

式中,N_{TMD} 表示设置 TMD 时结构动力响应;N_p 表示不设置 TMD 时结构动力响应。复简谐地面加速度激励作用下,SDOF-STMD 系统的主结构位移响应的减振效果,可表示为

$$N_{TMD} = H_{\ddot{x}_g}^{x_p}(\omega); \ N_p = H_{\ddot{x}_g, p}^{x_p} = -\frac{G}{\omega_p^2} \frac{1}{1 + 2i\xi_p\lambda - \lambda^2} \tag{8-23}$$

式中,$H_{\ddot{x}_g, p}^{x_p}(\omega)$ 表示不设置 TMD 时主结构位移响应函数,此时系统为仅有主结构的单自由度系统,将式(8-23)代入式(8-22)中可得,

$$\delta = 1 - |H_{\ddot{x}_g}^{x_p}(\lambda)|_{max} \cdot 2\xi_p\sqrt{1 - \xi_p^2} \tag{8-24}$$

图 8-15 给出了地面加速度激励下主结构位移响应减振效果 δ 随质量比 μ 的变化趋势。由图可知:SDOF-STMD 系统的减振效果随着质量比的增大而逐渐增大,但是最后趋于平缓;主结构阻尼比对设置 TMD 系统的减振效果 δ 有较明显的影响,主结构阻尼比较小时设置 TMD 的减振效果更优。上述理论分析表明,对于 SDOF-STMD-SMR 系统,设置 TMD 能够取得较为显著的减振效果,但是如继续增大次结构减振质量,减振效果的

增大并不明显,但是为何对悬挂减振结构的分析表明悬挂结构有着优异的减振控制效果,为此,有必要从 SDOF-STMD-SMR 和 SDOF-STMD-LMR 两个系统形成过程来重新定义大质量比 TMD 系统的减振效果。

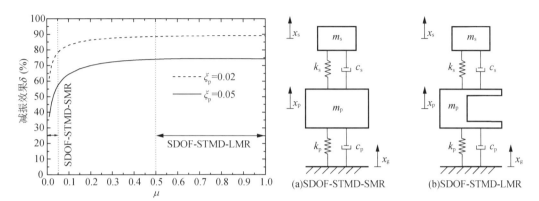

图 8-15　主结构位移响应减振效果随质量比变化趋势　　图 8-16　SDOF-STMD 系统形成过程

　　两类 SDOF-STMD 系统的形成过程如图 8-16 所示。对于 SDOF-STMD-SMR 系统,其减振次结构质量 m_s 是外加的,所以评价其减振效果可按照式(8-22)计算。但对于 SDOF-STMD-LMR 系统,参照悬挂减振结构的形成过程,对其减振效果的评价可定义为两步:第一步是将主结构中部分质量 m_s 移出,导致主结构质量减小,从而直接导致主结构动力响应显著降低,这种由于次结构质量与主结构分离产生的减振效果,本书称之为减质量效应;第二步是将次结构质量 m_s 通过合理的连接装置与主结构相连,同时优化结构参数,形成大质量比 SDOF-STMD 系统,这种由于次结构和主结构相互作用而产生的减振效果,称之为减振效应。因此,SDOF-STMD-LMR 系统的减振效果实际是减质量效应和减振效应的累加。针对 SDOF-STMD-LMR 系统,减质量效应 ζ 可定义为

$$\zeta = 1 - |N_p|_{max} / |N_a|_{max} \tag{8-25}$$

式中, N_a 表示次结构分离前原结构动力响应。假定次结构分离前后结构阻尼比 ξ_p 保持不变,则主结构位移响应的减质量效应又可表示为

$$\zeta = 1 - \omega_a^2 / \omega_p^2 \tag{8-26}$$

式中, ω_a 为次结构分离前原结构的圆频率。进一步假定原结构中的刚度在次结构分离前后保持不变,如核心筒悬挂结构的侧向刚度主要由核心筒提供,则式(8-26)又可进一步简化为

$$\zeta = 1/(1+\mu) \tag{8-27}$$

　　因此,对于 SDOF-STMD-LMR 系统,结构动力响应的减振效果 τ 可定义为

$$\tau = 1 - |N_{TMD}|_{max} / |N_a|_{max} \tag{8-28}$$

由式(8-22)、式(8-25)和式(8-28)可知有如下关系,

$$1-\tau=(1-\zeta)(1-\delta) \qquad (8-29)$$

如果要满足 $\tau>0$,即 SDOF-STMD-LMR 系统有减振效果,仅需要满足下式,

$$\delta>-\zeta/(1-\zeta) \qquad (8-30)$$

综合式(8-27)和式(8-30)可知,由于 SDOF-STMD-LMR 系统主结构位移响应的减质量效应 $\zeta>0$,从而提高了系统的减振效果,即使 TMD 装置的减振效应为负时,也可能满足系统的减振效果为正。

上述研究将地震和风荷载简化为复简谐地面加速度激励和外加荷载激励作用于 SDOF-STMD 系统,对比了 SDOF-STMD-SMR 系统和 SDOF-STMD-LMR 系统的减振机理异同,并得到如下主要结论:

(1) 复简谐地面加速度激励下的 SDOF-STMD 系统,存在最优频率比 f_{opt} 和次结构最优阻尼比 $\xi_{s, opt}$,使得主结构位移峰值响应最小;对于大质量比系统,常规 TMD 系统设置的解析公式得到的 f_{opt} 和 $\xi_{s, opt}$ 没有考虑主结构阻尼比,会引起较大误差,建议采用数值法求解。

(2) 复简谐地面加速度激励下的 SDOF-STMD-LMR 系统,通过对主结构所受干扰力和惯性力的对比分析表明,大质量比系统不仅有减振效果,而且也有驱动效果;通过对主结构所受干扰力的组成分析表明,大质量比系统有着更高的耗能效率。

8.4 悬挂结构的次结构模块化

为了实现前述的优势互补,将悬挂结构中次结构模块化,也就是将"悬挂件＋被悬挂楼盖体系＋非结构构件"转变为"悬挂件＋被悬挂离散模块"。从模块建筑的角度可以看作以核心筒或巨型框架(主结构)作为外加抗侧力体系,将竖向离散的模块组(次结构)通过悬挂的方式与之相连,形成柔性的组织方式。本节围绕如何实现模块化及其基本特点进行讨论。

8.4.1 实现形式简述

图 8-17 给出了此前提出的模块化悬挂结构体系示意图。主结构采用混凝土核心筒结构,顶部设置桁架转换层,悬挂件采用串联的铰接空心钢管,向下悬吊一段离散的模块,钢管与模块的连接点在模块的框架梁柱顶节点。竖向相邻的模块之前设置有机械弹簧,提供模块层间刚度,阻尼器的布设可以有多种形式,将于此后章节进行讨论。在平时人员稀少的杂物间等位置,设置带有保险丝式连接的预制楼板,连接主次结构并传递风荷载;地震时,连接自动断开,预制板滑动,主次结构形成相对位移,然而楼板本身只受到有限程度的损伤,保证必要情况下可以紧急通行[15]。

在悬挂结构中,由于主次结构相对运动较大,需要采用柔性管线或柔性接头,避免管线在地震中遭受破坏。此类产品在市场上已经成熟,并广泛应用在隔震结构的隔震层中,

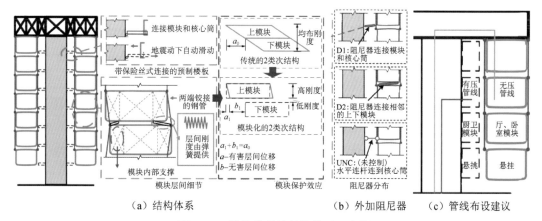

（a）结构体系　　　　　　　　　　　（b）外加阻尼器　　（c）管线布设建议

图 8-17　模块化悬挂结构体系示意图

部分案例在地震中展现了良好性能。对于模块化悬挂结构,可以利用模块分割灵活方便的特点,根据使用功能,对有压管线和无压管线进行分区。例如,厨房卫生间形成独立小模块,包含水、燃气等有压管线,不进行悬挂而是直接悬挑于主结构,保证地震作用下此部分管线变形较小;客厅卧室等模块进行悬挂,但只含有电线网线等无压管线,方便柔化处理。

图 8-18 展示了发明专利"一种柔性悬挂式模块建筑结构"(2016207946803)。竖向相

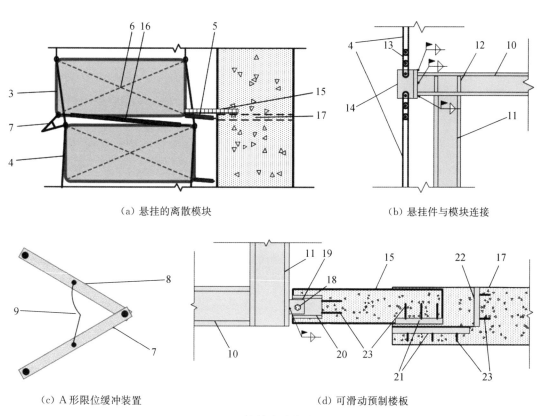

（a）悬挂的离散模块　　　　　　　　　　　（b）悬挂件与模块连接

（c）A 形限位缓冲装置　　　　　　　　　　（d）可滑动预制楼板

图 8-18　悬挂的离散模块实现方式

邻模块之间设置限位缓冲装置 8,用于避免模块在水平相对位移较大时发生竖向碰撞。限位缓冲装置 8 在两个杆件 8 之间设置初状态是松弛的钢丝绳 9,组成的一个 A 形杠杆,避免过早拉断。各个模块 3 的楼面通过阻尼器 5 与核心筒结构相连,由于阻尼器 5 起滑荷载效应,可以把风荷载直接传递到核心筒结构。模块的天花梁 10 在梁柱节点之外设置一段外延段,天花梁在相应位置设置加劲肋 12,悬吊杆件 4 在端部连接一个万向接头 13,通过螺栓连接 T 形连接钢板 14 的腹板,T 形连接钢板 14 的翼缘与模块天花梁 10 的外延段焊接。关于可滑动的预制楼板 15,内预埋槽钢 20,预埋之前槽钢 20 与连接钢板 19 已采用高强螺栓 18 连接,连接钢板 19 与模块楼面处的梁柱节点进行现场焊接,预制楼板 15 另一端搁放在核心筒楼板 18 的凹槽上,接触面的两侧均设置有预埋接触钢板 21,可以形成摩擦滑动。在凹槽的竖向端面设置预埋防碰撞钢板 22,以上预埋件均带有焊接在其上的预埋锚筋 23。

8.4.2　对非结构构件的保护效应

被悬挂模块对非结构构件的保护机理如图 8-19 所示。在附录 8.A 所定义的 type-2 主次结构减振体系中,若采用常规方案,次结构层间位移在整个使用空间均匀开展,将直接影响非结构构件,例如造成图示的玻璃幕墙破裂与掉落,进而酿成其他更严重后果(对隔墙、外饰等的影响与此类似)[32];而模块化的 type-2 体系在上下模块间形成柔性层,柔性层由弹簧提供刚度,而模块内部刚度大于柔性层刚度,因而主要的层间位移集中在模块之外,不影响模块内部的非结构构件。当总的层间位移保持一定时,显著降低有害位移 a 的比例[15]。

值得指出的是,本章此后的讨论均针对 type-2 体系。既有实验指出采用常规构造的玻璃幕墙在 3%～5% 左右的层间位移角下很有可能受到严重破坏和脱落,构造过于简单的玻璃幕墙可在 1% 的层间位移角下即受到损伤,尽管十分完备的构造能使其在 10% 的层间位移角下保持完好,但成本很高。若采用离散式悬挂模块的方案,对于层高 4 m,上下模块之间相隔 0.4 m,其中 0.3 m 是弹簧、阻尼器和其他设备占用空间,0.1 m 是自由净空的情况(可采用前述 A 形限位器或其他缓冲橡胶,限制上下模块竖向相对位移不超过 0.1 m),则此自由净空可允许 22% 的模块间位移角,如图 8-19 所示。较大的容许层间位移角所带来的结构优势将在后面章节重点讨论。实际上具体的弹簧和阻尼器型号对自由净空影响较大,其型号、自由净空和总净空三者之间的取舍,应根据业主对层高和减震性能的需求,由结构工程师通过计算而确定。

8.4.3　简明的层间关系

在传统的框架结构与悬挂结构的框架式次结构中,层间刚度不仅由结构构件控制,还受到各种非结构构件的影响,如填充墙、外饰、管线和玻璃等。综合既有研究的观点,可见复杂的层间关系会带来以下三方面的影响:

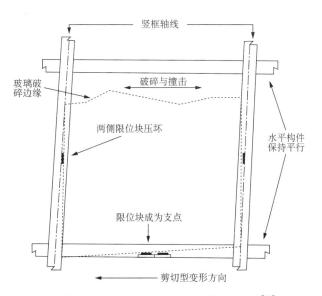

（a）传统类型的层间位移开展对玻璃幕墙的影响[32]

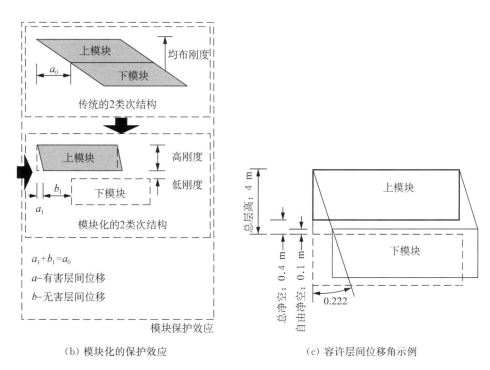

（b）模块化的保护效应　　　　　　（c）容许层间位移角示例

图 8-19　悬挂的离散模块对非结构构件的保护效应

（1）竖向和平面不规则。即竖向各层或同一层平面内非结构构件对层间刚度影响程度相差较大，即使结构构件刚度规则，也将带来严重的不良效应。极端情况包括：上部各层满布填充墙，但底层不设填充墙导致的软弱层效应；或者是同一层内，两邻面布设填充墙，但剩余两面完全留空，导致刚心偏离质心，从而引起扭转效应。

（2）短柱破坏。即出于预留门窗洞口等目的，布设不满高的填充墙，使同一层内各柱有效长度相差较大,构件之间的内力分布严重偏离设计,在地震作用下,短杆受到脆性破坏。

(3)自振频率和振型难以确定。即使质量大小及其分布得到了较精确的判断,由于非结构构件对结构刚度的影响难以明确,导致自振频率只能估算,设计地震力出现偏差。此外,基于振型的阻尼器、耗能件等优化布设也受到影响。

悬挂的离散模块层间关系较为简明,不存在上述问题。上下相邻模块之间由机械弹簧相连,提供层间刚度,且其参数经过检测,比较明确;某些情况下存在阻尼器和柔性管线,而采用前述的管线布设策略,可使模块层间管线大多为无压管线。这样的层间关系可避免上述不良效应,并为下文介绍的最优化结果提供实施的可能。

8.5 模块化悬挂结构受力特点

8.5.1 悬挂结构的主结构受力特点

悬挂结构减震体系属于主次结构减震体系,其主结构的内力是体系减震的重点。对于主结构是核心筒或巨型框架两种情况,设计得当时,其主结构受力特点如下:

(1)较大的轴压比和较明显的二阶效应。由于次结构没有对应的基础,而是将所有竖向荷载传递到转换层,因而整个结构体系的竖向荷载均经过主结构传递到基础,导致轴压比较大。对于主结构是核心筒的情况,此效应伴随着较明显的结构二阶效应,即顶点位移引起底部弯矩的增加,对基础的抗倾覆稳定性提出了较高的要求。

(2)竖向鲁棒性较弱。竖向传力途径较为单一,转换层和核心筒的设计建议采用较大的安全系数,并充分考虑连续倒塌效应。

(3)最大弯矩出现在底部。对于主结构是核心筒的情况,主次结构之间多点连接可能导致核心筒剪力沿高度出现一定程度的突变,但总体趋势是其时域、频域的最大弯矩均出现在底部。对于主结构是巨型框架的情况,各悬挂段的次结构对主结构的剪力输入往往不同相,然而最大剪力一般出现在底部框架层,导致框架柱最大弯矩同样出现在底部。

(4)核心筒顶部弯矩明显。主结构采用核心筒时,其弯曲型的变形导致顶部转角和转角加速度较大,通过转换桁架引起较大的次结构竖向响应,而这样的次结构竖向加速度构成了对转换桁架的惯性力输入,导致明显的转换桁架弯矩与核心筒顶部弯矩。

主次结构之间采用的柔性连接大多情况下仅针对水平方向,在竖向实现柔性连接是较为困难的,有日本学者研发出由双层环形布设的橡胶支座组成的钟摆式悬挂装置[22],可以替代转换层并将主次结构的顶部转角解耦,旨在解决上述问题,并进一步减小次结构转角以增强其隔震效果与舒适度。然而,此设备构造精密、成本较高,不适用于次结构体量较大的情况,故其推广存在明显的难度。就现阶段而言,减小转换桁架跨度,如图 8-7(c)所示的悬挂+悬挑的方案,是缓解此效应的最直接办法。

8.5.2　阻尼器布设方式

悬挂结构减震体系中,主次结构之间相对运动是调频减震的必要条件,然而其耗能的方式与阻尼器布设方案有关。当主结构采用核心筒时,由于其弯曲型变形,认为在主结构内部布设阻尼器耗能效率较低,不予考虑,因而主要的布设方式有以下几类,如图8-20所示。

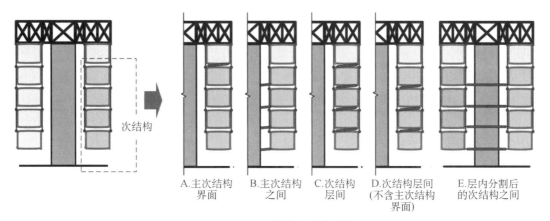

次结构

A.主次结构　B.主次结构　C.次结构　D.次结构层间　E.层内分割后
　界面　　　之间　　　　层间　(不含主次结构　的次结构之间
　　　　　　　　　　　　　　　界面)

图 8-20　阻尼器布设方式分类

较为常见的是 A、B 两类布设方式,若采用这样的布设方式,无论次结构内部是否有明显变形,只要主次结构之间产生相对运动,即可耗能。换言之,提高次结构内部刚度,并通过一定的构造措施允许主次结构界面变形,即可在避免次结构内部损伤的前提下耗能减震,例如附录 8.A 中介绍的一类主次结构减震体系。极端情况下,即使次结构和主次结构连接刚度都很大,只要核心筒产生弯曲型变形,B 类布设的阻尼器就可工作。

C、D 类布设方案目前并不常见,因为次结构层间阻尼器的耗能有赖于次结构层间位移的开展,这样的层间位移开展有一定限制,导致阻尼器行程较小,耗能效率有限。然而,假如能放松次结构层间位移限制,则此类布设方式能更好地利用次结构内部高阶模态进行耗能,允许降低主次结构界面连接刚度,使次结构一阶模态与主结构一阶模态解调(Detune),而采用次结构高阶模态与主结构一阶模态进行调频,在悬挂质量比比较大时,有效减小次结构对主结构输入的低频驱动力。D 类相对于 C 类,去除了界面处的层间阻尼,使解调效果更佳。

E 类布设方式需要将次结构进行层内分割,利用模块方便组合分割的特点,在层内分割成两组悬挂模块,设置相互不同的刚度参数,用前述的带保险丝式连接的可滑动预制楼板相连,并连接以阻尼器,利用两组悬挂模块的相对运动进行耗能。经计算能实现与 C、D 类似的解调效应,且明显地更节省阻尼器,取得良好的效果。

8.5.3　次结构层间位移限值的制约

悬挂结构柔性是调频和耗能的前提,而次结构内部变形是柔性的来源之一,但其过大的层间位移容易引起损伤,因而需要设置次结构层间位移限制,带来一定的性能制约,这样的制约对不同的相对运动形成方式起到不同效果。

主次结构之间的相对运动可分为三类,一是仅仅通过主结构内部变形,例如次结构及主次结构连接保持刚性,与转换层绑定,只由主结构沿高度的弯曲型变形与之产生相对位移;二是通过主次结构界面变形(附录 8.A:type-1);三是通过次结构内部变形加上主次结构界面变形(附录 8.A:type-2)。其中第三种能保留次结构的多个模态,层数较多时能形成良好的多模态减震效果,而且与转换层的耦合程度较低,展现出不错的性能。在此类方案中,次结构层间位移限值对其制约为:(1) 降低主次结构相对运动的幅值,进而降低阻尼器耗能效率。假如过度增加阻尼器的阻尼值以补偿其耗能,将进一步减小相对运动,影响主次结构调频关系;(2) 阻尼器布设方式受到限制,例如前述 C、D 类布设方案无法实现;(3) 由于次结构一阶频率受到限制,进而影响次结构内部各阶模态的频率,使其与主结构高阶模态的调频关系受到影响;(4) 使次结构与转换桁架的耦合效应过强,即桁架的转角不仅引起次结构竖向响应,还引起明显的水平向效应,将增加次结构加速度响应和前述的核心筒顶部弯矩等响应。

综上,放松次结构层间限制,解除上述各种制约,能带来一系列结构上的优势。因而,可以预见次结构模块化的悬挂结构体系可以实现较佳的减震耗能机理。

8.6 基于遗传算法的模块化悬挂结构减震性能最优化

悬挂结构减震体系的性能与次结构和阻尼器的参数取值密切相关,对于这一系列参数采用最优化算法进行计算,捕捉体系的最佳性能,一方面能方便有效地进行体系性能的合理对比,另一方面能保证最关键的减震机理在参数的最优取值下得以呈现。遗传算法(Genetic Algorithm)是一系列基于生物繁衍演化机理的最优化算法。本节工作主要采用 MOGA-2 遗传算法[33]进行计算分析,针对模块化对悬挂结构带来两方面变化:次结构层间位移限值的放松和简明的层间关系允许高程度的竖向不规则[34],说明其优势以及关键优势机理。

8.6.1 次结构层间位移需求

悬挂结构减震体系对次结构层间位移的需求得到如下反映:通过设置约束条件来限制次结构最大层间位移,并进行关于主结构层间位移的单/多目标最优化,通过观察约束程度从宽松到严格的变化过程中最优解集的分布变化,判断其影响。

如图 8-21 所示,最优化计算问题如下设置:主结构为 10 层核心筒(以铁木辛柯梁单元表示)加上 1 层桁架转换层,共 44 m 高;次结构为只允许剪切型变形的 9 层模块组,其中顶层模块刚接于桁架转换层,底层模块与核心筒以水平连杆连接;阻尼器采用线性粘滞阻尼,设置了 SI(Stiff Inter-Story Connection with a Flexible Interface)、FI-1(Flexible Inter-Story Connection-1)、FI-2(Flexible Inter-Story Connection-2)和 UNC(the Uncontrolled) 四种模型以考虑不同的阻尼器布设方案和次结构层间连接类型, 本小节仅讨论 FI-1 和 FI-2 两个模型, 其中 FI-1 的阻尼器采用前述的 B 类布设, 而 FI-2 采用前述的 D 类布设。主结构参数保持不变, 以次结构层间刚度和阻尼器粘滞阻尼系数标量作为待优化变量, 而其对应的竖向各层分布向量保持不变。

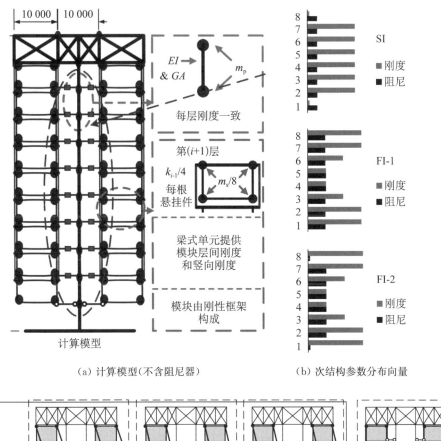

（a）计算模型（不含阻尼器）　　　　　　（b）次结构参数分布向量

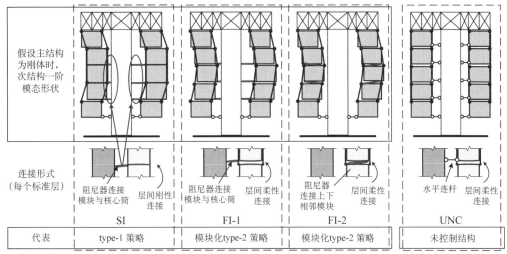

（c）阻尼器布设

图 8-21　计算模型

最优化目标函数采用各响应量在地震动功率谱输入下的各层均方响应值中的最大值，各响应量均以最小化为优化方向。例如，

$$\mathrm{MMSDP} = \max_i \sigma_{\mathrm{dp},i}^2 = \max_i \int_{-\infty}^{\infty} h_{\mathrm{dp},i}(\omega)^* \cdot h_{\mathrm{dp},i}(\omega) S_{\mathrm{g}}(\omega) \mathrm{d}\omega \qquad (8\text{-}31)$$

其中 MMSDP(Maximum Mean Square Drift of Primary Structure)指主结构层间位移最大均方响应，"最大"指各层中最大；$h_{\mathrm{dp},i}(\omega)$ 指主结构层间位移的频域传递函数（即输入单位简谐加速度时对应响应量的幅值）；$S_{\mathrm{g}}(\omega)$ 指地面加速度功率谱函数。

双（多）目标最优化的结果是一个最优解集，解集中的各个解优劣程度一致，也称为"帕雷托前沿"，其定义如下：帕雷托改进指在多目标优化中，从一种状态到另一种状态的变化，不使任何指标变坏而使至少一个指标变好，帕雷托最优状态指不可能再有任何帕雷托改进的状态，所有的帕雷托最优状态组成一个帕雷托前沿。

针对 FI-1 的阻尼器布设方式，将次结构层间位移通过约束条件限制在主结构层间位移的某一比例之内，即 MMSDS<R·MMSDP，其中 MMSDS 指次结构层间位移最大均方响应(Maximum Mean Square Drift of Secondary Structure)，R 表示约束比值，其影响如图 8-22 所

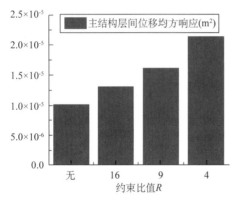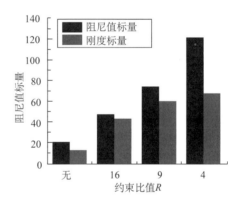

（a）对单目标最优解的影响

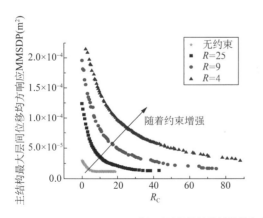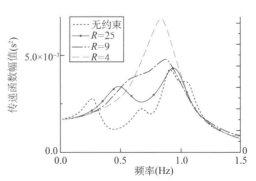

（b）对双目标帕雷托前沿和单目标最优传递函数的影响

图 8-22　次结构层间位移约束条件对最优解的影响

示。首先,对主结构层间位移的单目标最优解的影响表现为,随着约束的增强,最优解所需刚度与阻尼系数标量逐渐增加,且主结构层间位移均方响应 MMSDP 不断上升,频域传递函数失去了具有典型 TMD 特征的低谷段,而逐步演变为类似于无控制结构的单峰值曲线;其次,对主结构层间位移-阻尼系数标量双目标最优解的影响表现为,随着约束的增加,其帕雷托前沿逐步稳定地远离坐标轴,显示出性能与成本双方面的劣势。

综上,通过最优化计算,揭示了通过引入次结构模块化,放松次结构层间位移限值的重要意义:(1)要发挥针对主结构的最佳减震性能,次结构层间位移的需求巨大,超出常规结构的承受范围,必定带来次结构的损伤,需要采用特殊措施予以避免;(2)假如其需求无法满足,而需要设置较低的限值保证次结构不受破坏,将会导致减震性能的明显降低,以及成本的明显增加。

8.6.2 模块化次结构与层间阻尼的优势机理

笔者认为采用上述 FI-1 和 FI-2 计算模型,而不考虑次结构层间位移的限制,可以代表模块化悬挂结构体系的性能。在 type-2 体系之中,模块化与非模块化的性能区别主要在于次结构层间位移限值的制约,其机理及程度均已得到详细介绍;此外,更重要的是,type-1 体系无须依赖模块化,同样能避免次结构层间位移带来的损伤问题,模块化 type-2 体系与其性能区别和优势机理,是本小节的重点。

以 SI 模型代表 type-1 体系,FI-1 和 FI-2 模型代表模块化的 type-2 体系,其主结构响应的单目标最优化结果如表 8-3 所示,可见在不同场地类别和质量比条件下,FI-2 模型相对 SI 模型具有稳定的优势,而 FI-1 模型与 SI 模型性能表现相近。

表 8-3 不同场地类别和质量比条件下的各模型主结构层间位移均方响应单目标最优值

名义质量比 R_m	软土场地			硬土场地		
	SI	FI-1	FI-2	SI	FI-1	FI-2
0.5	2.8	2.3	2.0	2.8	3.1	2.4
1	4.0	3.5	2.5	2.9	3.1	2.4
2	8.5	6.9	4.3	3.6	3.3	2.6
4	12.9	13.9	8.2	4.0	3.8	3.2

各模型的频域传递函数均显示出了相对于未控制的悬挂结构(UNC 模型)的明显优势,UNC 模型的各阶模态对应的峰值都明显减少,而各减震模型的响应由低频部分(原一阶模态附近)占主导,各模型单目标最优解的主结构最大层间位移频域传递函数的低频部分如图 8-23 所示。FI-1 模型具有较多峰值,保留了次结构的多阶模态,这些模态参与到主结构一阶模态的调频之中。FI-2 模型明显具有较宽而较深的低谷段,其第一峰值相对于 SI 模型的优势不明显、不稳定,然而其第二峰值稳定而明显低于其他模型。这是其减震性能优势的来源,尤其是在软土场地下、地面加速度功率谱峰值高而窄的情况下,优势更为明显的原因。

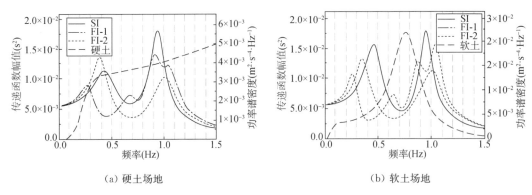

（a）硬土场地 （b）软土场地

图 8-23 单目标最优解的主结构最大层间位移频域传递函数的低频部分（悬挂质量比＝2）

图 8-24 展示了各模型单目标最优解的主要复模态。可见 FI-1 模型随着频率的增加，其复模态中，次结构响应由低阶迅速过渡到高阶，与频域传递函数中 1Hz 附近的峰值对应的模态，其次结构呈现相当高阶的响应。在此频段，FI-2 模型的次结构同样呈现较高阶响应，但由于阻尼器布设在次结构内部，次结构层间位移较为连续、缓和，然而其模态的虚部幅值较大且与实部形状差异明显，其特征值实部的绝对值很大，表现了良好的耗能效果。关于主结构二阶响应主导的模态（3Hz 左右），SI 模型呈现了明显的转换层转角与次结构水平响应的耦合效应，然而其阻尼器布设方式使得这样的响应伴随着阻尼器较大的行程，一定程度上弥补了这样的不良效应。

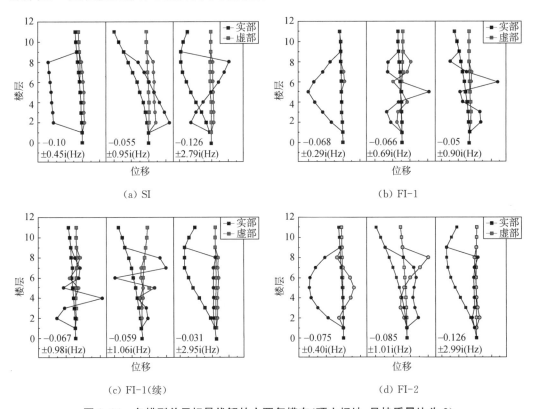

（a）SI （b）FI-1

（c）FI-1（续） （d）FI-2

图 8-24 各模型单目标最优解的主要复模态（硬土场地，悬挂质量比为 2）

　　FI-2 模型关键机理得以显现:(1) 由于在 type-2 体系中,次结构多个模态被保留,最优化计算可以选择次结构某一个高阶模态使之与主结构一阶模态调频,因而次结构一阶响应主导的第一峰值(质量参与系数较高)与主结构一阶响应主导的在 1 Hz 附近的峰值(主结构坐标较大)在频域内相距较远,形成较宽的低谷段;(2) 由于 FI-2 模型采用了模块间阻尼,对次结构高阶模态的耗能作用明显,其低谷段中的各阶模态均被过阻尼,不能形成对应峰值。在 1 Hz 附近的峰值所对应的模态由主结构一阶响应主导,没有被过阻尼,但其特征值实部绝对值较大,耗能良好,因此,FI-2 模型具有较深的低谷段,以及较低的第二峰值。以上机理与次结构模块化关系密切,通过次结构模块化允许次结构层间位移充分开展,进而允许在次结构层间布设阻尼器,是实现上述机理最有效的途径。

　　上述机理不仅体现在单目标最优化中,而且在双目标最优化中也得到一定体现。图 8-25 展现了 MMSDP-R_c 帕雷托前沿与低阻尼值时的主结构最大层间位移传递函数。由于 FI-2 模型采用了模块间阻尼器,其行程较小,所以需要较大的阻尼系数来达到其单目标最优解。当 R_c 值逐步变小时,FI-2 模型逐步失去优势而 FI-1 模型逐步显示出优势。但是当 R_c 值被限制得很小时,FI-2 模型重新向 FI-1 模型靠拢并趋于重合,并重新取得相对于 SI 模型的优势。为探讨此时的减震性能,将 $R_c=1$ 时与单目标最优解的传递函数做对比,如图 8-25(b) 所示。$R_c=1$ 时,FI-1 模型与 SI 模型的频域响应峰值均出现在原有的频率上,区别仅在于阻尼系数减小使其峰值窄而高。FI-2 模型原低谷段中的因为过阻尼而消失的峰值重新出现,而且从第一峰值可得知其各峰值位置均向低频方向有所偏移。原因在于最优化计算结果显示,最优策略是将耗能效率较高的次结构模态与主结构一阶模态解调,并置于原来的低谷段,以保证低谷段依然存在,而避免原来被过阻尼而消失的峰值重新出现在原低谷段,而导致低谷段不复存在;而主结构一阶模态另外与次结构的更高阶模态调频。可见模块化次结构使得第一峰值频率与低谷段宽度可根据需要进行调整,即使阻尼系数很低的情况下,仍然能发挥优势。

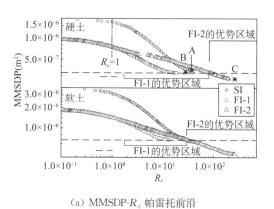

（a）MMSDP-R_c 帕雷托前沿

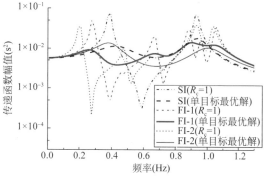

（b）$R_c=1$ 时与单目标最优解的传递函数对比

图 8-25　MMSDP-R_c 帕雷托前沿与低阻尼系数时的主结构最大层间位移传递函数

8.6.3 考虑次结构竖向不规则的进一步优化

模块化次结构中的竖向不规则是可以接受的,因为被悬挂的离散模块保护了非结构构件,并在较大的层间位移下,甚至是在薄弱层效应带来的集中层间位移下保持弹性;而常规结构在此情况下损伤严重,部分原因在于其依赖分布良好的塑性以达到足够的耗能,集中式的层间位移对其较为不利。此外,模块层间关系简明,刚度受干扰少,优化结果有实施空间,因为上下模块之间仅有阻尼器和弹簧(某些情况下有柔性管线)。

利用模块化次结构的上述特点,针对次结构参数的竖向分布进一步优化,使主次结构之间多阶模态得到更好的调频,挖掘其多模态控制效果。次结构参数中的两个标量与两个向量:即刚度与阻尼标量,以及其对应的竖向分布向量,被设置为最优化计算的变量,而主结构参数保持不变,采用前述的 FI-2 模型的阻尼器布设方式。最优化目标函数为各响应量在地震动功率谱输入下的各层均方响应值中的最大值,单目标最优化的目标为主结构弯矩的最大均方响应 MMSMP(Maximum Mean Square of Moment in Primary Structure)。

表 8-4 不同竖向不规则级别的次结构参数竖向分布向量取值范围

竖向分布不规则程度级别	刚度分布系数 $r_{k,i}$	阻尼值分布系数 $r_{c,i}$
NVD(不考虑竖向不规则)	常数	常数
VD-AMP low(幅值限制—低)	[1—3]	[1—5]
VD-AMP high(幅值限制—高)	[1—15]	[1—20]
VD-Bind(层间绑定)	1, $+\infty$	常数
VD-LEV(3 级离散取值)	1, 50, 100	1, 225, 450
VD(完全自由取值)	[1—100]	[1—450]

设置了六个等级的竖向分布向量,如表 8-4 所示,以考虑在现实中完全自由取值的难度。例如,对小规格的阻尼器和弹簧进行数量变化能达到近似连续取值,但幅值变化有限;而变化阻尼器与弹簧的规格能实现明显的幅值变化,但只能离散地取值。

如图 8-26 所示,竖向分布向量对最优化结果有很强的影响:随着竖向不规则程度提高,主结构弯矩变小,而次结构响应的变化趋势与分布策略显著相关。关于对竖向不规则程度的限制,分布向量的允许幅值降低将引起次结构响应的下降,而分布向量的允许取值级别的变少起到与此相反的效果。如果需要在主、次结构响应中取一个平衡点,那么 VD-AMP high 模型是不错的选择;如果进一步计入弹簧和阻尼器的成本,那么 VD-AMP low 模型值得考虑。

对于上述模型,其阻尼系数与次结构层间刚度的最优竖向分布如图 8-27(a)所示。在低层处,VD 模型的参数沿高度剧烈变化,而在高层处几乎不变。上部各层(除去顶层)层间刚度较大而阻尼系数较小,下部各层阻尼系数较大。刚度参数的峰值出现在阻尼较小处,反之亦然;NVD 模型的竖向分布向量不参与优化,但是所预设的分布向量基本符合

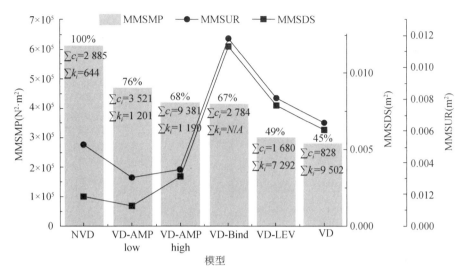

图 8-26 不同竖向不规则级别模型的单目标最优响应值（MMSMP：主结构最大弯矩均方响应，MMSDS：次结构最大层间位移均方响应，MMSUR：主次结构最大相对位移均方响应）

上述规律，因而其作为对照组有较强说服力。对于除 VD 和 NVD 以外的中间模型，由于相应的取值限制，次结构参数沿高度分布的前述规律被弱化，如图 8-27 所示。LEV 模型的规律与 VD 模型较为相近；而 VD-AMP low 模型更好地符合了"两个参数峰谷相对"的规律。因而，LEV 模型具有优秀的主结构性能，而 VD-AMP low 模型具有更全面的表现。

图 8-29（b）表明了，在传递函数幅值曲线的低频段（对应未控制模型 UNC 的一阶频率附近，即 0.8 Hz 附近），其他模型相对于 NVD 模型，具有更低的峰值而非更深的谷段；对应未控制模型 UNC 的二阶频率附近（3.3 Hz 附近），其控制效果大为提升；这些模型的主结构弯矩曲线特征相近，而幅值不同，除了以下几点：（1）Bind 模型由于其过严的取值限制，无法在 0.8 Hz 附近形成低谷段；（2）VD 模型在 3.2 Hz 附近成功形成低峰值的双峰，显示出最佳的多模态控制效果。次结构层间位移与绝对加速度对应的峰值几乎都出现在主结构弯矩的峰值频率处，这是因为大多数情况下，每个峰值对应一个主要模态，而这些主要模态的主次结构均具有显著的响应。VD 和 LEV 模型在低频段具有较大的次结构层间位移，在高频段具有较大的次结构绝对加速度。AMP low 模型在全频段均有较小的次结构响应，是各方面最为均衡的模型。

8.6.4 优化后模型性能验证

图 8-28 表示了 El Centro Ware 输入下各模型主结构底部弯矩与次结构绝对加速度的响应时程。在底部弯矩方面，各个有控制模型相对于未控制模型，均表现出低峰值快衰减的特点，其峰值仅为未控制模型的 21%～33%。其中 VD-LEV 具有最低的峰值，而 VD 模型具有最小的均方根响应值。VD-AMP high/VD-AMP low 模型相对于 NVD 模型，在主结构底部弯矩方面仅有轻微减小，但在次结构绝对加速度方面有明显减小，验证了前述的频域分析结论。另一方面，最优化后模型在非平稳的震动激励下的性能值得探讨。

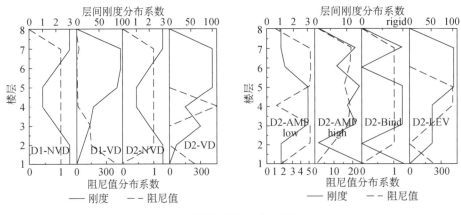

（a）次结构参数竖向分布向量

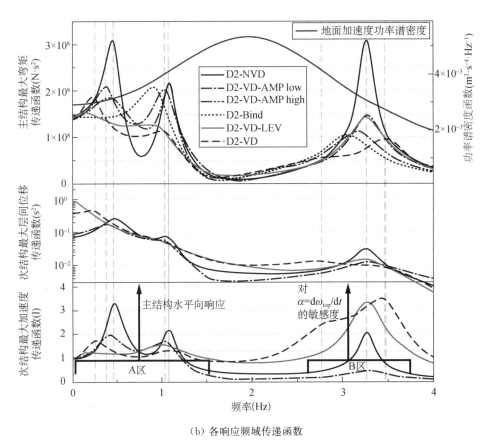

（b）各响应频域传递函数

图 8-27 主结构最大弯矩单目标最优解的次结构参数竖向分布向量和各响应频域传递函数

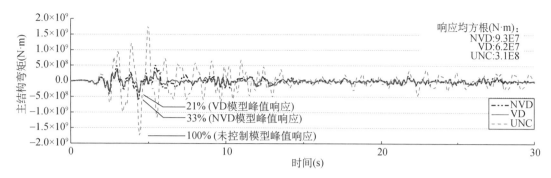

（a）主结构底部弯矩：含有未控制模型 UNC

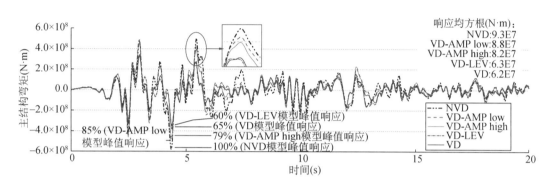

（b）主结构底部弯矩：不含未控制模型 UNC

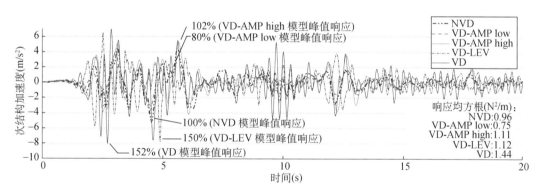

（c）次结构绝对加速度：不含未控制模型 UNC

图 8-28　各模型在 El Centro 波输入下的主结构最大弯矩时程

基于 Clough-Penzien 形式的平稳功率谱，并以修正幅值函数，考虑不同频率分量随时间的不同变化趋势，采用一组随机三角函数进行正交展开，得到 400 条非高斯随机人工地震动。以此作为输入，进行结构分析，结果如图 8-29 所示，NVD 模型相对于 UNC 模型，其主结构底部弯矩得到全面减小，而 VD 模型在 NVD 模型上进一步减小。此外，由均方值演化曲线可见，悬挂减震模型均显示出提前衰减的特性，其响应峰值出现较早而衰减迅速，而未减震模型直到地震动结束仍未完全衰减；VD 模型在 NVD 模型的基础上进一步提前衰减。以上特性是前述分析中未能展现的，在此通过非平稳人工地震动分析得以展现。由第 8 s、15 s、30 s 的累计概率曲线可见，以上特点不仅在均方值上成立，在 400 条地震动的响应分布上也全面成立。

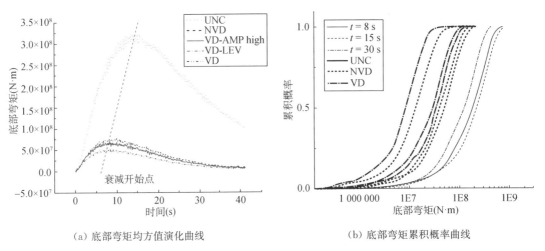

（a）底部弯矩均方值演化曲线　　　　（b）底部弯矩累积概率曲线

图 8-29　非平稳人工地震动作用下底部弯矩均方值演化曲线与累积概率曲线

8.7　模块化悬挂结构振动台试验研究

8.7.1　试件设计与试验方案

试验在江苏省南京市东南大学城市科学与工程学院实验室进行。振动台面积为 1.5 m×1.5 m，最大作动力为 2 t，最大加速度为 1g。现场概况和试件如图 8-30(a)、(b) 所示。采用缩尺比为 1∶15 的钢结构构件，总质量为 260 kg，其中主结构呈 T 形，由高为 1 410 mm、质量为 49 kg 工字形钢结构柱，以及长为 1 290 mm、质量为 72 kg 的工字形钢结构梁组成，被悬挂段含有 10 个模块，模块总质量 94 kg，其余质量来自连接件和配件。

（a）试验现场图　　　　　　　　　（b）试件图

图 8-30　试件设计示意图以及试验现场图

结构层高为 200 mm 而模块高度为 160 mm,给层间连接和相应调整操作预留足够空间。试验相似比如表 8-5 所示,原型参数和试件参数如表格 8-6 所示。

表 8-5   试验缩尺比

物理量	相似比	物理量	相似比
长度	6.67E-02	刚度	7.50E-04
时间	2.50E-01	阻尼值	1.87E-04
力	5.00E-05	应变	1.00E+00
加速度	1.07E+00	应力	1.12E-02
质量	4.69E-05	弹性模量	1.12E-02
$E \cdot I$	2.22E-07	$E \cdot A$	5.00E-05

表 8-6   试件与原型结构的结构信息

关键参数	原型	试件	关键参数	原型	试件
层高(m)	3	0.2	未减震结构一阶频率 (Hz)	0.675	2.7
转换层宽度(m)	18.85	1.25	阻尼值示例(N·s/m)	9.50E+04	1.72E+01
层质量(t)	5.00E+02	2.35E-02	阻尼器行程示例(mm)	1.50E+02	1.00E+01
主结构截面惯性矩(m⁴)	4.70 (混凝土)	1.49E-07 (钢材)	次结构层间刚度示例 (kN/m)	9.00E+02	0.68

试件主结构柱和梁分别采用 HN100×50×5×7 和 HW125×125×6.5×9 截面。转换梁的悬挂端通过加劲肋+螺栓+开孔槽钢实现,下部的悬挂钢板条开孔后被半牙螺纹穿过,半牙螺纹的末端采用两个螺母自锁限位,形成悬挂轴。这样的钢板条通过另一端的开孔与下层模块的悬挂轴连接,而下层悬挂轴同时与更下层的钢板条连接,形成串联。次结构层间设置附加弹簧以调整层间刚度,弹簧通过预张避免在振动中出现松弛。考虑到空间有限、需要反复多次加载等原因,阻尼器采用美国 AIRPOT 公司生产的空气阻尼器。

试验采用的地震波如表 8-7 所示。模型的构型命名与图 8-21 具有相同规则。次结构中,阻尼器的阻尼值在竖向均匀分布,而次结构层间弹簧除了顶层弹簧以外(倾角不同)采用竖向均匀分布,保证每一层具有相同的附加层间刚度。针对每个构型设置有若干刚度和阻尼参数组合,通过每个构型各个组合的对比,来判断实际模型的较优点,进行构型之间的相互比较,如图 8-31 所示。对未加入阻尼器的结构进行了白噪声激励试验,以测定结构模态信息。

表 8-7 输入的地震波

编号	事件	记录站	分量
GM. 1	ChiChi 1999	CHY101	EW
GM. 2	Christchurch 2011	Pages Road Pumping Station	0
GM. 3	Hollister 1961	USGS1028	270
GM. 4	Imperial Valley 1940	USUG0117	180
GM. 5	Loma Prieta 1989	CSMIP 48381	90

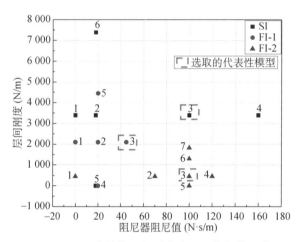

图 8-31 次结构层间刚度和阻尼值取值组合

8.7.2 试验现象与结果及其讨论分析

如前所述,三个减震构型各有若干模型,图 8-32 给出各构型的各个模型时程响应值的平均值与未减震模型的比值,称为该构型的平均响应比。模块化悬挂体系使到主结构顶部位移的响应比在 0.6 左右,对应的均方根响应比在 0.5 左右;次结构底部模块加速度

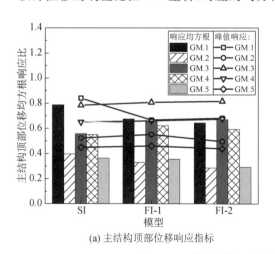

(a) 主结构顶部位移响应指标

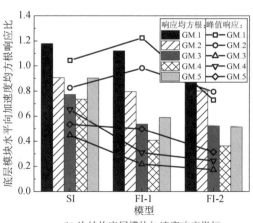

(b) 次结构底层模块加速度响应指标

图 8-32 各构型中所有参数组合响应比平均值直方图

的相应比在 0.55 左右,对应的均方根相应比在 0.6 左右。可见,新型体系使得结构响应峰值显著减小,响应衰减速度明显加快,此现象与前述数值模拟结论吻合。主结构响应衰减速度大于次结构,其原因如下:首先,次结构作为被隔震部分,其开始振动时间晚于主结构,而地震动中的低频分量衰减较慢;其次,对于 FI-2 构型,次结构的层间阻尼器很好地耗散高阶模态能量,因此其振动以低频为主,而主次结构之间没有水平连接,次结构对主结构产生低频的驱动力很有限。此外,次结构响应比在不同地震动输入下波动较大,对地震动频谱特性较为敏感。其中 FI-2 构型的响应均方根值较小,而三个构型的峰值响应基本处于同一水平。

图 8-33 展示了在 2011 年 Christchurch 地震动激励下各构型的最优模型的时程响应。各减震模型的减震效果明显,呈现出峰值低衰减快的特点。主结构顶点位移时程曲线显示,未减震模型在衰减段的振动频率与减震模型显著不同,其中,UNC 模型呈现较低频率,而纯主结构模型(Sheer-Primary-Structure)呈现较高频率,两者的衰减速度均明显慢于减震模型。减震模型中,FI-2 最早达到峰值(2.9 s)并最早完成衰减,部分原因是 Christchurch 地震动具有脉冲特性,频谱成分丰富,使 FI 构型中次结构的高阶模态和低

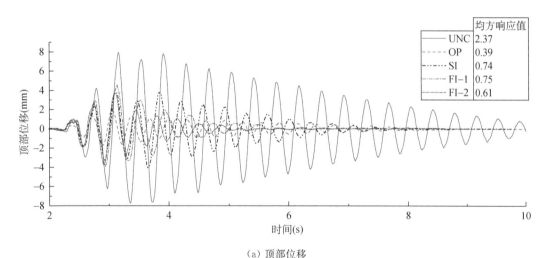

(a) 顶部位移

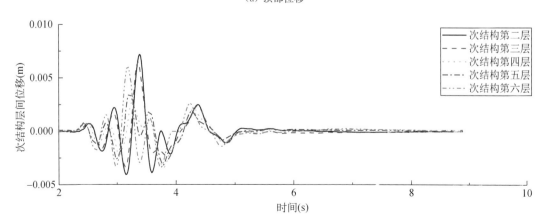

(b) 次结构层间位移(FI-2 构型)

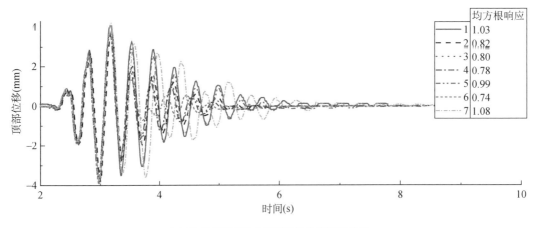

(c) FI-2 构型下各个模型顶部位移时程对比

图 8-33　各构型的最优模型在 Christchurch 地震动激励下的时程响应

阶模态变形都充分展开,FI-2 的阻尼器布设在上下模块之间,对于次结构的高阶模态变形能起到高效耗散能量的作用。主结构柱底部应变与主结构顶点位移具有类似的特点。图 8-33(b) 显示,在地震动峰值加速度(PGA)=0.12g 时,次结构最大层间位移达到 3.85%,若采用一般结构作为被悬挂的次结构,将引起非结构构件的明显损伤,可见次结构模块化的必要性。图 8-33(c) 显示 FI-2 构型下,具有不同的次结构层间刚度和阻尼器阻尼值的各个模型的影响,表面次结构参数对减震效果的重要性,并能从中选取最优模型,进行后续对比。

　　图 8-34 显示了各模型时程响应的包络图。从减震模型和未减震模型 UNC 的对比可见,沿结构全高,主、次结构的各项响应都得益于悬挂减震,得到了显著减小。主结构第六层的应变减小程度低于主结构第一层应变减小程度,这是因为被悬挂段的竖向惯性力与主结构顶部转换梁的转动耦合,导致主结构具有明显的顶部弯矩。主次结构的相对运动,对减小此响应量所起到的作用低于对减小底部弯矩所起到的作用。关于次结构加速度,各模型减震效果良好,但呈现一定程度的 K 形分布,底层与顶层模块具有较大的加速度,中间层模块的减震效果最佳。这种 K 形分布表明了次结构的整体转动将带来上述的局部不良效应。

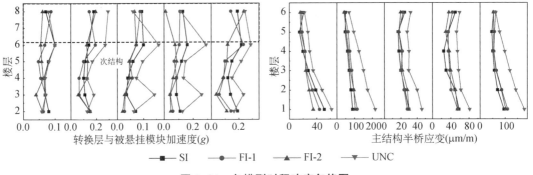

图 8-34　各模型时程响应包络图

8.7.3 基于试验的进一步建模分析

为考虑大幅度摆动的模块化悬挂机构特有机理,以及累计误差和累计悬挂件内力对摩擦阻力的影响,更好地进行进一步的数值分析,基于本试验的现象,考虑不同区域的不同摩擦阻力程度,以及空气阻尼器特性等,建立基于试验的数值模型。在前述数值最优化分析所采用的杆系模型基础上,考虑分区域设置的不同瑞利阻尼值,以及提出空气阻尼器的数值模型,如图 8-35 所示,根据每阶段目标进行以下校正:(1)保持总质量值不变,调整结构质量分布,使结构模态信息与白噪声激励试验所得到的模态结构吻合,同时使数值解时程响应与试验记录吻合;(2)提出如图 8-36 所示的空气阻尼器模型,校正使其滞回曲线与简谐试验所得曲线吻合;(3)结合结构模型和阻尼器模型,验证数值分析时程响应与试验记录是否吻合。

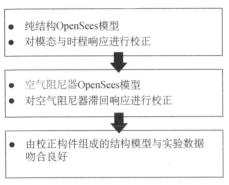

图 8-35 基于试验结果的模型校正流程图

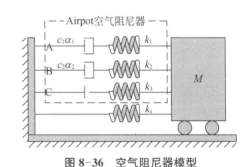

图 8-36 空气阻尼器模型

针对空气阻尼器拉压不同性,气弹簧现象等不同于传统粘滞阻尼器的特点,建立现象性的模型,如图 8-36 所示。1 号 Maxwell 单元 A 具有 0.6 的速度指数,其弹簧刚度较大;2 号 Maxwell 单元 B 具有大于 1 的速度指数,其弹簧刚度较小。当活塞活动较慢时,两个单元的总输出与速度呈大致线性关系;当其活动稍快时,1 号单元提供较多阻尼力而 2 号单元提供较多弹性力,气弹簧特性开始显现;活塞活动很快时,两个单元均提供弹性力,气弹簧特性形成主导。只拉不压单元 C 用于模拟空气阻尼器的拉压不同性的性质:受压时会使气压上升达到较高值,然而受拉时气压只能下降到真空状态。通过与 1 Hz 和 3 Hz 的简谐测试曲线吻合,各项参数得以校正。

当结构模型和空气阻尼器模型得以校正后,将两者结合进行时程分析,结果显示其各项时程响应与试验曲线吻合(图 8-37),因而证明以上建模和校正策略的合理性。

基于上述数值模型,并加入全局 0.01 瑞利阻尼值和线性粘滞阻尼器等情况,进行阻尼器阻尼值和次结构层间刚度两个变量的数值最优化,其目标函数是在试验中采用 5 条地震波以 2 s 为间隔的次序输入作用下的主结构顶点位移均方根响应。在所得到的最优参数附近进行参数分析,如图 8-38 所示,结果显示:各模型对次结构层间刚度的变化都较为敏感;基于试验的模型对阻尼器阻尼值的增加并不敏感,而其他三个模型对此较为敏感;

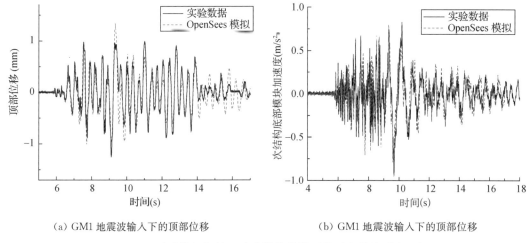

(a) GM1 地震波输入下的顶部位移　　　　　　(b) GM1 地震波输入下的顶部位移

图 8-37　试验数据与基于试验的数值模型的时程曲线对比示例

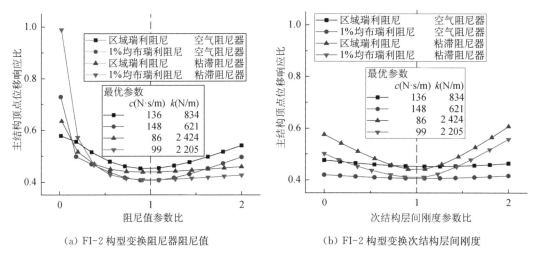

(a) FI-2 构型变换阻尼器阻尼值　　　　　　(b) FI-2 构型变换次结构层间刚度

图 8-38　基于最优化后的数值模型的关于阻尼器阻尼值和次结构层间刚度的参数分析

基于试验的模型具有较高的最优阻尼值和较低的最优刚度,其最优响应较大,表明改善摩擦阻力情况和采用理想线性阻尼器,有利于进一步发挥此结构体系的减震性能。当瑞利阻尼器较低(即全局 0.01 瑞利阻尼值的情形),结构响应不一定会增加,只在以下情况下增加:(1) 阻尼器阻尼值较低无法形成足够耗能;(2) 次结构层间刚度较大无法形成足够的主次结构相对运动。

8.8　本章小结

悬挂结构减震体系是具有建筑和结构两方面优秀基因的被动控制体系。尽管在悬挂结构体系的被悬挂部分中采用预制件是工程应用中常见的做法,然而基于优势组合的思路,采用高度集成的预制模块式的被悬挂部分能进一步提升悬挂结构的减震性能。其中,预制模块对非结构构件的保护效应,以及其简明的层间关系,是形成更好减震机理的关键;另一方面,采用悬挂的方式,提供了高层模块建筑亟须的耗能方案,并避免竖向荷载在模块内部累积,使底层模块轻量化、模块组标准化,具有不错的应用前景。

经过最优化计算,次结构模块化能在原结构一阶频率附近使其传递函数曲线形成宽度可调、较宽较深的低谷段;若进一步考虑次结构参数的竖向最优分布,能使次结构多阶模态恰当地与主结构多阶模态形成调频,尤其是对主结构二阶模态的控制带来明显的提升作用,并且减少对阻尼器数量的需求。其本质改变在于保留了次结构的多阶模态且允许其按需求进行分布,并允许次结构层间阻尼充分发挥作用。理论上,次结构模块化并非在悬挂结构减震体系中带来上述本质变化的唯一途径,却是现阶段最切实可行、经济快速有效的途径。

8. A 附录:主次结构减震体系策略的分类

主次结构减震体系的策略在于主次结构形成相对运动的方式,以及相应的阻尼器布设方案。由于后者基于前者,其种类繁多而且影响不及前者深远,所以笔者关于主次结构减震体系的策略,是根据其形成相对运动的方式进行分类的,如图 8. A-1 所示。

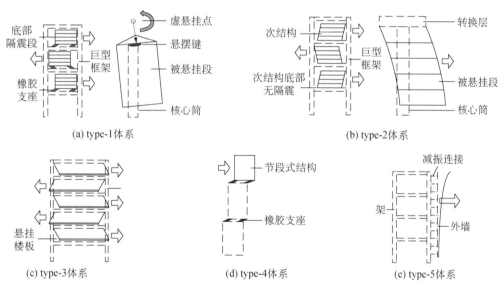

图 8. A-1 主次结构减震体系策略的分类

type-1 体系:主结构全高布置,主次结构之间柔性连接,次结构内部层间刚度明显高于主次结构连接刚度,每段次结构可大致简化为刚体。实现集中式的柔性连接,可采用隔震支座、铰接的悬挂件或其他特殊的悬挂装置。

type-2 体系:主结构全高布置,主次结构之间直接连接,次结构内部层间刚度不高,每段次结构不可简化为刚体。这样的体系由次结构内部变形提供主要的柔性,单段的次结构也可与主结构实现多点连接。

type-3 体系：每段次结构只有一层，可以是每层的隔震楼盖，也可以是屋盖/顶层楼梯间，主次结构之间柔性连接。若想实现较大的次-主结构质量比，将需要较多的次结构。

type-4 体系：结构沿竖向分段，段之间布设隔震支座，主结构不满全高，每上一段是下一段的次结构，主次结构的关系是嵌套的。

type-5 体系：以幕墙等围护结构作为次结构，主次结构之间布设阻尼器（与前几者的区别：（1）次-主结构质量比较小；（2）控制次结构的加速度响应意义稍小；（3）风荷载仅作用在次结构上，起到特殊的抗风效果；（4）必要时可允许主次结构充分碰撞）。

本章参考文献

［1］中国工程建设标准化协会.集装箱模块化组合房屋技术规程（附条文说明）：CECS 334—2013［S］.北京：中国计划出版社，2013

［2］LAWSON M，OGDEN R G. Design in modular construction［M］. Boca Raton：CRC Press，2014

［3］LAWSON M，RAY O，RORY B. Application of modular construction in high-rise buildings［J］. Journal of Architectural Engineering，2012，18(2)：148-154

［4］FATHIEH A，MERCAN O. Seismic evaluation of modular steel buildings［J］. Engineering Structures，2016(122)：83-92

［5］PARK H K，OCK J H. Unit modular in-fill construction method for high-rise buildings［J］. KSCE Journal of Civil Engineering，2016，20(4)：1201-1210

［6］陈敖宜，张肇毅，王卉.建筑工业化与绿色模块建筑［C］.上海：2013 城市地下空间综合开发技术交流会，2013

［7］曲可鑫.钢结构模块化建筑结构体系研究［D］.天津：天津大学，2014

［8］张惊宙，陆烨，李国强.三维钢结构模块建筑结构受力性能分析［J］.建筑钢结构进展，2015(4)：57-64

［9］张鹏飞，张锡治，刘佳迪，等.多层钢结构模块与钢框架复合建筑结构设计与分析［J］.建筑结构，2016，46(10)：95-100

［10］GOODNO B，GERE J. Earthquake behavior of suspended-floor buildings［J］. Journal of the Structural Division，1976，102(5)：973-992

［11］MEZZI M，PARDUCCI A，MARIONI A. Aseismic suspended building based on energy dissipation［C］. Vienna：10th European Conference on Earthquake Engineering，1994

［12］王春林.高层建筑悬挂结构减振理论及试验研究［D］.南京：东南大学，2009

［13］FENG M，MITA A. Vibration control of tall buildings using mega subconfiguration［J］. Journal of Engineering Mechanics. 1995，121(10)：1082-1088

［14］LAN Z，TIAN Y，FANG L，et al. An experimental study on seismic responses of multifunctional vibration-absorption reinforced concrete megaframe structures［J］. Earthquake Engineering & Structural Dynamics，2004，33(1)：1-14

［15］YE Z，WU G. Optimal lateral aseismic performance analysis of mega-substructure system with modularized secondary structures[J]. The Structural Design of Tall and Special Buildings, 2017, 26(17): e1387

[16] WANG C, LV Z, TU Y. Dynamic responses of core-tubes with semi-flexible suspension systems linked by viscoelastic dampers under earthquake excitation[J]. Advances in Structural Engineering, 2011, 14(5): 801-813

[17] 涂永明.CFRP 索悬挂建筑结构静力和动力分析及研究[D].南京:东南大学,2005

[18] 梁启智,张耀华.巨型框架悬挂体系动力系统及减震性能分析[J].华南理工大学学报(自然科学版),1998(10):1-6

[19] ZHANG X, ZHANG J, WANG D, et al. Controlling characteristics of passive mega-sub-controlled frame subjected to random wind loads[J]. Journal of Engineering Mechanics, 2005, 131(10): 1046-1055

[20] 邓志恒,秦荣.巨型框筒部分悬挂结构控制体系地震反应特性及阻尼控制研究[J].地震工程与工程振动,2002,22(4):133-138

[21] 曹万林,卢智成,张建伟,等.核心筒部分悬挂结构振动台试验及分析[J].土木工程学报,2007,40(3):40-44

[22] NAKAMURA Y, SARUTA M, WADA A, et al. Development of the core-suspended isolation system[J]. Earthquake Engineering & Structural Dynamics, 2011, 40(4): 429-447

[23] ANNAN C, YOUSSEF M, EL N M. Experimental evaluation of the seismic performance of modular steel-braced frames[J]. Engineering Structures, 2009, 31(7): 1435-1446

[24] DHANAPAL J, GHAEDNIA H, DAS S, et al. Structural performance of state-of-the-art VectorBloc modular connector under axial loads[J]. Engineering Structures, 2019 (183): 496-509

[25] CHEN Z, LIU J, YU Y. Experimental study on interior connections in modular steel buildings[J]. Engineering Structures, 2017(151): 774-787

[26] CHEN Z, LI H, CHEN A, et al. Research on pretensioned modular frame test and simulations[J]. Engineering Structures, 2017(147): 625-638

[27] PARK K, MOON J, LEE S, et al. Embedded steel column-to-foundation connection for a modular structural system[J]. Engineering Structures, 2016(110): 244-257

[28] HONG S, CHO B, CHUNG K, et al. Behavior of framed modular building system with double skin steel panels[J]. Journal of Constructional Steel Research, 2011, 67(6): 936-946

[29] GIRIUNAS K, SEZEN H, DUPAIX R. Evaluation, modeling, and analysis of shipping container building structures[J]. Engineering Structures, 2012(43): 48-57

[30] ZHA X, ZUO Y. Theoretical and experimental studies on in-plane stiffness of integrated container structure[J]. Advances in Mechanical Engineering, 2016, 8(3)

[31] THARAKA G, TUAN N, PRIYAN M, et al. Innovative flexible structural system using

prefabricated modules[J]. Journal of Architectural Engineering，2016，22(4)

[32] BEHR R，BELARBI A，CULP J. Dynamic racking tests of curtain wall glass elements with in-plane and out-of-plane motions[J]. Earthquake Engineering & Structural Dynamics，1995，24(1)：1-14

[33] RIGONI E，POLES S. NBI and MOGA-II，Two complementary algorithms for multi-objective optimizations[C]. Schloss Dagstuhl：Practical Approaches to Multi-Objective Optimization，Internationales Begegnungs-und Forschungszentrum für Informatik (IBFI)，2005

[34] YE Z，FENG D，WU G. Seismic control of modularized suspended structures with optimal vertical distributions of the secondary structure parameters[J]. Engineering Structures，2019(183)：160-179